全国示范性高职高专院校建设重点专业"烹饪工艺与营养"规划教材

上海市教育委员会"085"项目建设精品课程

餐饮原料采购与管理

（第二版）

朱水根　主　编

徐卫红　副主编

上海交通大学出版社

内 容 提 要

　　全书分上下两篇共 11 章,上篇主要讲述餐饮原料采购组织、采购规划与管理,餐饮原料质量检验、生产管理等。共 5 章,每章有理论有实际的操作应用。下篇主要讲述肉类原料及其副产品的采购,水产类原料及其加工性原料的采购,果蔬类与粮食类原料采购,调味品与食用油采购,食用中药原料采购,茶叶采购等,共 6 章。每章讲述基础知识的同时设计有具体的应用操作,以提高学生对原料质量的判断能力。

　　本教材适用于应用性本科与高职高专烹饪与餐饮管理专业学生用书,也适用于烹饪与餐饮行业从业人员培训。

图书在版编目(CIP)数据

　　餐饮原料采购与管理/朱永根主编. —2 版.—上海:
上海交通大学出版社,2018(2021 重印)
　　上海市教育委员会"085"项目建设精品课程规划教材.
国家示范性高职高专重点专业"烹饪工艺与营养"
　　ISBN 978-7-313-08782-9

　　Ⅰ. 烹…　　Ⅱ. 朱…　　Ⅲ. 烹饪—原料—采购管理—高等职业教育—教材　　Ⅳ. TS972.111

　　中国版本图书馆 CIP 数据核字(2012)第 160536 号

餐饮原料采购与管理
(第二版)
朱永根　主编
上海交通大学出版社出版发行
(上海市番禺路 951 号　邮政编码 200030)
电话:64071208
上海天地海设计印刷有限公司 印刷　全国新华书店经销
开本:787mm×1092mm 1/16　印张:15.25　字数:366 千字
2012 年 8 月第 1 版　2018 年 1 月第 2 版　2021 年 2 月第 3 次印刷
ISBN 978-7-313-08782-9　定价:56.00 元

编　委　会

总　序

　　遵循高等职业教育规律与人才市场需求规律相结合的原则,不断开发、丰富教育教学资源,优化人才培养过程,构建和实施符合高职教育规律的专业核心课程一体化教学模式。立足烹饪职业岗位要求,把现实职业领域的行为规范、专业技术、管理能力作为教学的核心,把典型职业工作项目作为课程载体,面向岗位需求组成实景、实境演练的实践课程教学模块,进而有机地构成与职业岗位实际业务密切对接的专业核心课程体系。

　　"烹饪工艺与营养"专业系列教材建设是我校建设全国示范性院校教学改革和重点专业建设的成果。在坚持"工学结合、理实一体"人才培养模式和教学模式的基础上,对专业课程体系进行了重构,形成了专业核心课程一体化教学模式和课程体系,即以认识规律为指导,以校企深度合作为基础、以实际工作项目为载体,以项目任务形式将企业工作项目纳入人才培养目标,形成核心课程一体化课程体系,形成阶段性能力培养与鉴定的教学过程。

　　基于这样的改革思路,整合中式烹饪、西式烹饪、中西面点、餐饮管理与服务专业核心课程,融合《餐饮原料采购与管理实训教程》、《营养配餐实训教程》、《中式烹调基本功训练实训教程》、《中国名菜制作技艺实训教程》、《中式面点制作技艺实训教程》、《菜肴创新制作实训教程》、《西式菜肴制作技艺实训教程》、《西式面点制作技艺实训教程》、《西餐名菜制作技艺实训教程》、《厨房组织与运行管理实务》等专业核心课程的教学内容,通过对各专业职业工作过程和典型工作任务分析,选定教学各阶段工学结合项目模块课程,进而转化成为单元模块课程,构成基于工作过程导向的情境教学、工学结合模块式课程体系,并根据各学习领域课程之间的内在联系,合理划分各教学阶段的模块课程。

　　《烹饪工艺与营养》专业系列教材建成,有效地解决了原有传统实践教学中教学目标不清晰、教学内容重复、创新能力培养不够、综合技术能力差的弊端,发挥学生能动性,培养学生创新能力,理论知识融汇到实践实战中,让学生体会到"做中学、学中做、做学一体"乐趣。

上海旅游高等专科学校
烹饪与餐饮管理系
2012 年 5 月

再 版 前 言

　　《餐饮原料采购与管理》一书写成于2012年底,距本次修订出版已有3年多时间,如今再次出版也说明本教材得到了广大师生和烹饪爱好者的喜爱,故借本次修订之际,对曾使用、阅读本教材的广大烹饪教育者、烹饪爱好者以及烹饪餐饮管理专业的学生表示衷心感谢。

　　《餐饮原料采购与管理》再次出版,其基本内容和框架没有改变,对出版中出现的错误和不正确的表述进行了认真修订和勘误,使本书更具有科学性和严谨性。《餐饮原料采购与管理》是上海旅游高等专科学校1985年成立烹饪专业以后的专业基础课程,其前身为《烹饪原料学》,其烹饪原料的基础知识和实践应用等核心内容经历了30多年的教育检验,2002年成为国家教育部指定的烹饪大专自学考试用书。近年来,随着我国经济和旅游业的发展,餐饮业和酒店业有了长足的发展,同时,餐饮中的食品安全问题也得到政府职能部门、企业经营者和广大老百姓的广泛关注,《餐饮原料采购与管理》一书也就应时而生,其目的是通过对餐饮食品原料的认知和供需规律的研究,更好地把握餐饮原料的安全、质量、品质、成本等要素,使餐饮企业和家庭尽可能地免受问题食品的影响,使广大消费者能吃到更多更好更安全的食品。

　　近几年,随着我国对外贸易的发展,餐饮原料的交流越来越广泛,新型的食材不断涌现。《餐饮管理采购与管理》坚持其基础性研究,作为一门餐饮管理和烹饪专业的核心课程,在使用和教学中,应突出研究餐饮原料的基本属性和市场供求规律,通过对各类餐饮原料质量变化规律和价格波动因素的研究,为企业找到合理的餐饮原料、质量、成本、供应渠道等,为建立餐饮原料采购和管理系统(MC采购系统)服务。

　　《餐饮原料采购与管理》的修订工作是一项庞大工程,其质量、品质、价格和市场供求关系等受各种因素的影响,因此需要融合餐饮原料基础知识、市场经验和餐饮企业产品特点等内容,才能更好地把握餐饮原料的采购与管理。本次修订得到了广大专业师生和非专业烹饪爱好者的大力支持,在此,对华东师范大学金守郡教授、上海交通大学出版社策划编辑倪华女士、张勇先生的长期不懈的努力和支持表示感谢。

上海旅游高等专科学校

2017 年 9 月 22 日

前　言

中国幅员辽阔,有高山、平原、河流、湖泊,生长着数不尽的动物和植物物种。在几千年的漫长历史中,从神农尝百草开始至今天,择出上千种可食的食物,成为人类赖以生存的物质基础。随着时代变迁、反复实践、不断总结,从随意、饥不择食的初级阶段过渡到选择有益健康的食物。近年来,随着我国社会经济体制的转轨和旅游事业的蓬勃发展,消费者生活理念和质量有了长足的发展,餐饮企业对餐饮原料的卫生、安全、质量和成本等方面的管理理念有了根本性转变。目前,大部分餐饮原料在生产和加工过程中比较普遍地使用农药、化肥、激素等人工合成化学物质,严重地威胁着人类健康。选择食用安全无污染、高品质的餐饮原料已成为餐饮企业和众多消费者的共识和追求,有机食品、绿色食品、无公害食品也应运而生,成为餐饮企业生存与发展的物质基础。《餐饮原料采购与管理》的编写,首先要研究餐饮原料的开发、选择和实践应用,是餐饮企业菜点生产、销售和发展的核心。

随着市场经济的发展和科学技术的进步,餐饮企业的竞争日益加剧,餐饮原材料的采购已经从传统的单纯餐饮原材料的买卖,发展成为一种对外部资源管理的职能,一种可以节约成本、增加利润、服务质量、提高核心竞争力的有效手段。采购是经营活动中重要的成本领域,采购质量与效率的高低,在很大程度上决定着最终产品的价值和竞争力。《餐饮原料采购与管理》的编写,重点研究和实施餐饮原料的采购管理,从原料采购规划、确定采购的目标、时间、方式和流程,运用餐饮原料采购规划技术和工具进行采购分析,改变传统采购流程,充分利用餐饮企业信息化技术,实施采购流程的再造,成为餐饮原料采购管理的重要内容。

本教材是作者 26 年教学和课程建设成果的总结,并于 2011 年 3 月按照全国示范院校建设中的重点专业课程建设要求编写,具有较强的示范和辐射作用。《餐饮原料采购与管理》课程是旅游管理专业本科(餐饮管理方向)和餐饮服务与管理、烹饪工艺与营养、西餐工艺等高职高专院校的专业核心课程,也是烹饪与餐饮行业从业人员培训课程。《餐饮原料采购与管理》内容分上下两篇共十一章,涉及餐饮业产品生产所需原料的选择、品质鉴定、生产加工、产品设计、采购规划、采购流程设计、采购效率、产品质量管理以及餐饮成本管理等内容。本教材突出实践应用,让读者从实践中逐步掌握餐饮原料采购规律,形成餐饮原料采购能力和技术,从而奠定专业学习和发展的重要基础。

全书由朱水根主编,完成第一、二、三、五、六、七、八、九章;徐卫红完成第四、十、十一章。本书在编写过程中参考、借鉴了相关论著的科研成果,在此向有关作者表示感谢。华东师范大学金守郡教授、上海交通大学出版社倪华编辑在本书出版过程中给予了大力的支持和帮助,深表谢忱! 由于我们理论水平和实际工作能力的限制,书中错误之处在所难免,希望读者和行家们提出宝贵意见。

上海旅游高等专科学校

2012 年 5 月于上海

目 录

基础知识篇

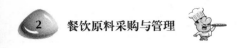

实践应用篇

基础知识篇

第一章 绪 论

　　餐饮原料的采购管理理论和实践随着市场经济的变化而发生了巨大的变化。市场供求关系的变化影响到采购方式的变革,科学技术的发展改变了原料的供应状况,餐饮行业的不断成熟,改变了采购的模式和理念,市场竞争进一步加速了对采购理论和实践的研究。餐饮原料的采购是餐饮企业经营与管理的前期性技术工作,直接影响到餐饮企业的生存与发展。餐饮原料采购基本理论是餐饮原料采购管理实践的基础。

第一节 采购内涵及其研究意义

　　采购是企业经营的一个重要环节,同时也是企业获取利润的重要来源。到目前为止,世界上尚没有一个公认的采购定义,不同行业、不同企业因为企业所处的环境不同,对采购有不同的理解,采取的运作方式也不尽相同。因此,从采购工作的内涵去掌握采购的基本要素,才能在实践中寻找各自工作的切入点,达到采购的目的。

一、采购的内涵

　　传统的采购就是买卖东西,以最少的钱买到最好的商品,其外延则是先提出采购需求、选定供应商、谈妥价格、确定交货及相关条件、签订合同并按要求收货付款的过程。

　　随着市场经济的发展、技术的进步、竞争的日益激烈,采购已由单纯的商品买卖发展成为一种职能,一门专业,一种可为企业节省成本、增加利润、提升服务质量的资源。现代的企业采购是一个复杂的职能集合体,正确理解采购,创新采购模式是现代企业在全球化、信息化的市场经济竞争中赖以生存的重要保障,也是现代企业谋求发展壮大的必然途径。传统的采购内涵和外延发生变革,不同环境和企业对采购的理解也发生了变化。现代企业通过变革采购的形式、与供应商合作关系、采购合约等,以获得采购质量、价格、技术、资源、营销、竞争等合作优势,使企业迅速得以发展和壮大。

二、餐饮原料采购内涵

　　餐饮原料采购主要是指用于餐饮菜点生产的原料采购,系餐饮企业根据自身企业销售计划获取所需的各种食品原料的商业和管理活动。在现代餐饮企业中一般专设一个部门来负责各种原料的采购。它既是烹饪学中的基本内容,又是餐饮产品的物质基础。它与餐饮服务、营销、形象塑造等相辅相成,不可分隔。任何管理者,片面地强调服务、营销和形象,或片面地强调生产和质量,脱离了对餐饮原料采购的管理,都是不全面的管理。餐饮原料是餐饮企业产品生产的重要环节,餐饮原料的来源稳定、质量与价格稳定、产品质量和销售控制、成本控制和利润提高、企业生存和发展等都与原料的采购有着密切的关系。有效的采购还会影响到餐饮企业其他部门经营与管理,如资金、库房和生产等。因此,餐饮原料的采购是一种技术,是一种管理,更是一种经营。不同餐饮企业根据企业所处的市场环境,进行原料采购创新,如流程再造、变革采购方式、合作关系等内涵,获得原料质量、价格、服务、广告、品牌等领域的优势。

三、餐饮原料采购研究的意义

餐饮原料采购的目的就是将采购来的食品和原料用于生产和销售,因此,餐饮原料采购要素如原料来源、质量、价格和供应商提供的服务等,是衡量采购工作业绩的重要因素。今天我们清楚地看到现代餐饮企业已经将采购职能从最初简单的“购买”提高到企业战略的高度。餐饮产品的质量和成本结构的分析直接地显示了采购对企业的重要性。餐饮产品销售成本的最大部分是由所采购的原料和服务占据,因此,作为采购人员应当更多地思考如何才能实现就近采购,即如何才能使采购成本最低。越来越多的餐饮企业放弃短期采购行为,把更多的精力放到了对供应商的管理和培训上,力求将供应商发展成为长期的合作伙伴以获得来自他们的优质服务,同时有更多的餐饮企业在更广泛范围内寻找更优秀的供应商。

1. 采购制约着餐饮产品销售工作的质量

作为向餐饮产品销售提供原料的先导环节,原料的采购必须使购进的原料品种、数量、价格等要素符合市场需要,才能实现产品销售业绩的高质量、高效率、高效益,从而达到采购与销售的和谐统一;相反,则会导致采购与销售之间的矛盾,造成产品滞销,影响餐饮的经营与管理,甚至导致餐饮企业失去竞争力,从而影响餐饮企业的生存与发展。因此,餐饮产品销售工作的质量高低很大程度上取决于原料的采购。

2. 采购制约着餐饮产品的开发

原料的采购与餐饮产品的开发是密切关联的,没有采购工作的支持,餐饮产品的开发将失去强有力的后盾,餐饮产品的开发可以通过采购了解市场和实现产品特色。采购人员贴近市场,了解市场原料的供应和需求,掌握原料的特性,有助于餐饮开发人员把握产品开发的原料的供应和市场需求等情况。

3. 采购决定着餐饮原料的周转速度

采购员必须把握好采购活动的时间和采购数量,必须解决好业务活动中的适时和适量问题。如果原料采购工作运行的时点与把握的数量同餐饮企业的生产和销售相统一,就可以加快餐饮产品的周转,降低原料的库存,从而降低原料的库存成本和损耗。

4. 采购关系到餐饮企业经济效益

采购活动对餐饮企业的经济效益影响很大。由于餐饮企业的经济效益是直接通过餐饮产品转化为商品来实现的。产品销售的价格与成本之间的利润空间一部分是通过降低原料采购价格来实现的,原料采购的时间、地点、方式、数量、品种等等,都直接影响到原料的成本,影响到餐饮企业的经济效益。因此,为了提高经济效益,餐饮企业必须注重分析市场趋势,寻求经营的机会,了解顾客的有关信息,以防止采购工作的盲目性。重视餐饮企业采购,控制采购成本,是餐饮企业现代化管理的必然要求。

5. 做好采购可以合理利用原料

餐饮业进入价格回归时代,低成本是餐饮企业生存和发展的重要环节。合理使用、物尽其用是餐饮企业管理的重点。采购工作必须贯彻节约的原则,通过采购工作合理利用原料。合理采购,防止优料劣用;优化原料组配,防止优劣混用;通过采购价格分析,力求采购功能与生产相匹配;通过采购促进餐饮产品的开发;通过采购防止劣质原料进入餐饮企业生产与销售。

6. 做好采购可以洞察市场的变化趋势

在市场经济的大环境下,市场对餐饮企业的影响作用,可以通过采购渠道,观察市场供求变化及其发展趋势,借以引导餐饮企业生产与销售,调整产品及特色,确定销售目标、经营方向和经营策略。餐饮企业生产经营活动是以市场为导向来进行采购活动和生产活动的。

原料的采购工作是餐饮企业生产和销售的关键环节,并构成餐饮产品的物质基础和主要内容。规范餐饮原料的采购要兼顾经济性和有效性,围绕采购工作的主要因素,建立原料采购信息和最新资讯,支持采购人员的工作;建立一支专业化采购组织,有效地配合餐饮生产、销售和成本控制;探索采购模式和技巧,建立稳定的供应商网络或联盟。

第二节　餐饮原料采购研究主要内容

餐饮中的烹饪原料,如活鲜原料、生鲜原料、加工干制原料、果品和调味佐助原料的采购,受到多种因素的影响,其成本控制和质量控制具有很大的可塑性。因此,原料采购必须基于充分熟悉原料的变化规律和使用特点的基础上,建立完善的管理体系,才能尽最大可能地把握好原料的采购工作。

一、衡量采购工作的标准

采购工作的标准,一般以采购效率来衡量,即获得满意的采购价格,或以最低的采购价格购进优质的原料。原料的采购价格和质量本身是一对矛盾,即优质的原料通常是相同原料中不同等级中价格最贵的品种;其最低采购价格或满意的采购价格通常是同一等级中的最低价格。因此科学地衡量采购工作必须建立在采购价格和质量统一的基础上。如西芹的采购,每年4月以后,本地大田中已全部收获,而市场上则有三个品种,进口西芹、外地西芹和本地储藏西芹,其市场价格分别为10.40元/千克、7.0元/千克、4.4元/千克。其质量为进口品种优于外地品种,外地品种优于本地品种。由此可见,购买相同原料的不同质量的品种,成本相差2.6~7.0元/千克。在熟悉原料使用特点和保持菜点制作质量不变的基础上,采购适合使用要求的最低价格,才能有效地控制餐饮成本,做到物尽其用。因此一个优秀的采购人员的工作效率应以最低的市场价格购进最适合使用规格的原料为基准。

二、原料采购人员职业素质

职业素质主要指采购人员的思想道德和职业道德、采购人员的业务能力和服务意识、采购管理的指导思想等。在市场经济调控下的市场,存在着多种灵活或不规范的经济形式。采购人员每天与形形色色的供应商交往,洽谈业务,时常受到这样那样的诱惑。思想不坚定,意志薄弱的采购人员较容易在这种经济浪潮中沉沦,给饭店造成巨大的损失。挑选有能力、有责任感、能处处以饭店利益为上、具有优良思想品德和高尚职业道德的采购人员,是搞好采购工作的前提条件。而任人唯亲、定期转岗、经理包办等都是不明智的消极管理办法,彼此之间会产生更大的隔阂,对采购人员的积极性调动、采购经验积累、稳定供货渠道等都是不利的。因此,对采购人员工作,在强调思想道德和职业道德考查的基础上,充分地信任他们,提供业务能力培养机会,建立科学合理的测评和激励机制,充分调动采购人员的主动性和协作精神,使采购工作能按计划顺利进行。

三、原料采购的基本要素

1. 市场调查

市场调查主要涉及市场供货情况、供求关系、货源渠道、采购数量、供应商供货合同等,这些因素直接影响原料采购价格。市场货源充足时价格回落,供不应求时价格反弹,货源渠道单一时价格抬高,采购数量偏少时提价,零星采购无供货合同时漫天要价。而饭店餐饮所需的原料大多为零星采购的鲜活原料,故受市场因素影响较大。因此坚持市场调查,积累采购经验,能预测市场变化特点,对制订采购计划、计划实施以及成本控制都是很有利的。

2. 原料基本属性

原料基本属性包括原料的生产地区、季节、品种、加工精度等,这些因素直接影响到原料采购价格和质量。

(1)原料产地。从原料品质角度而言,不同地区生产的原料,其质量、风味有着明显区别。如澳洲鲍优于金山鲍,进口鲍优于国产鲍,国产鲍又以大连鲍质优。显然其质量差别直接以价格差别体现出来。从组织货源的采购费用而言,异地采购费用高于就近采购费用。因此制定采购计划时,应从原料使用和菜肴档次角度考虑。用于一般的爆炒鲍片或海鲜羹等菜肴制作的鲍鱼,以国产鲍,即就近采购的鲍鱼成本较低;而用于高档次的整鲍使用的菜肴,则以其品名要求,采取异地采购方式,其费用随之提高。其他舍近求远去采购的原料,一般是用于饭店热销的特色风味菜点制作的原料,以保持其特有的风味。因此采购还需与厨房协同制订采购原料的规格,有的放矢地制订采购单,方能采购到更适合使用要求的原料。

(2)原料的生产季节。原料的生产季节是指生产和质量变化具有季节性。尤其是活鲜和生鲜原料,其质量和价格随季节变化而变化,而且不同原料都有各自的变化规律。如对虾,在立夏前后、立秋前后生产量较多,市场货源充足,因此价格往往会下调;在生产淡季时价格会回升。从质量角度而言,立秋鲈鱼、立夏鲥鱼、冬至羊肉、中秋毛豆等时令原料质量优良,价格较其他时期高。因此熟悉原料生产和质量情况,即专业知识,有助于制订合理的价格和规格是很重要的。对一些经常性使用的、季节变化较小的原料,可采取签订长期供货合同的办法进行采购;对一些热销的时令原料,采取限量限价办法进行采购;而对一些使用广泛的、较易储存的、季节性变化强的原料,可适时批量采购,利用储存设备适量库存,以降低采购成本。

(3)原料的品种。原料品种主要指原料的品种鉴别。同一类原料存在着不同品种,其品质、价格显然有差别,如牛肉与猪肉、鲫鱼与鳜鱼、鸡毛菜与菜心等。同一种原料又存在着极其相似的亚种,其品质、价格等同样存在着很大差别,如老鼠斑与老虎斑、泰国白燕与马巴什燕、竹蛏与蛏子、三文鱼与大马哈鱼、蒙古大尾巴羊与江南大白羊等。原料品种因素对采购工作而言,不但要做好采购原料的规格说明,更依赖于采购人员鉴别品种和真假的经验和专业知识,才能成功地采购到符合要求的原料。

(4)原料加工精度。原料的加工精度是指原料的深加工程度。一般原料的价格和质量随深加工程度高低而有变化。未经加工的毛料,其价格比深加工的小包装要低。但经深加工的原料,使用方便、储存方便、加工方便、加工损耗率低。因此采购各种原料的规格要注明其品名、个体大小、加工精度。并协调厨房,了解厨房用料情况,尤其是原料的折净率,比较不同加

工精度原料,使用后的净料成本高低,以此作为制定各种原料采购的加工精度的标准。

四、采购管理体系

餐饮原料采购管理形式多种多样,有集中采购、分散采购、集中与分散相结合等。这些管理形式各有利弊,采取哪一种管理形式,一般以饭店餐饮规模大小而定。就管理而言,设置采购部或采购组,统一管理采购工作,对建立完善的管理监控体系、采购人员的管理、资金的周转、目标计划的完成、成本的控制、业务洽谈等都是有利的。采购部或采购组必须具备市场调查、制订采购计划、核算和统计采购成本、建立各种形式的供货网络以及采购人员管理和考核等职能。成功的采购依赖于采购计划的制订,其中以价格定位和原料规格为中心内容。

1. 标准采购单制订

标准采购单,即详细说明各种原料采购的品种、个体大小规格、新鲜度、加工精度、数量、品牌商标、产地等基本属性。它既是采购人员采购的依据,又是供货和验收的标准。采购部或采购组采购的原料是否适合厨房使用,往往成为采购人员和厨师之间产生矛盾的交点,由此而造成管理上的混乱,甚至产生餐饮部经理包办采购的现象。标准采购单的制订,从管理上讲,做到了有案可查,明确了职责范围,避免了矛盾。而至于管理体制问题一般视饭店规模而定,关键在于完善管理体系。

2. 市场调查与预测,制订采购限价

标准采购单是采购的基本内容,而采购方式、采购价格则是采购的中心内容。原料的价格直接反映餐饮成本和餐饮的竞争力。而其价格又受诸多因素影响而产生变动,尤其是鲜活原料。市场调查就是要求采购部或采购组人员深入市场,了解市场供求、货源行情,依据行情和价格统计,并配以专业知识去核定各种原料的标准价格以及预测市场变化特点,制订采购计划。并且做好市场采购价格记录存档,作为以后采购计划拟定的历史参考资料。

采购价格核定,为采购提供了科学的限价,根据采购原料数量判断采购方式;也为洽谈供货合同提供了价格尺度;还可以此作为评估采购部或采购组及其人员工作实绩。因此,在采购部或采购组配备市场调查和成本核算人员,有利于采购计划的制订和采购人员的管理,并定期制订各种原料的报价表,以此作为餐饮部原料成本核算标准,保持了在某一时空阶段成本的相对稳定。

3. 建立合理的工作程序和监控体系

合理的采购工作程序将是采购工作的根本保证,使工作有条不紊地顺利进行。饭店餐饮原料成本预算的核定,可根据饭店经营目标中成本占有比例,宏观控制其成本额度,防止出现餐饮营业收入减少,而成本投资增加,造成营业成本失控现象。在此基础上合理分配和使用资金,编制采购计划和采购范围;各类采购单,经核定采购限价后,货比三家,制订采购计划,并做到十天一次核价,以消除因市场价格变动而造成的成本误差。此外,加强交货时的验收手续,严格把好验收关,以保证原料的质量,并办理入库手续。直拨厨房的原料也必须具备入库手续和领料手续。对质量不符合标准的、无采购依据的、无核定价格的原料,均应拒收拒领,由此造成的损失应由采购部经理负责处理,并追究责任人。因此,建立一套合理的工作程序和监控管理体系,必须做到专业化、规范化、制度化、科学化,才能提高采购工作的效率,做到真正意义上的成本控制。

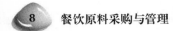

第三节　餐饮原料采购特点

餐饮原料贯穿于餐饮企业经营活动各个环节,需要用发展的管理理念去认识原料对餐饮企业经营管理的作用。餐饮原料采购是餐饮企业产品生产和销售的基础工作,采购工作的业绩直接影响到企业的经营管理。准确把握餐饮原料采购工作的重要性,需要从经营决策、经营管理和生产管理等层面考虑餐饮原料的影响。

一、餐饮原料采购的专业性

餐饮原料是用于生产餐饮产品所需的各种食品原料,其质量和价格是直接影响产品质量和成本的主要因素。因此,原料的采购重点是控制质量和稳定价格,以适应企业经营和管理的要求。

餐饮原料的质量和价格受诸多因素的影响,准确把握原料的质量和价格,需要专业知识和技术。专业知识就是需要采购人员具有相当丰富的原料知识、商业知识和采购知识,掌握有关原料的生产、销售、品质和市场供应等信息,为原料采购计划的制订提供大量有价值的资讯;专业技术就是需要采购人员具有原料检验、采购的技术和经验,准确判断原料的质量和价格,为原料采购工作提高效率。

二、餐饮原料采购的管理性

餐饮原料采购工作依赖于管理,建立有效的组织和管理体系,是获得原料采购效率的重要保证。餐饮原料的采购品种繁多,来源不同,性状各异,并且数量庞大,需要市场调查,把握市场动态,实施采购需要制订计划;原料采购更需要与贮存、财务、销售、供应商配合,才能使采购工作顺利进行。

三、餐饮原料采购的经营性

餐饮原料的质量与价格直接影响企业的经营业绩,因此,在采购管理中要有科学的经营理念。在具体实践中以经营理念去思考和计划采购工作流程的各个环节,如采购方式确定,方法不同,规模不同,双方合作疏密,支付方式、原料采购规格的细分,采购范围和价格限定、原料周转和短缺率控制、生产流程再造以及宴会和菜肴改良等,直接影响到餐饮产品的质量和成本。因此,以科学的经营理念进行采购管理才能获得良好的工作业绩,才能获得利润空间。

第四节　餐饮原料采购人员职责和职业道德

餐饮原料的采购应建立在诚信基础上才能创造公平、合作、双赢的工作业绩。餐饮企业加强对采购人员的职业道德的培养,建立良好的采购制度,是推进餐饮原料采购工作,并达到预期采购目标的重要途径。

一、采购人员的职责

从事原料采购的人员,其工作的目标是最高的效率和合理的最低总成本获得适合质量的原料。在不同企业中采购工作组织、管理制度、工作流程和评价标准都有很大差异,但对采购人员的基本职责基本相同。采购人员必须对餐饮企业负责,对餐饮企业顾客负责。餐饮企业应结合工作性质,制订相应的采购人员岗位职责。

岗位描述:包括职位、部门、主管领导。

职责介绍:采购工作流程中的工作主要内容,如原料采购。

主要关系群:包括内部和外部关系,对内向部门领导或直接领导负责;对外与其他部门或供应商联系。

规范和标准:包括采购专业知识、技能和资历。如掌握原料的品种、规格、品质、特性、产地、货源、保鲜、冷冻、鲜度、筋度、成色、价格、包装等具体的知识,具备餐饮用料、用途和检验等经验;掌握寻价、比价、定价、折让、谈判、订货、验货、工具运用、结账等方面的知识;具有确定交易对象、把握机会成本、运用比较利益的经验;掌握契约的格式、内容、条款、约定、责任对等、义务对等、权利对等、特殊约定、免责条款等方面的知识;具备口头承诺、采购意向、订金承诺、采购协议、采购合同的灵活运用等经验。

技能:胜任本工作应具备的技能要点以及期望的技能。

主要职责:包括企业管理制度、工作流程和管理要求、工作结束和检查等。

次要职责:包括协助管理、协助其他部门、参加宴会或会议等活动。

工作描述中所列出的工作职责,并不完全需要采购人员必须履行的工作,具有指导性作用,在实际工作中可按领导的要求完成工作。

二、采购人员必须具备的素质

采购人员应具备良好的品德修养,具体讲,他应具备忠于职守、尽心尽力、不谋私利、大公无私、公而忘私等品德修养;采购人员的职业自律是指不利用工作之便以各种形式向供应商索要回扣,不接受供应商各种形式的邀请、礼品和赠品,不泄露公司的采购政策和商业秘密,理性、审慎,懂得自我约束和自我管理。因此,在人员选择和培养中应加强职业道德修养,具体有以下几点:

(1)建立与供应商间的良好关系,双方建立诚信合作基础。

(2)提倡高度采购道德,树立优良的合作制度。

(3)在各种交易中,应顾及企业的利益,并信守企业政策。

(4)在不伤害组织的责任下,接受其他人员的帮助和指导。

(5)无偏私的采购,发挥资金的最大化,获得最佳效益。

(6)努力研究采购专业知识和技术,以建立管理和实用的采购方法。

(7)诚实地执行采购工作,揭发各种商业弊端,拒绝接受任何贿赂。

(8)对负有正当商业任务的访问者给予迅速与礼貌的接待。

(9)与其他从事采购工作的机构、团体及个人加强联系合作,以提高采购的地位及业务的改进发展。

第二章 餐饮原料采购组织

餐饮原料采购实践长期以来受餐饮企业管理组织的限制,未能摆在重要地位上。随着市场经济的不断完善,餐饮业市场细分化而导致餐饮企业市场竞争的白热化加剧,质量、品牌和价格竞争成为餐饮企业生存发展的生命,餐饮原料成本自然成为餐饮管理的重点,餐饮成本控制是餐饮管理的关键。餐饮原料采购组织就是对餐饮原料的采购工作实施有效的管理,以提高原料采购效率,降低餐饮原料采购成本,满足餐饮生产和销售的需要。

第一节 餐饮原料采购组织结构

采购部门在整个餐饮业中的地位高低,应视餐饮业本身营业性质、规模大小、采购集中化,以及采购功能而定。小规模餐饮企业,大部分均无采购部门,一般均指派专人采购或由他人兼办采购而已。但是大规模的餐饮企业或集团,均设有专职单位来执行有关采购事宜。至于采购组织形态,由于各个餐饮企业规模大小不同,因此其采购的内部组织结构也不尽相同。

一、餐饮原料采购组织表现形式

1. 大型餐饮企业或集团采购组织形式

餐饮原料的采购,是餐饮企业最频繁、最复杂的一项工作,控制好餐饮原料的采购是餐饮企业搞好餐饮成本控制最行之有效的办法。现代餐饮企业一般根据其企业规模大小以及餐饮在企业中的地位,采购组织表现形式各有差异。大型餐饮企业或集团公司,原料采购组织具有重要的地位。一般专门成立了采购价格领导小组,来执行和监督价格受控职能。把企业管理中进货这一敏感环节进行明箱操作,堵塞了企业管理漏洞,规范了企业管理行为,也让职工了解企业大事,参与监督管理,制止不正之风。充分利用市场经济特点加强质量成本管理,发挥集团的整体优势,在价格上具有主动优势。

2. 一般餐饮企业采购表现形式

餐饮企业的生存和发展,原料成本控制是关键,一般专设采购部门或采购组来执行采购任务。现代餐饮企业大多引进先进的管理,加强了采购组织的建设。如专设采购部,并且直属财务部。这种组织形式有利于餐饮成本控制,有利于调控成本率,避免因部门分散而发生扯皮情况的发生。而一般社会性餐饮企业,仅有采购组或采购人员,直属餐饮部,餐饮原料采购基本是由使用部门申请,采购组或人员负责采购。这种分工合作有其优点,但也存在一定的弊端,其突出表现是使用部门往往强调原料质量而忽视对价格的控制,致使成本率上升。改变这种局面,首先要明确餐饮行政主管和各餐厅厨师长是餐饮成本控制的责任人,要参与采购原料品种、数量、质量和价格的确定工作;其次采购部门要尽可能多的提供不同档次的可供选择的品种,可尝试采取多种采购方法,为增加餐饮收益提供一个可能的空间。

3. 饭店餐饮企业采购表现形式

(1)饭店采购部负责餐饮原料采购。饭店设有采购部为饭店二级部门,由饭店财务部领导,负责所有餐饮物品的采购。这种表现形式国内多见于独资、合资及规模较大的饭店企业。其特点是,采购业务归采购部统管,采购时相对比较规范,制度比较严密,采购成本、采购资金的管理也较严密;其存在的弊端是采购周期长,及时性较差。因此,要求餐饮部管理人员对各种食品原料的质量进行规范化,对采购运作时间予以明确规定,以保证供需的协调一致。

(2)饭店餐饮部负责餐饮原料采购。这种组织形式多见于餐饮业务大、营业收入较多、餐饮部地位较重要的中资饭店。其特点是,采购及时性、灵活性和食品原料本身质量得到保证;其存在的弊端是,采购的数量控制、资金及成本控制难以掌握。因此要求餐饮部管理人员应订立相应的规章制度,严把质量和数量关,使采购环节的成本费用降至最低。

此外,有些饭店对餐饮原料采购进行分类管理,如餐饮部负责鲜活物品的采购,饭店采购部负责可贮存物品的采购。这种组织机制比较灵活,但也存在多头采购特点,给管理、协调带来不少麻烦。

二、现行餐饮业采购组织系统

现行餐饮业组织系统,由采购部经理负责,一般设置采购科、计划综合科、运输科分别负责原料采购、管理和货物运输,如图 2-1 所示。

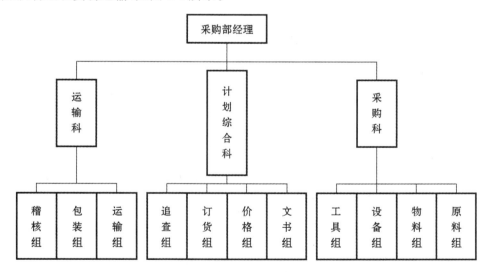

图 2-1　餐饮业采购组织系统

三、餐饮业采购部组织

现行餐饮业采购部设采购主任或经理一名,负责督导整个餐饮的采购工作,其下设有采购科、计划综合科、运输科。为求有效推进各单位的业务,每家餐饮企业可依其本身的性质,将上述单位的职能再予以细分。

1. 采购科

(1)主要职责:选择适当理想供应商,研究适当采购策略、方法和条件,制订餐饮原料及其其他物品的采购工作。

（2）工作组分工：

原料组：负责餐厅、厨房各种食物、调味品、蔬果等原料的采购和管理工作。

物料组：负责餐厅、厨房各种文具、日常用品以及布巾类的采购和管理工作。

设备组：负责餐厅、厨房各种烹饪设备、餐厅桌椅等物品的采购和管理工作。

餐具组：负责刀具、器皿等餐具的采购和管理工作。

2. 计划综合科

（1）主要职责：负责采购计划的编制、平衡，信息、统计工作的综合。采购任务单完成情况的追踪，进口原料的申请、合同、报关接货工作以及其他方面的采购工作。

（2）工作组分工：

文书组：负责采购部的公文、报表等文件的记载与处理工作。

价格组：负责采购市场调查，以及有关采购价格的议定。

订货组：负责依照采购政策来从事采购物品的订购。

追查组：负责对供应商与供应来源之间保持继续联系，以求取得最新商情。

3. 运输科

（1）主要职责：运输科主要的职责是洽商采购品交货的方式、运输费率、包装方式、延期交货的索赔与督导。

（2）工作组分工：

运输组：负责采购物品交货托运方式、费率计算等工作。

包装组：负责采购物品交货包装以及运送方式。

稽核组：负责订购物品的追踪、索赔以及与供应商联系事宜。

第二节　餐饮原料采购工作程序

餐饮原料采购工作程序是采购工作的核心之一，能使采购工作的各类人员明确各自的职责和范围，并且对采购工作程序各个环节进行有效管理，才能使采购工作顺利进行。随着餐饮企业管理方式方法的改进以及市场原料供应商情况改变以及订货方式改变，原料采购流程的再造也是管理者提高采购效率的主要内容。

一、餐饮原料采购工作程序

餐饮原料的采购程序，涉及餐厅、厨房、仓库、验收、财务以及供应商之间的工作关系。采购程序的功能就是严格执行各部门和单位的职责，使原料质量规格、数量和价格以及资金支付等要素分别得到严格的管理和监督，使采购工作能达到预期目标。餐饮原料采购工作程序是由餐饮生产部门填写领货单，将写好的领货单送达仓储管理员，由管理人员发放生产所需的餐饮原料。仓储管理人员根据各种原料储存数量标准，制定采购计划达到餐饮原料补充目的，并填写请购单交采购部。采购部通过正式或非正式的采购预订系统向供应商订购所需原料，将预订单的副联送达验收人员和会计人员。供应商将预订原料送达验收处，并出示一张送货发票。验收人员根据请购单的副联对预订原料进行核对质量、数量和价格。验收人员将核对合格原料送达合适地方储存后，将验收单送达会计人员，支付预订原料的货款。对核对不合格的原料作出退货处理,交采购部门处理。采购程序见图2-2。

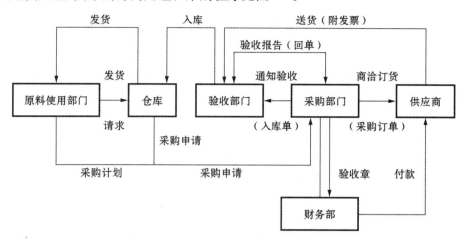

图 2-2　餐饮原料采购程序

1. 采购部门

采购部门接受餐厅、厨房、仓库等单位的原料订货单,进行分析、调查、价格议定、选择供应商、进行订货和原料的转运等采购工作,并将采购订单、送货单送达验收和财务部。在具体实践中,采购部门可根据最新商情以及餐厅销售情况与原料使用和需求单位进行商议,起到以订促销的作用。

2. 餐厅、厨房

餐厅、厨房按照餐饮企业采购管理政策,一般限定原料采购范围,可由餐饮经理、行政总厨、厨师长或专人负责所需原料的采购申购单填写,并由专人审批后送达采购部,由采购部负责原料采购。

3. 仓库

仓库根据各种原料贮存的订货点量对各种原料进行分类保管贮存,当原料的贮存数量达到订货点量时,及时填写原料申购单,经负责人审批后送达采购部实施采购。

4. 验收

验收人员凭单验收采购原料的数量、质量规格以及价格,对验收通过的原料及时送达申购单位,开出验收章到财务,并做好登记手续。对验收不合格的货物,联系采购部负责追查工作;对无票据的原料开出无购货发票收货单。

5. 财务

根据原料申购单、采购单、验收章和供应商发票,核查后支付供应商货款。

二、餐饮原料采购基本工作流程管理要素

餐饮原料采购作业是指餐饮企业为了达成生产和销售计划,在确保适当品质的情况下,于适当的时期,以适当的价格,从适当的供应商那儿购入必需数量的原料。采购作业作为餐饮企业的一种重要作业,有其特定的流程。采购流程会因采购的来源、采购方法以及采购对象等不同,在作业上有若干差异,但是基本的流程则大同小异。采购流程是餐饮企业完成特定的采购任务而开展的一系列相互关联的活动过程。从需求部门的采购申请,到采购部门的结案归档,

其中跨越审计、仓储、品质管理以及财务等部门。餐饮企业规模越大,采购金额越高,企业对流程设计要求就越严格。因此,采购工作流程中各阶段要素管理,是采购计划实施和提高采购业绩的关键。

1. 确认需要

它是指在采购之前,应先确定采购原料的品种、数量、时间和使用单位等内容。采购之前需要采购部门和各业务部门协调采购原料的预算和计划。具体工作程序见图 2-3,采购计划表见图 2-4。

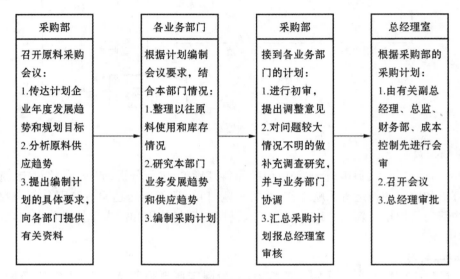

图 2-3　编制采购计划流程

原料采购计划表

_____年度_____季度

原料类别 _____　　　　　　　　　　　　　　共____页　　第____页

编号	品名	参考单位	计量单位	预计年初库存		本年预计需求量		本年建议采购量		预计年末库存		建议采购地区（国别）	要求分批供应的时间和数量				采购初审意见	总经理室会审意见	批准数
				数量	金额	数量	金额	数量	金额	数量	金额		时间	数量	时间	数量			

部经理（签字）_____　　　　　　　　　　　　　制表（签字）_____

图 2-4　原料采购计划表(样张)

2. 需要说明

原料采购需要由使用单位提出采购申请,办理审批手续。采购申请和审批是采购计划批准后的计划执行。

(1)计划采购。凡已经批准列入采购计划,并有具体供货时间、批量要求的原料,由采购部门直接填写采购单,说明采购原料的计划数和已采购数,经采购部经理签章后即可采购。计划采购单见图2-5。

计划采购单　　　　　　　　年　月　日

品名编号	品名	规格型号	等级	数量	单位	参考单价	采购计划数量	已采购数

采购部经理_____　采购员_____

图2-5　计划采购单(样张)

(2)按库存定额控制采购。由仓库按定额控制库存的原料,当库存达到最低定额时由仓库保管员按库存定额管理办法的规定直接填写采购申请单,注明确定的最低、最高库存定额和填单日的实际库存数,经仓库主管和采购部经理签章后交采购员采购。定额采购单见图2-6。

定额采购单　　　　　　　　年　月　日

品名编号	品名	规格或型号	等级	数量	单位	参考价格	现有库存	最低库存定额	最高库存定额

采购部经理_____　采购员_____　仓库主管_____　保管员_____

图2-6　定额采购单(样张)

(3)非计划采购

凡未列入计划和超计划的采购称为非计划采购或临时采购,由使用部门办理申请,经部门经理初审签章后报采购部审核,根据授权范围,经审批后执行采购。临时申购单见图2-7。

临时申购单

请购部门_____ 　　　　　　　　　　　　　　　　　　　　年　月　日

需用或请购部门填列						采购部门填列	
品名	规格	单位	数量	用 途	需用日期	估计费用	现有库存

财务部填列:资金来源	审核人填列:核准的采购项目及备注

总经理_____　财务总监_____　财务部_____　采购部经理_____

交办采购员　　　　　请购部门经理　　　　　请购人

填单须知:(1)各部门签章必须齐全。一料一单(大批请购,可附清单,格式同上)。

　　　　　(2)审批按照审批权限规定处理。

图 2-7　临时申购单(样张)

　　(4) 鲜活原料采购。餐饮原料中许多是鲜活原料,又要按客户定菜要求准备,采购次数频繁,数量零星,因此对鲜活原料采购申请手续应尽可能简便,可用多项目式原料采购申请单,每日或随时申请,一般经餐饮部经理或厨师长审批即可采购。鲜货原料申请单见图 2-8。

鲜活原料采购申请单

类别_____ 　　　　　　　　　　　　请购日期 _____年___月___日

品名	规格	单位	数量	参考价格	要求进货日期	备注

采购部经理_____　采购员_____　餐饮部经理_____　制单_____

图 2-8　鲜活原料采购申请单(样张)

　　3. 选择可能的供应来源

　　选择可能的供应来源是指对于需要说明的,或从原有的供应商中,选择信誉良好的供应商,通知其报价,或以刊登公告的方式,公开征求报价。确定供应商的权限一般视餐饮企业自身的规定执行。一般采购可由采购部经理选择决定,大宗原料或高档原料采购一般报总经理审批决定。

　　4. 合适价格的决定

　　合适价格的决定是指在决定可能的供应商后,和其进行价格谈判。原料价格受到许多因素的影响,如原料的来源、质量、规格、数量、运输、时间和服务等,以及还要考虑原料使用单位的成本和产品质量要求,所谓合适的价格主要指在满足使用单位成本和产品生产质量要求的基础上,提供优质的原料和服务所确定的价格,是合理的。

　　5. 订单安排

　　订单安排,指在价格商定后,应办理订货签约手续,如订单或合约,均属于具有法律约束力的书面文件,对供需双方要求、权利及义务须说明清楚。

6. 订单跟踪和审计

签约订货后,为保证供应商能够如期、包质、按量交货,应及时与供应商保持联系,防止发生意外变故而造成供货不及,以便及时采取补救措施。避免因时间延误而造成原料的短缺,影响生产和销售,对企业带来经济和社会形象上的损害。

7. 核对发票

供应商交货验收合格后,应及时开具发票;要求付清货款时,对于发票的内容是否正确,应先经采购部门核对后,财务部门才能办理付款手续。

8. 不符与退货处理

凡是供应商所交原料的清单与订单不符或原料经验收部门验收不合格时,应按合约规定办理退货手续,并立即重新采购,予以结案。

9. 结案

凡验收合格付款,或验收不合格退货,均须与供应商办理结案手续,并清查各项书面资料是否完整,评定绩效,报请高层管理或相关主管部门审核批示。

10. 记录与档案规定

凡是结案批示的采购,应列入档案登记,编号分类,予以保存,以便参阅或事后发生问题时查考。此外,档案有一定的保管期限。

第三节 餐饮原料采购部门与其他部门关系

餐饮原料采购是餐饮企业经营管理的前期技术,是餐饮产品质量和成本控制重要环节。随着餐饮企业竞争加剧,原料的质量和成本管理是企业参与竞争,取得竞争优势、获得利润空间的关键。现代餐饮企业必然也必须重视原料的采购,在不同经营形式的餐饮企业中,对采购部门的重视程度有着很大差距,尤其是连锁餐饮企业、餐饮集团企业以及大型餐饮企业对采购部门日渐重视。采购部门主要的职责是以最经济有效的方式去购置餐厅各单位所需要的适当原料以利餐饮企业的正常运作。从采购部门的工作性质而言,在餐饮企业中属于服务性质的部门,其工作的中心应围绕餐饮的生产销售,为餐饮产品的生产销售服务。因此,提高采购部门工作业绩,发挥其最大的职能,必须与餐饮其他部门经常保持密切联系与合作,否则采购部门就失去工作的目标。

一、采购部门与厨房部的关系

餐饮原料采购主要采购的是提供厨房菜点生产所需的各种原料,采购部必须经常与厨房人员保持联系,借以了解厨房所需原料的种类、数量、规格和使用情况。从采购工作流程来讲,部分原料,尤其是生鲜原料的采购,大多是由厨房申请采购。厨房采购原料数量必须符合厨房生产和库存要求;采购种类、规格、质量、价格必须符合菜肴的生产特点。采购人员与厨房人员保持经常性的联系,有利于掌握厨房生产信息,有助于提高工作效率。

二、采购与餐厅的关系

采购部采购的原料是为了餐饮产品生产所需的各种原料,而餐饮产品的重要受众是顾客。顾客的满意度是评价菜点质量重要指标,采购部可以借助餐厅管理和服务人员的帮助,获得顾客对产品的评价,包括口味、色泽、质感、规格和价格,有助于提高采购工作的质量。

三、采购部与仓库的关系

仓库是餐饮原料贮存的主要部门,仓库工作人员必须随时将最新库存量记录表通知采购部,对所需原料及时发出申购单,以补充库存原料。同时采购部也必须将原料的市场信息以及采购的情况与仓库工作人员沟通,有助于协调工作,提高餐饮原料的周转率、降低原料的损失。

四、采购部与质管部的关系

采购人员所购置的原料,必须达到餐饮生产所需的质量和成本标准。质管部的工作性质是提供质量标准和进行质量监督。采购部与质管部保持经常性的联系,有利于采购部人员获得餐饮原料质量检验的方法和相关知识,有助于供应商的选择、进行有效的商业谈判、提高原料质量。

五、采购部与财务部关系

采购部必须与财务部、成本控制部相互保持联系和沟通,有助于制订采购预算和计划、了解营业预算和现金预算。日常保持联系,可以随时掌握采购原料数量和成本,并对采购结算方式进行商榷,有助于提高工作效率。

第三章 餐饮原料采购规划与管理

　　餐饮原料采购规划是从战略上对餐饮原料采购进行合理的定位,通过采购市场调查、餐饮企业本身市场定位,全方位综合各类信息,对餐饮原料采购、方法、技术等进行决策。餐饮原料采购规划是餐饮企业采购工作的重要依据,对原料的采购实践具有重要的指导作用。

　　在规划的指导下,所进行的餐饮原料采购过程是由多个组织或职能部门构成,因而对这个过程中各个环节的管理就是十分必要的,也是管理的主要内容。管理的核心问题是围绕原料的质量、数量和价格的管理。其中,在管理制度、采购技术和监督保障等方面建立有效机制是管理的重点。

第一节　餐饮原料采购规划概述

　　餐饮原料采购规划是从战略上对采购进行合理定位,确定怎样从市场中采购各种原料,以最好的满足企业每日生产与销售的需要的过程。采购规划主要考虑的问题是采购决策、采购品种、采购数量、采购来源和采购时间等。由此,我们可以制作一个采购规划流程(见图 3-1),以供制作规划的参考。

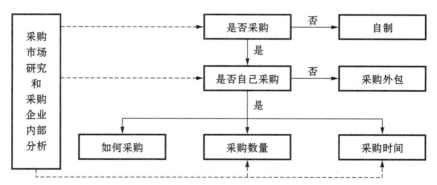

图 3-1　采购规划流程

一、采购规划的依据和内容

1. 原料采购规划的依据

　　由图 3-1 可知,在进行餐饮原料采购之前,必须对采购市场调查资讯和采购企业内部需求进行研究与分析。

　　(1)采购市场调查资讯研究与分析。原料采购市场研究与分析,是指系统地将市场调查获得的资讯进行收集、分类以及分析,获得对餐饮企业原料采购工作以及经营管理具有重大影响的各类数据,旨在满足企业现在或将来的生产与销售的原料需求,使餐饮企业能得到更好地发展。因此数据统计是采购规划的重要依据。

原料　了解原料的市场供应情况,目标是达到为餐饮企业实现节约或降低与采购相关的成本,同时也可以为餐饮企业减少因寻找替代原料以及替代供应来源而带来的风险。对原料市场供应状况的统计,可以结合餐饮企业本身用料的特点进行分类统计,每一大类又可以根据原料品种进行分类,每一种品种还可根据加工规格、质量等级进行分类。通过分类以后的原料,对其来源、供应情况、供应商、价格等数据进行汇总,并记录统计时间和其他特殊因素。

供应商　与供应商有关的研究主要涉及与供应商的合作关系,通过对供应商的市场调查,除掌握供应商供应原料的质量、价格、服务外,还应注重供应商的金融状况、商业信誉和优惠条件等信息,目的就是为餐饮企业寻找合适的有长期合作关系的供应商,培育成为原料供应的合作伙伴。

建立系统程序　良好的原料采购信息系统对所有采购企业都是至关重要的,建立采购信息系统,改善信息交流环境,通过信息技术提高采购资讯有效率,为采购规划提供强有力的支持。采购信息系统的建立,可以将原料的各类市场信息、供应商的信息以及原料开发信息与餐饮企业内部用料情况、库存情况统一起来,并保持经常性的数据更新和维护,使采购规划更加现实和有效。

(2)餐饮企业内部原料采购分析。餐饮企业原料采购是为生产和销售服务的,原料的内部需求、采购政策和预算等是采购实施的重要依据。只有充分了解餐饮企业内部采购政策、用料特点和预算,才能组织有效的采购信息,做好采购规划,提供更好更有效的服务。

餐饮原料采购金额占企业经营总成本或总收入的百分比　原料采购需要资金和成本,采购经费的状况直接影响到采购数量、支付方式和合约签订等采购工作。

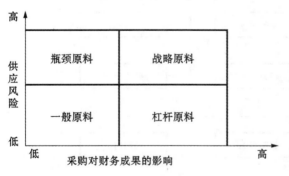

图 3-2　采购原料组合

采购对达成餐饮企业目标的机会或威胁

对原料进行分类,为一些大宗原料进行决策,是采购工作的重点,从管理上必须严格审批手续,防止因决策错误而导致发展机会的流失或带来严重的危机。采购内部分析之前,可以创造一个二维的四象限矩阵,用于展示各类原料在企业运营中的地位和作用,再对各类原料进行不同的采购规划。见图3-2。

一般原料:这种原料的价值通常较低,在市场上供应量比较充足和稳定,而且存在大量可供选择的供应商,如常见的肉类、果蔬类和鱼类等。这些常年可供应的原料很少造成餐饮企业生产与销售的威胁。

战略原料:这些原料的数量很大,通常按照订货清单提供。这种原料的特点是一方面是餐饮企业生产产品的主要原料或特色原料,另一方面原料的来源稀少或只有一个供应来源,而且对企业销售业绩影响较大,因此在短期内很难改变供应来源,以免造成主要或特色原料的短缺,给餐饮企业带来重大损失。

杠杆原料:一般是指餐饮企业普遍使用的原料,并对餐饮产品成本有直接影响的原料,如食用油、调味品、酒类饮料等。这些原料的价格变动直接影响到餐饮产品的成本。

瓶颈原料：这些产品在资金上只占相对有限的一部分，但是在供应上却极为脆弱。这些原料可能只有从一个供应商或代理商那里获得。通常供应商在与采购方签订合约时处于支配地位，导致原料价格、送货时间和服务的不稳定，影响餐饮企业的正常运营。

所采购原料的性质　餐饮原料的性质是指原料的自然属性和加工属性。原料生产的自然属性、加工精度以及生产的技术要求和贮存技术等直接影响原料的市场供应。原料供应数量的变化，影响原料的销售价格。原料的自然属性还决定原料的贮存性能，有些原料具有不可贮存性，则会影响对这些原料的采购数量和采购周期；此外，有些特殊的加工原料，因其使用量较大而又短期或季节需求，则要注意是采购原材料，还是采购加工性原料；是自行加工，还是从供应商直接采购加工半成品，等等。

原料采购工作的条件　这些条件包括采购所需要的设备、技术、人员、资格等。当采购部门不具备这些条件时，往往不能有效地实施采购甚至不能胜任采购工作。如随着采购管理的信息化技术的发展，现代企业管理需要对采购部门的管理和运营采取信息化管理，对硬件和软件设施提出了更高的要求。完整成熟的餐饮管理信息系统包含有原料采购管理软件，具有采购资料库、管理系统、采购作业系统、决策支援系统和 MRP 系统等。

2. 原料采购规划的内容

（1）是否采购。采购部门应在采购之前对需要采购的原料进行规划，尤其是一些季节性很强的原料，价格上涨原料以及需要增加采购成本和加工成本的原料半成品，应根据餐饮企业生产销售特点以及参与竞争的能力判断是否需要采购。需要对采购原材料、采购半成品或成品、自行加工生产等的成本进行衡量，作出采购决策。

（2）是否自己采购。餐饮产品的生产种类很多，大多是由企业自己采购原料进行生产销售，但也有一些产品可以实施代销，也有些产品的销售是直接通过与供应商的合作进行外包，如有些餐饮企业将厨房生产管理外包，也有独立经营的企业为提供竞争优势联合采购，成立联合采购中心。餐饮外包或采购外包的前提是有效性，即能利用特殊外部方的数量规模或是竞争优势带来外包前所不能获得的效益。但若采购活动属于战略关联性大、战略协同性高、与核心能力一致的关键的原料采购，则不宜外包，如连锁快餐企业的主打产品的原料采购。

（3）采购模式一般有集中化采购、分散化采购和混合采购等几种模式。

集中化采购模式　指餐饮企业集中所有的采购活动，由专门的采购组织集中承担采购任务。这种采购模式具有一定的优势：所采购的物品比较容易达到标准化；在管理上减少组织结构的重复现象；获得规模采购的优势；有利于人员培训和采购技能的提高。这种采购模式适合于大企业、采购规模大的原料采购。因此，餐饮企业可根据自己每年原料的使用量来确定哪些需要集中采购的原料，可以起到稳定供应、稳定成本、稳定质量等作用。

分散化采购模式　将采购工作分散给各需要部门分别处理。这种采购模式的优点是：对餐饮生产和销售直接负责；对内部使用部门具有直接的指导作用；与供应商和顾客直接接触沟通。缺点是分散采购能力；缺乏规模效应。因此在实践中这种采购模式常被小型的传统企业采用。

混合采购模式　又称为分散集中化采购模式，是指有些原料的采购活动在企业总部进行，同时主要分店也进行采购。这种模式同时具备集中化和分散化采购模式，在实践中常被一些大型企业和集团管理的连锁企业使用。

（4）采购方法、数量和时间

采购方法 主要指招标采购和非招标采购，（在本章第三节中加以介绍）。

采购数量和时间 规划是达到餐饮企业生产所需原料的预计数量和时间，防止原料的短缺；避免原料库存过多而造成浪费和资金积压；使采购部门做好事先准备，掌握采购时机提高采购效率；确定采购原料标准，控制原料的数量和成本等目的。决定采购数量和时间，从管理上来讲主要依赖于企业对原料采购申请单的管理和原料库存政策。对一些价格昂贵，需求量稳定的原料，一般规定采购的数量和库存，实行定期订购法进行采购；对一些价格低廉、临时性需求及非直接生产的原料，比较适合采用定量订购法进行采购。

二、原料采购规划技术

1. 采购与自制分析

采购与自制分析是通过平衡点分析法进行选择决策。这是一种普遍采用的管理技术，可以判断餐饮产品生产中有些半成品或成品原料是采购，还是自制加工用于生产销售。衡量的标准就是成本。

【例 1】 某餐饮企业需要生产五香牛肉，如自制，每千克五香牛肉变动成本为 28 元，并需要另外增加成本 300 元；若选择直接采购五香牛肉，购买量大于 25 千克，价格为 38 元/千克；购买少于 25 千克，价格为 43 元/千克。试问，该餐饮企业如何根据用量做出采购与否的决定？

解 在对例题进行分析时，有三条成本曲线，根据本题的特点采用平衡点分析法较为便利。

设 x_1 表示用量小于 25 千克时的采购产品平衡点；x_2 表示用量大于 25 千克时的采购产品平衡点；x 表示产品用量。

当用量小于 25 千克时，产品采购成本为 $y = 43x$；用量大于 25 千克时，产品采购成本为 $y = 38x$。产品自制生产成本为

$$y = 28x + 300$$

根据上述成本函数可求：平衡点 x_1：$28x_1 + 300 = 43x_1$，$x_1 = 20$ 千克；平衡点 x_2：$28x_2 + 300 = 38x_2$，$x_2 = 30$ 千克。

将三条成本曲线及平衡点用图表示，见图 3-3。由平衡点分析可知：

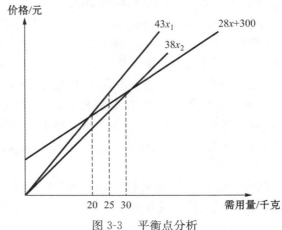

图 3-3 平衡点分析

当用量在 $0 \sim 20$ 千克时,自制成本大于采购成本;

当用量在 $20 \sim 25$ 千克时,采购成本大于自制成本;

当用量在 $25 \sim 30$ 千克时,自制成本大于采购成本;

当用量大于 30 千克时,自制成本小于采购成本。

2. 经济采购批量分析

按照采购管理的目的,需要通过合理的进货批量和进货时间,使采购的总成本最低,这个批量称为经济采购批量或经济批量。有了经济批量的分析,可以对采购量多的原料作出决策。

原料采购总成本(TC) = 取得成本(TC_a) + 储存成本(TC_c) + 缺货成本(TC_s)

其中:$TC_a = F_1 + D/Q \cdot K + DU$

$TC_c = F_2 + K_c \cdot Q/2$

式中:F_1—— 采购固定成本,与订货次数无关;

D—— 产品年需用量;

Q—— 每次进货批量;

K—— 每次采购变动成本(差旅费、邮资等);

U—— 产品进货单价;

F_2—— 储存固定成本(包括折旧、仓库职工工资);

K_c—— 为单位产品储存成本。

则:$TC = F_1 + D/Q \cdot K + DU + F_2 + K_c \cdot Q/2 + TC_s$

1. 经济采购量基本模型的假设条件

经济采购量基本模型需要设立的假设条件有:

(1) 餐饮企业能够及时补充存货,即需要采购时便可立即取得存货;

(2) 能集中到货,而不是陆续入库;

(3) 不允许缺货,即无缺货成本,TC_s 为零,这是因为良好的存货管理本来不应该出现缺货成本;

(4) 需求量一旦确定,即 D 为已知常量;

(5) 产品单价不变,不考虑现金折扣,即 U 为已知常量;

(6) 采购现金充裕,不会因现金短缺而影响进货;

(7) 所需原料市场供应充足,不会因买不到需要的原料而影响其他。

设立了上述假设后,存货总成本的公式可以简化为:

$$TC = F_1 + D/Q \cdot K + DU + F_2 + K_c \cdot Q/2$$

当 F_1、K、DU、F_2、K_c 为常数时,TC 的大小取决于 Q。为了求出 TC 的极小值,对其进行求导演算,可得出下列公式:

$$Q^* = \sqrt{2KD/K_c}$$

这一公式称为经济采购量基本模型,求出的每次采购批量,可使得 TC 达到最小值。

这个基本模型还可以演变为其他形式。

每年最佳采购次数公式:$n^* = D/Q^* = \sqrt{DK_c/2K}$

存货总成本公式:$TC(Q^*) = \sqrt{2KDK_c}$

最佳订货周期公式:$t^* = 1$ 年 $/n^*$

【例2】 某餐饮企业采购原料,该原料每年耗用量为14 400千克,该原料单位成本10元,单位原料储存成本为2元,一次采购成本为400元。则

$$Q^* = \sqrt{2KD/K_c} = \sqrt{\frac{2 \times 14\,400 \times 400}{2}} = 2\,400 \text{ 千克}$$

$$n^* = D/Q^* = 14\,400(千克)/2\,400(千克/次) = 6 \text{ 次}$$

$$TC(Q^*) = \sqrt{2KDK_c} = \sqrt{2 \times 400 \times 14\,400 \times 2} = 4\,800 \text{ 元}$$

$$t^* = 1年/n^* = 12个月/6 = 2个月$$

2. 基本模型的扩展

经济采购量的基本模型是在上述假设条件下建立的,但这是一种理想状态下的模型,实践中这种假设条件很少。因此,需要对模型进行改进,使其更加接近实际情况,便于实践应用。

(1) 有采购提前要求的情况。一般情况下,餐饮原料需要有一定量存货用于原料的周转,因此采购需要提前,在没有完全消耗存货时进行补充。在提前采购的情况下,餐饮企业再次发出订货单时,尚有存货的库存量,称为再订货点,用R来表示。它的数量等于交货时间(L)和每日平均需求量(d)的乘积,即:

$$R = Ld$$

续前例,原料采购从订货到送货期的时间为10天,每日存货需要量40千克,则

$$R = Ld = 10天 \times 40千克/天 = 400千克$$

即原料尚存400千克存货时,就应当再次订货,等到下批订货到达时(发出再次订货单10天),原有库存刚好用完。此时,有关存货的每次采购批量、采购次数、采购间隔时间等都无变化,与瞬时补充时间相同。采购提前采购情况见图3-4。

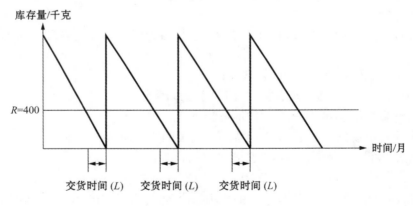

图3-4　采购提前模型

由此可见,订货提前对经济订货量并无影响,可仍按原来瞬时补充情况下的2 400千克为采购批量,只不过在达到再订货点(库存400千克)时发出订货单即可。

(2) 存货陆续供应和使用的情况。在建立基本模型时,是假设存货一次全部入库,故存货增加时存量变化为一条垂直的直线。事实上,各批存货可能陆续入库,使库存陆续增加。存货变动如图3-5所示。

设每批采购数为Q,每日送货量为P,故该批货全部送达所需日数为Q/P,称之为送货

期。因原料每日耗用量为d,故送货期内的全部耗用量为:Q/Pd。

由于原料边送边用,所以每批送完时,最高库存量为:$Q-Q/P \cdot d$;平均存量则为:$(Q-Q/P \cdot d)/2$。图3-5中的E表示最高库存量,$\overline{E}$表示平均库存量。这样,与批量有关的总成本为:

$$TC(Q^*) = D/Q \cdot K + 1/2(Q-Q/P \cdot d)K_c$$
$$= D/Q \cdot K = Q/2(1-d/P)K_c$$

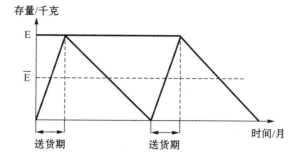

图3-5 陆续供应和使用模型

在采购变动成本与储存变动成本相等时,$TC(Q)$有最小值,故存货陆续供应和使用的经济采购量公式为:

$$D/Q \cdot K = Q/2(1-d/P)K_c$$

$$Q^* = \sqrt{\frac{2KD}{K_c}\left(\frac{P}{P-d}\right)}$$

将这一公式代入上述$TC(Q)$公式,可得出存货陆续供应和使用的经济采购量总成本公式:

$$TC(Q^*) = \sqrt{2KDK_c(1-d/P)}$$

【例3】 某餐饮企业采购某种原料,每年该原料的年需用量(D)为14 400千克,每日送货量(P)为400千克,每日耗用量(d)为40千克,单价(U)为10元/千克,一次订货成本(K)为400元,单位储存变动成本(K)为2元/千克。则:

$$Q^* = \sqrt{\frac{2 \times 400 \times 14\,400}{2} \quad \frac{400}{400-40}} = 2\,530 \text{ 千克}$$

$$TC(Q^*) = \sqrt{2 \times 400 \text{ 元/次} \times 14\,400 \text{ 千克} \times 2 \text{ 元} \times (1-40/400) \text{ 元}} = 4\,554 \text{ 元}$$

(3)原料采购安全存量。餐饮企业原料的使用,在实践中每日的使用量常有变化,供应商送货的时间有时因各种原因而延误,等等。按照采购批量和再采购点发出订单后,如果需求增大或送货延迟,就可能发生原料的短缺。为防止由此造成的损失,就需要多储备一些存货以备不时之需,称为安全存量。这些存货在正常情况下不动用,只有当存货过量使用或送货延迟时才动用。安全存量如图3-6所示。

图3-6中,年需用量(D)为14 400千克,已计算出经济采购量为2 400千克,每年采购6次。又知全年平均日需用量(d)为40千克/天,平均每次交货时间(L)为10天。为防止需求变化引起缺货损失,设安全存量(B)为200千克,再采购点R由此而相应提高为:

$R = $ 交货时间 × 平均日需求量 + 安全存量 $= L \cdot d + B$

$= 10$ 天 × 40 千克/天 + 200 千克 = 600 千克

在第一个订货周期里,$d = 40$千克/天,不需要动用安全存量;在第二个订货周期内,$d > 40$千克/天,需求量大于供货量,需要动用安全存量;第三个订货周期里,$d < 40$千克/天,不仅不需动用安全存量,正常储备也未用完,下次存货即已送到。

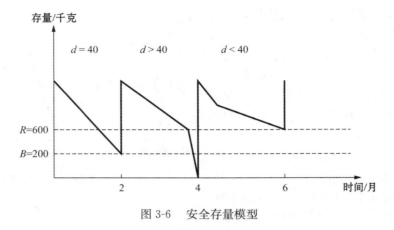

图 3-6　安全存量模型

第二节　餐饮原料采购市场调查

采购市场调查的主要目的是为采购规划提供采购资讯,通过市场调查希望能以最理想的价格适时获得最适当质量、数量的原料,以减低餐饮产品生产成本,提高餐饮销售利润。原料采购市场调查主要分为原料调查、市场调查、供应商调查。原料调查主要调查原料价格与供求信息以及新产品开发信息,市场调查主要调查社会经济的动态,供应商调查主要调查对方公司概况、金融情况和销售情况等。

一、餐饮原料采购市场调查的重要性

餐饮原料采购市场调查的对象是原料。原料的质量、数量、价格受诸多因素的影响,除餐饮企业内部菜单计划和产品开发等生产、销售等因素影响外,大部分是受市场的影响。如何把握市场,掌握各种原料生产、供应、需求、价格、数量、时间等信息,是采购规划的主要依据,达到稳定餐饮产品质量和控制餐饮产品成本的目的。

随着服务业的不断成熟,餐饮业的竞争更加激烈,低成本运行实现价格回归是必然趋势,低价格回报社会、提供优质服务是现代餐饮企业生存与发展的基本原则。因此任何餐饮经营者为求有效营运,无不注重原料采购的市场调查,竭尽其所能研究降低采购成本的策略和方法,显然采购市场调查是降低原料成本,获得适当质量的最有效、最有价值的资讯。采购市场调查所得到资料情报的重要性体现在以下几个方面:

(1)可作为拟订餐饮原料采购政策与计划的重要依据。

(2)可作为餐饮企业原料库存管理政策的依据。

(3)可作为餐饮企业产品生产、调整和开发的指导性文件。

(4)可掌握原料市场供应信息,有助于选择、调整供应商,达到稳定货源和降低价格的作用。

(5)有助于使用单位了解原料的基本信息,做到合理使用、物尽其用,有效控制成本等管理要求。

二、餐饮原料采购市场调查特点

原料市场调查是一项技术性较强的工作,采购工作的重要性逐步被餐饮企业重视,有效的采购是降低餐饮成本的重要手段。事实上,采购工作的效率和效益取决于采购人员的专业知识和经验技术,其涉及范围广,专业知识强,并且市场变化复杂,需要不断总结经验,不断研究市场变化规律,才能使采购更加有效。

1. 原料采购市场调查范围广泛

餐饮采购原料品种繁多,有鱼肉类、果蔬类、加工性原料、调味佐助类等。原料采购市场调查,既要调查各种原料的市场信息,又要调查不同区域市场供应情况,还要调查顾客对各种原料需求。

2. 原料采购市场调查专业知识

餐饮原料采购产地、营养特点、品质、品质检验、贮存以及上市时间等专业知识,是采购人员所必须具备的专业知识。随着科学技术的发展,新型原料、替代原料以及人造食品等不断产生,了解这些原料的性能必须有最新的科技知识,否则就可能导致采购工作的失误和浪费。对原料采购市场调查还必须借助于统计分析、成本控制及价格分析等方法与技术,否则很难预测出适当的价格。此外,原料采购市场调查还需要有一定的商业经验、外贸报关知识以及法律知识,才能适应现代多变的市场。

3. 原料采购市场的复杂性

原料采购市场是极其复杂的,不但富有敏感性,而且易受外在各种因素的影响。原料采购市场容易受政治、经济、社会变化而变化;受农副产品生产波动的影响;受市场竞争以及人为因素的影响;受季节气候的影响;受供应商销售方式的影响,等等。因此,有效的原料市场调查必须进行采购市场的研究,不断积累经验和专业知识,把握市场发展趋势和变化规律,才能使采购市场调查成为有效的资讯,为餐饮企业原料采购和经营管理服务。

三、餐饮原料采购市场调查的内容

餐饮原料采购市场调查的主要内容为采购原料的品名、种类、质量、数量、价格、时间、采购对象、采购条件等。

1. 原料品名种类

餐饮原料的种类繁多复杂,相同原料品种具有不同的规格,而导致原料的质量和价格的差异。因此,原料的采购市场调查首先要研究采购什么?采购工作是为餐饮产品生产服务的,采购什么原料要符合餐饮产品生产的要求,也就是适当的原料。所谓适当,是指原料品名、种类和规格适合产品的生产要求。餐饮原料品名种类的调查,要注意原料品种、来源、供应商与规格大小。在市场调查中可以将相同品名的原料按来源、规格、价格进行记录统计,为采购提供各种原料在市场中供应情况和价格等真实信息。

2. 原料质量

适质原料就是质量适合餐饮产品生产的质量要求。相同原料常有不同等级质量品种在市场上同时销售,以满足不同层次消费者的需要。等级不同,质量不同,价格也有明显差异。因此,在市场调查中,可以根据相同原料按规格、等级、价格、供应商进行记录统计,为采购提供各种原料的不同质量等信息,有助于选择适质的原料。

3. 原料数量

原料数量的调查,包括餐饮企业生产需要量和原料市场供应量,两者的统一才能满足餐饮生产所需原料的周转,餐饮企业才能正常运行。原料数量市场调查主要针对餐饮企业用料情况,对所需各种原料进行市场调查,了解各种所需原料的市场供应情况以及供求趋势和规律。餐饮原料大多是来源于自然的生鲜原料、加工性原料,原料的生产具有一定的规律,即随着季节不同,原料的供应量发生变化,导致价格的波动。此外,原料的供应量还受气候条件、各种灾害、贮存技术等因素的影响。因此,原料数量的调查可以按原料品种、日期、数量、价格、备注(注明特殊节日、天气等),有助于采购人员掌握原料的供应情况和趋势,以确定每次采购的数量。

4. 原料价格

原料的价格是餐饮产品成本主要部分,控制原料采购的价格是餐饮企业获得利润的前提条件。原料价格受诸多因素的影响,原料的品种、质量、来源、规格、采购量、供应量、供应商合作关系等,因此原料采购价格的市场调查一般结合以上各方面进行调查统计,在选定原料品种、规格、质量的基础上选择原料的来源或供应商,也就是货比三家,选择最低的价格,以实现采购价格的控制。

5. 原料时间

原料时间是指原料上市时间和规律。原料的生产和供应受许多因素的影响,但根本性的要素是由原料本身的上市时间所决定的,尤其是季节性很强的原料,市场供应具有很强的季节性。为此,要进行适时采购,即使原料的采购既符合企业运营需要,又要抓住原料采购机会。这是原料采购市场调查的重要内容。掌握原料上市时间和规律,有助于指导采购和生产销售。

6. 原料采购对象

原料采购对象是指采购原料的来源,选择不同供应商,获得原料的价格、质量、时间、服务以及风险都是不同的。向何处采购,选择什么样的供应商,首先取决于对采购原料的分类,不同原料采取不同的采购方法,选择不同的来源。因此,通过市场调查,可以获得不同供应商所供应原料的信息、价格和服务,为采购计划的制订提供依据。

7. 原料采购条件

原料采购条件是指采购还必须考虑原料供应的服务、合约和付款方式等条件。从餐饮企业产品生产和销售来说,原料采购的关键性要素可能是质量和价格。但从餐饮企业经营来说,资金、成本控制、稳定的货源网络是确保企业正常运营的关键。因此,原料采购除考虑原料的质量和价格以外,还必须考虑原料供应的服务、合约和付款方式等要素,因为优质的服务和优惠的付款条件,既可降低采购成本,又可保持原料供应稳定性。因此市场调查可将各个供应商的信息进行汇总,有助于采购人员对供应商的选择。

第三节 餐饮原料采购方法

餐饮原料采购方法的选择,通常根据采购企业规模大小、所需原料的性质、价格、数量和使用的缓急以及市场供应等情况而确定。随着餐饮业的发展,尤其是大型餐饮集团企业以及连锁经营企业的发展,餐饮原料的使用量急剧增加,品种也多种多样,因此搞好餐饮原料采购工作成为餐饮企业参与竞争,求得发展的首要问题。餐饮原料采购方法较多,主要分为招标采购和非招标采购两大类。

一、招标采购

招标采购是由需求方提出招标条件和合同条件,由许多供应商同时投标报价。通过招标,需求方能够获得更加合理的价格和优质的服务的供应。

1. 招标方式

根据《中华人民共和国招标投标法》规定,招标方式分为公开招标和邀请招标两种。

(1)公开招标。亦称竞争性招标,又可分为国际竞争性招标和国内竞争性招标,是由招标企业通过媒体宣传工具发布招标公告,凡对该招标项目感兴趣又符合投标条件的法人,都可以在规定的时间内向招标企业提交规定的证明文件由招标企业进行资格审查,核准后购买招标文件,进行投标。公开招标具有公平、价格趋于合理、促进提高原料品质、减少徇私舞弊等优点;同时,公开招标所需采购成本较高、手续比较烦琐,对金额较大的采购项目可能存在串标、抢标以及其他问题。

(2)邀请招标。亦称有限竞争性招标,又可分为国际有限竞争性招标和国内竞争性招标,是由招标企业根据自己积累的资料,或由权威的咨询机构提供信息,选择一些合格的供应商发出邀请,应邀供应商(必须三家以上)在规定时间内向招标企业提交投标意向,购买投标文件进行投标。邀请招标具有节省时间和费用、相对公平和减少徇私舞弊等优点;同时,也可能产生串标、抢标和轮流得标等问题。

2. 招标采购程序

招标采购因手续比较烦琐,必须按照一定的程序来进行。一般来说,招标采购的流程可分为下列四大步骤,即发标、开标、决标、签订合约等四阶段。

(1)发标。采购企业在决定通过招标采购原料后,应对所需要招标采购的原料,按其名称、规格、数量和条件等详加审核,若认为没有缺失或疑问,则可开始制发标单,公告招标信息,准备发售标单。

(2)开标。出售标单后,必须做好开标前的准备工作,如准备开标场地,然后将供应商所投的标启封,审核供应商的资格,如没有问题再予以开标。

(3)决标。开标后,必须对报价单所列各项规格、条款详加审查是否符合条件和规定,再举行决标会议公布决标单并发出通知。

(4)签订合约。决标通知一经发出,此项买卖即告成立,再依招标规定办理书面合约的签订工作,合约一经签署,招标采购即告完成。

3. 招标单

(1)标单的特点。在整个招标采购的过程中,最重要的是标单的制定,理想的标单必须具备三原则,即具体化、标准化、合理化等。否则达不到招标采购的主要目的,还可能给企业带来影响生产、销售和发展的一系列问题。因此在制作标单时,制订适当的招标方式;将所需原料的规格、质量等,既明确又有弹性;所列的各项条件必须具体、明确、合理,体现公平;投标须知及合约标准条款能随标单发出,内容合理;标单格式合理,发标程序制度化、有效率。

(2)标单格式。招标采购所用的标单为标准格式标单,有"三用式标单"和"两用式标单"两种。所谓"三用式标单"系指一份标单中包括:招标单、投标单及合约三种。采购需求方将拟采购原料的名称、规格、数量、条款等列在招标单中,而投标供应商将其所报价格及条件分别填在招标单各栏及价格后签章投入标箱,经采购需求方审核认可,将合约各栏予以填注,并经负责人签章后即构成合约。

二、非招标采购

非招标采购是指除招标采购方式以外的采购方式。对采购金额较大的采购一般要求采用招标采购方式,但大多情况下招标采购并不是最经济的,需要采用招标采购以外的采购方法实施原料的采购。非招标采购方式很多,通常使用的主要有:报价采购、议价采购、市场估价采购等。

1. 报价采购

报价采购,亦称询价采购、货比三家,是指采购企业向国内外理想的供应商(通常不少于三家)发出询价单让其报价,然后在报价基础上进行比较并确定中标供应商的一种采购方式。供应商所提供的报价单,其内容一般包括采购原料的品名、数量、单位、价格、交易条件及有效时间,有时供应商为求得采购方的信任,会主动提出信用调查资料和原料样品或说明资料供参考,如果报价内容采购完全同意,此项采购买卖契约即可成立。这种采购方式适合于一些日常使用和价格比较小的原料采购。

(1) 报价采购种类。报价采购的责任与约束力要视合约内容而定,由于合约内容不同,则报价采购的种类也有所差异。报价采购种类主要有确定报价、条件式报价、还报价、更新报价、再复报价、联合报价等。

① **确定报价**　指在某特定期限内才有效的报价。这种报价是指在有效期内,供应商所提供价格为采购方所接受,交易即告成立;如逾期采购方不寄发接受通知,则交易自动取消。但如采购方寄发接受通知,并附有条件,则原来"确定报价"即告失效,成为一种新的合约。

② **条件式报价**　指供应商在报价时附有其他条件,由于条件内容不一,因而其形态十分复杂。如"无承诺的报价",此类报价仅作为参考,供应商常随原料市场价格变动而作调整,因此在报价单中常声明:"本报价不受承诺的约束",或"本报价价格随市价而增减"。又如"卖方确认的报价"则须经供应商确认后才能生效,较无承诺报价更有交易诚意,还可防范风险。

③ **还报价**　事实上是一种讨价还价的方式,采购方对供应商报价单所交易条件、原料质量规格、付款方式均甚满意,唯嫌价格太高,便要求对方减价,此称之为"还报价"。交易必须经双方同意才告成立。

④ **更新报价**　指报价有效期间已过,以同样交易条件重新另外再报价,称之为更新报价。

⑤ **再复报价**　指买卖双方依照上次原料采购成交条件进行报价的方法。

⑥ **联合报价**　指一种带有附带条件的报价方式,如"非全购即不卖"。

(2) 报价采购特性。报价采购是原料采购中经常使用的一种采购方式。报价采购适合于多数原料的采购,采购内容和需求多样,组织采购灵活,采购周期短,采购次数多,容易形成竞争市场,吸引供应商积极参与报价,不断地获得满意的价格和服务。但也存在着采购频繁、工作量大以及采购周期受报价文件制定、报价、选择、签订合约和供货等因素的影响。采用报价采购方式,还应注意,报价单上常有附带条件,报价单所列附带条件一经接受,则不得撤回;报价单的有效期一般指报价送达对方所在地时开始生效,而不是按报价人的报价日期为基准;报价之后尚未被对方接受时,卖方可撤回其报价;报价单若超过报价规定接受期限,则此报价的有效性便自动消失等一些特点。随着商业和网络的发展,报价采购可以通过网络平台得以实现,使报价采购变得更加有竞争力,采购的效率也大大提高。

2.议价采购

议价采购是指基于特定条件,对某些原料以不公开方式与供应商进行洽谈的采购。因不公开或当众竞标,而是双方面对面讨价还价,所以称为议价。由于价格的拟订系双方磋商后订定,故称这种采购方式为双方议价法。美国采购学者亨瑞芝认为议价比公开招标更接近理想价格,因为各种采购的细节和内容,均可在双方磋商过程中得到解决,进而取得最适当的价格,并且手续比较简便,因此较适合于餐饮企业的原料采购。

(1)议价采购程序。议价采购程序较招标采购简便,主要包括编制议价单、审查报价单、议价及签约。

编制议价单　所谓议价单是指采购方将所需采购的原料名称、规格、数量以及交货条件列在格式类似标单,连同议价函寄给选定的供应商,请其在某一定期限内提出报价单,然后再确定时间洽谈。

审查报价单　审查供应商寄来的报价单,需要审查采购原料的品名、规格、质量、价格、附带条件、交货期与方式、交款条件与有效期以及附带的特殊条款等是否符合要求。

议价及签约　采购方收到报价单后,经审查后如认为符合要求、价格基本合理,就可以约定时间与供应商议价,有时对一些大宗原料的采购需要多次磋商和分析每一项条款后才能决定,最后与供应商正式签订合约。

(2)议价采购特性。议价采购适合于紧急采购,可及时取得迫切需要的原料。这种采购方式周期短、效益明显,能获得较理想的价格和质量,尤其是对一些特定原料,议价采购最适宜。通过议价可以选择有信誉的合作紧密的供应商,并可建立良好的供应链。议价采购运作过程中需要加强管理,防止舞弊行为。在实践中可结合其他采购方式分类进行,尽可能体现公平。采取议价采购方式关键在于做好供应商的选择和价格拟定。对供应商的选择,应以采购原料的质量、价格、交货与服务为重点,注重采购来源、供应商信誉和长期合作关系;报价拟定可参照以往进价、市场调查和询价等方式进行估算。

3.市场估价采购

买卖双方当面估价的采购方式,是指自数家供应商取得估价单,然后双方面洽其中内容,一直到双方认为满意时才签订买卖合约。

(1)市场估价采购程序。市场估价采购主要程序是取得估价单、估价准备、面洽及签订合约。

取得估价单　采购企业可以多渠道收集供应商信息,选择较理想的供应商,收集各供应商的原料说明和估价单,对多家供应商的估价单进行比较,选择理想的质量、服务和价格的供应商。

估价准备　采购人员要获得理想的质量、服务和价格需要有一定的采购技巧和经验,并掌握原料的市场供求、以往原料的采购规格和价格以及企业使用原料的情况,有助于估价采购的有效实施。估价准备,需要有专业采购人员,具备一定的原料知识、采购经验和技巧,获得采购部有关原料的各种信息,才能通过分析,对采购原料拟订一个较合理的价格范围,为面洽工作做好充分准备。

面洽及签订合约　面洽是直接与供应商确定采购原料的规格、质量、数量、交货期、服务和价格等内容。面洽时应注意估价单的价格常有虚高现象,并衡量原料规格、质量、数量、交货期、服务等条件与价格的关系。当面洽能满足基本条件时,所磋商的价格符合企业用料要求时,即可签订合约。

(2)市场估价特性。这种采购方式因比较注重采购原料的质量、服务及交货期等问题,故实践中采购方不一定向价格最便宜的供应商采购。因此,采取这种采购方式必须做好市场调查和内部调查等准备工作,掌握各种原料的品质特点和检验方法等技巧,才能在采购估价时做到胸有成竹,把握采购的主动,获得满意的质量、服务的同时,降低原料的价格。市场估价采购虽然受市场供求关系影响较大,供应商报价波动性大,需要有采购经验的人员才能完成。但其采购手续简便,采购成本较低,并具有挑战性和投机性而受到采购人员的欢迎。

第四节　餐饮原料采购计划管理

餐饮原料的采购是为餐饮产品生产、产品销售和经营目标服务,高效率的采购能为餐饮企业带来巨大的利润和竞争优势,也是餐饮企业成本控制、产品质量和产品销售的关键要素,因此,我们要对餐饮原料采购实行计划管理。而计划性采购工作是采购管理的核心。

一、采购计划制订

1. 财务部门

餐饮企业或酒店设立采购部,一般隶属财务部管理,接受财务部的管理和指导。餐饮原料的采购计划制订总体上由财务部负责,建立会议系统,对采购计划实施内部管理。由财务部根据本企业年度营业实绩、原料消耗和损耗率、第二年的营业指标及营业预测,下达采购计划编制任务到经营部门、仓库和采购部;并将各部门的采购计划和报告汇总审核,并做出采购预算报总经理审核,经批准的采购计划交财务部监督实施,核查是否根据采购计划按质、按时、按量完成采购任务,尤其是对计划外采购或特殊、急用原料的采购进行管理和控制,未经批准的采购要求,财务部有权拒绝付款。

2. 仓库部门

仓库部门根据企业经营特点定期接受财务部下达计划任务,制订月、季、年采购计划。对计划采购的主要原料编制"餐饮原料购进申请表"报财务部审核,经批准后一式四份,分送经营部门、采购部门,作为计划采购的参数。对经营部门提出的计划外采购或特殊、急用原料的采购,应报财务部经总经理审批后,方可下达采购任务。仓库部门根据计划或计划外采购的各类原料以及仓库存货和经营情况,由仓库管理人员编制每次实际应采购的"原料订货通知单",一式四份,一份送交采购部采购。

3. 采购部门

采购部的工作是严格按照采购计划和任务单,即依据仓库和经营部门下达的"原料订货通知单"进行采购前期的准备工作,并实施正式采购业务。严格禁止采购任何未下申购单的原料,否则财务部将不予以报销,并追究责任。如果由于经营需要和市场行情的变化,需要新增加或增加存货量的原料,则由采购部提出计划送餐饮部审批后执行。

4. 经营部门

经营部门,如餐饮部、客房部、康乐部等部门所需要的原料、食品、时果等,可根据不同存货量的特点而采取不同采购计划。对经营部门使用的各种基础性的原料,可由餐饮部牵头制订每日采购计划,当天预测第二天的需要量,填制"申购单"由部门负责人审核签字后,直接交采购部办理正式采购业务;对具有一定储存期的原料,如冷冻原料、干货原料、腌腊制品等,可由使用部门制订相应的周计划、半月计划和月计划,经使用部门负责人签字后交仓库核签,交采购部办理正式采购业务。

二、采购计划审批制度

严格的审批程序,建立有效的监督体系,是采购计划制订和有效实施采购计划的基础。

1. 仓库定期对各种计划采购的原料编制"餐饮原料购进申请表"送财务部审核,经分管总经理批准后一式四份,分送经营部门、采购部门,并办理正式采购业务。

2. 仓库根据各类采购计划,核查各种原料的库存和经营情况,编制实际采购的"原料订货通知单",经分管经理签字后一式四份,分送经营部门、财务部和采购部,并办理正式采购业务。

3. 计划外采购的原料,尤其是需要增加存货、新增加、特殊需要的原料,由使用部门制订计划并填制"采购申请单",交使用部门负责人审核签字后,方能送采购部办理正式采购业务。

三、采购规范化流程

1. 计划和计划外采购工作流程

(1) 仓库库存补充原料的采购工作流程。仓库对库存原料应设定合理的采购存量标准,在存量接近或低于标准线时,即需要补充仓库的原料存货,由仓库管理人员填写一份仓库补充"采购申请单",并在单内注明所采购原料的名称、规格、平均每月消耗量、库存量、最近一次订货单价、最近一次订货数量和本次实际订货数量。"采购申请单"经财务部审核交分管总经理签字后送采购部经理初审。采购部经理在"采购申请单"上签字确认,并注明到货时间。并按仓库"采购申请单"内容要求进行询价,选择至少三家供货商,经比较选择合适的供应商,制订采购计划和报价报告,交仓库、财务核签,经分管总经理批准后,送采购部实施正式采购业务。

(2) 部门新增原料的采购工作流程。经营部门若需要添置新原料,则由使用部门经理或负责人撰写有关专门申请报告,经财务部核查后由分管总经理审批后,连同新增加原料的"采购申请单"一起送交采购部。采购部经理初审同意后,按"采购申请单"内容要求进行询价,选择至少三家供货商,经比较选择合适的供应商,制订采购计划和报价报告,交仓库、财务核签,经分管总经理批准后,送采购部实施正式采购业务。

(3) 基础原料的采购工作流程。基础原料是指经营部门日常使用的生鲜原料,如蔬菜、肉类、冻品、海鲜、水果等。一般由使用部门填制原料"每日采购申请单",经使用部门负责人签字后交采购部当日或第二天办理正式采购业务。

2. 采购工作流程的规范化事项

(1) 建立规范化核查和备案制度,对所有原料的"采购申请单"必须填制一式四联,按采购规定的审批制度要求办理审批手续,分送仓库、财务、采购、使用部门。

(2) "采购申请单"一共四联,在经审批批准后:第一联交仓库作验收用;第二联交采购部作存档并办理正式采购业务用;第三联交财务部作存档核实和报账用;第四联交使用部门存档用。

（3）采购部收到"采购申请单"后应认真复查以防错漏。复查的主要内容是检查"采购申请单"的审批签字，核对其是否正确；复查仓库存量和每月消耗量，核对"采购申请单"上的数量是否正确；认真选择供应商，核查"采购申请单"上的价格是否合理。

第五节　餐饮原料采购控制

一、餐饮原料采购质量控制

餐饮原料的质量是一个变量，影响原料质量的因素很多。从餐饮企业自身角度来看，原料的质量高低与餐饮企业的所处市场的经济、自身定位、目标市场、产品价格策略等有密切关系，其标准是适合餐饮企业经营与管理的质量标准；其次，从餐饮产品生产角度来看，原料的质量与餐饮产品质量和品牌有密切的要求，其标准是质量与成本的平衡；再次，从原料自身质量要求角度来看，与原料的品种、生产方式、生产时间、贮存时间、加工程度等有着一定的关系，其标准是掌握各种原料的品质鉴定知识和经验，正确判断原料的质量。诸多影响餐饮原料质量变化，成为采购管理的难点和重点，建立一套质量管理体系是采购内部管理的关键。采购规格书，又称标准采购单，是餐饮企业根据食品分类标准，结合自身产品的质量、选料、成本等要求，以书面形式将所需各种原料的质量、规格等作详尽规定并汇编成册，作为餐饮原料采购的标准。

1. 采购规格书的内容与形式

餐饮原料的采购是餐饮生产经营的准备阶段的技术性工作，原料采购是为满足生产需要服务的，采购原料的质量、规格、价格等必须符合餐饮生产所需的原料标准。因此，餐饮经营与管理人员根据自身企业的经营目标和产品定位，对用于生产的各种原料制订出的质量、规格标准，应该与食品加工业、商品销售业中各类原料的质量、规格等级相统一，制订出质量、规格保持稳定，采购成本符合定价标准的原料采购规格目录，并对主要原料的采购要求进行详尽说明，最终形成符合餐饮企业自身生产与销售目标的原料规格标准，即采购规格书。

采购规格书的内容具体包括：①产品通用的名称或常用商业名称；②法律、法规确定的等级、公认的商业等级或当地通用的等级；③商品报价单位或容器；④基本容器的名称和大小；⑤容器中的单位数或单位大小；⑥重量范围；⑦最小或最大切除量；⑧加工类型和包装；⑨成熟程度；⑩防止误解所需的其他信息。实践中可根据原料的具体情况，采取灵活的分类方式，对影响各类原料质量要素进行梳理，列出作为规格标准，尽可能避免质量、规格以及理解上的偏差。

（1）水果的采购规格内容一般包括品名、产地、等级、外观、色泽、新鲜、规格等，见表3-1。

表 3-1　水果采购规格书（样例）

品名	产地	部位/形状	色泽与外观	气味与味道	规格
葡萄柚	海南	$\varphi 9\sim10$ 厘米圆形或椭圆形，内有 $12\sim14$ 瓣鲜果	金黄色，皮薄质细，无斑点及挤压伤痕	酸度适中，无明显苦味	每箱 36 只

（2）蔬菜的采购规格内容一般包括货号、品名、产地、单位、商标、规格等，见表2。

表 3-2　蔬菜采购规格书（样例）

货号	品名	产地	单位	商标	规格
0109026	袋装莼菜	江苏	袋	太湖	325 克/袋

（3）粮食类的采购规格内容一般包括货号、品名、单位、商标、规格等，见表3-3。

表 3-3　粮食类采购规格书（样例）

货号	品名	单位	商标	规格
0104008	面粉	袋	牡丹	1×50

（4）生鲜肉类的采购规格内容一般包括品名、产地、部位、外观、色泽、新鲜、规格等，见表3-4。

表 3-4　生鲜肉类规格书（样例）

品名	产地	部位/形状	色泽与外观	气味与味道	规格
牛腰肉	新西兰	带骨切块 25 毫米宽，每块重 5～6 公斤	油层 1～15 厘米中度脂肪条纹，肉色微红	无不良气味，无变质及溶冻现象	符合商业部牛肉一级标准

（5）罐头食品的采购规格内容一般包括货号、品名、商标、规格、价格等，见表3-5。

表 3-5　罐头食品采购规格书（样例）

货号	品名	品牌	规格	价格
011242	午餐肉	梅林	340 克	8.00
0114007	美国芝士粉	卡夫	85 克/听,24 听/箱	18.00
0114009	鲜奶油	丹麦	1000 毫升/听	280.00

（6）水产类的采购规格内容一般包括货号、品名、规格、商标、单位等，见表3-6。

表 3-6　水产类采购规格书（样例）

货号	品名	规 格	品牌	单位
0113001	大青虾 U1	10 头/盒	海燕	盒
0113001-1	大青虾 U2	22 头/盒	海燕	盒
0113003	龙虾仁	80～120 粒/斤	仁和	盒
0113007	澳洲带子(4 斤/袋)	40 斤/箱	金太阳	斤
0113010	青口	10 盒/箱	翠绿牌	盒
0113012-1	泰国白虾仁	6 板/箱(91～120)	企鹅牌	板

（7）冷冻品的采购规格内容一般包括货号、品名、商标、规格、单位等，见表3-7。

表3-7　冷冻品采购规格书（样例）

货号	品名	规格	商标	单位
0111001	三号肉	50斤/箱	金锣	斤
0111004	猪大肠（出口）	4×10斤/箱	金锣	斤
0111008	牛柳	40斤/箱	金锣	斤
0111011	真空牛柳（西餐）	40斤/箱	金锣	斤

（8）调味品的采购规格内容一般包括货号、品名、商标、规格、单位等，见表3-8。

表3-8　调味品采购规格书（样例）

货号	品名	商标	产地	规格	单位
1224291	特级草菇老抽	海天	广东省佛山市	500毫升	瓶

餐饮原料的种类繁多，采购规格书的形式可以根据原料特点，进行分类对待。一般基础性原料可以将原料的质量、规格、重量和其他特别项目所需因素加以说明制成报价单即可，目的是让采购人员熟悉采购原料的质量和规格要求，同时让供应商准确把握餐饮企业所需原料的标准，帮助供应商及时满足餐饮企业采购原料的期望。而一些作为餐饮企业的品牌菜点原料和名贵原料，其采购规格标准应加以详细说明，如原料的品名、用途、原料介绍、规格等各种要素，并对所采购原料的验收程序、鉴别方法等注意事项加以说明。餐饮企业可根据自身餐饮产品生产要求，将品牌菜点、特色菜点、地方传统菜点、保健菜点、山珍海味类的原料以及食疗菜肴中药等，汇编成规格书，有助于提高采购效率，起到稳定采购原料的质量和价格。

2．采购规格书实际作用

采购规格书是对餐饮企业所需各种原料的规格标准的详细说明，以文字和图片的方式记录餐饮企业所需各种原料的特点、用途、来源、生产、包装、规格要求以及鉴别方法等信息，无论是餐饮企业采购验收人员，还是餐饮企业原料供应商都具有很好的参考价值。其具体的作用如下：

（1）事先确定每一种食品原料的质量要求。

（2）为生产提供适质的原料。

（3）可防止采购人员与供应单位之间的误解。

（4）向各供应单位分发采购规格书，可便于供应单位投标。

（5）订货时不必每次都要说明食品原料的质量。

（6）有助于搞好食品原料验收工作。

（7）有助于搞好领料工作。

（8）可防止采购部门与食品原料使用部门之间产生矛盾。

（9）有助于成本控制员履行职责。

（10）有助于保证购入的各种食品原料质量都符合企业的要求。

3．采购规格书编写原则

（1）稳定性。采购规格书使根据餐饮企业生产和成本要求确定的原料质量标准，在一定经营过程中应保持原料规格的稳定,以便保持餐饮企业产品生产的质量和价格稳定。餐饮企业对一般基础性原料的采购,应严格规定原料的基本属性,如品种、来源、生产、大小、部位、重量、包装等,以稳定原料的质量。而对品牌菜肴、传统菜肴、特色菜肴等原料应长期保持原料采购的规格标准,有些大型餐饮企业将自身需要的主要餐饮原料,通过不同经营合作方式,实施原料生产、运输、加工、储存、销售"一条龙"供货服务,更有利于稳定原料的质量,同时也有效地降低了原料成本。

(2)标准性。餐饮企业常因经营特色不同,并且受地方传统的影响,对餐饮原料的规格描述有一定差别。随着我国食品业和商业的发展,餐饮原料生产的标准化管理有了长足的发展,餐饮原料的大多数品种都能按照国家有关部门颁布的标准制订相应的规格书,有助于采购人员、验收人员、供货商对原料规格标准的准确把握,并且在发生供货纠纷时,可以按照标准进行处理。尤其是涉及原料质量安全方面的标准,如食品安全标志、绿色标志、有机食品标志、厂家、商标、包装、理化指标、运输、储存条件和时间等,标准都有明确的规定,任何生产企业都不得任意改变现有标准。

(3)发展性。随着人民生活水平提高及食品科学的发展,对餐饮企业产品质量要求越来越高,并且因餐饮市场成熟和竞争,步入微利时代,使得餐饮企业的质量和价格竞争愈演愈烈。从餐饮企业生存与发展角度分析,产品创新、质量稳定与提高、物有所值是经营关键,也因此决定着餐饮企业采购原料品种和规格的变化,加之食品和原料生产的发展以及质量标准的不断修订,采购规格书必须按照最新的相关标准定期作出修改和增补,使原料采购规格书在结合餐饮企业自身发展和市场需求变化中得以不断地发展。

(4)实践性。采购规格书直接影响到餐饮企业原料采购工作的效率,建立一套适合餐饮企业经营要求的采购规格书是一项长期的系统工程,一套合理的采购规格书需要综合餐饮企业内部经营管理特点和市场环境,在实践中需要对采购的各种原料作研究,如对原料的产地、产期、品种、规格、价格、产量以及质量等基本属性作长期的积累和比较研究,通过研究对现有的采购规格书提出修改建议,以适应餐饮企业和市场环境的变化。因此,采购规格书的建立需要长期的工作实践积累,内部各岗位实践需要长期提供餐饮菜点生产中有关原料品质、使用特点和成本等信息;外部采购需要不断收集各种原料的规格信息,并将其作为岗位职责规定执行,才能形成不断完善的良性循环,以提高采购工作的效率。

(5)实用性。采购规格书的实用性主要表现在对采购工作的指导和参考作用。采购规格书的基本特点是反映餐饮企业经营管理和菜点生产的要求,餐饮各销售和生产部门的原料使用应以采购规格书为蓝本,填写各种原料申领单或申购单,才能不偏离餐饮的成本、质量和定价标准。其次,采购规格书是采购人员采购、向原料供应商询价、采购招标等实践工作的标准,以此为采购工作的标准,达到降低成本、提高品质、确保供应等目的。此外,采购规格书也是采购研究和培训的重要资料。

二、餐饮原料采购数量控制方法

餐饮原料数量控制的目的主要是满足餐饮产品生产的需要,避免产生原料的短缺和质量下降等现象。如采购数量过多或存货过量,占用过多的资金,都会影响资金的周转;原料存放时间过长,其质量容易下降或变质会因此增加存储成本和存储场地。采购数量过少就会出现缺货、减少销售量和造成顾客不满等结果,并且如需紧急采购既费时又费钱,还会失去大批量采购所获得的折扣，导致成本增加。因此，合理设置采购数量值具有非常重要意义。

1. 影响餐饮原料采购数量要素

影响餐饮原料采购数量的要素很多，总体上要考虑餐饮企业的规模和类型，不同规模和经营方式，餐饮原料的周转率是不同的。如大型餐饮企业、连锁餐饮企业、餐饮集团一般采购数量较独立餐饮企业大；快餐企业的需求量一般大于社会餐饮企业，大于星级酒店的餐饮。因此餐饮企业应当根据自己的实际结合生产部门、仓储部门、销售部门的实际需求量和市场原料供求关系来确定原料的采购数量。归纳起来主要有以下要素。

（1）餐饮原料类型。

（2）原料市场供应状况，如价格变动、供应量、数量折扣等。

（3）订货成本方面的因素，增加订货数量，减少订购次数可以降低订货成本。

（4）运输成本。

（5）销售量变化，供应的菜肴数量增加，这些菜肴所需的食品原料数量显然也应增加。

（6）可供存储的设施可能会限制采购数量，设置最高或最低存货量。

（7）如果目前存储的数量增加，采购数量可减少。

（8）餐饮生产部门原料的加工净料率、折损率以及菜肴配份的变动。

（9）供应单位可能会规定送货的最低金额或最少重量。

（10）供应单位发货数量限制，如不肯拆箱零售食品原料。

采购数量的确定是餐饮企业采购工作的基础。餐饮原料采购数量控制就是要结合各种要素，制定适应企业本身管理和经营特点的原料采购数量。现代餐饮企业中那些已经使用先进的"餐饮采购管理系统"的企业，也需要从技术和经验等层面通过分析来确定各类原料的采购数量。

餐饮企业原料采购数量的确定一般通过限度来控制，并将限度渗透到原料使用、存储、销售等部门对原料的管理。如生产部门对原料的使用，可通过控制原料申领频率和数量、原料加工净料率和损失率，确定具体标准线、目标标准线，有利于采购数量的确定，也有利于生产管理水平的提高。而仓储部门则根据生产部门原料的使用情况，确定发料的频率和库存额，一般采用最高/最低存货量进行控制，也可通过用平均存货量来确定绝大多数原料的存货量。

每次采购数量和采购周期则取决于采购方式、发料频率、仓储条件以及原料类型。一般受原料的类型的影响，不同库存要求的原料，如易变质和不易变质的原料，采购方式、发料方式、储存时间等都不同。对不易变质的原料，采购的数量大，采购频率低、库存面积大、库存周期长；而易变质原料，采购数量少，采购次数多，以便在短期使用完，避免出现原料的浪费和质量下降现象。

此外，采购数量的控制还应结合实践中的具体情况，如运输，考虑每次运输成本来确定采购数量的增加或减少；批量采购优惠价格，则考虑每次采购数量的增加；原料保质期长短，来确定采购数量；原料生产和供应情况，确定每次采购数量的增加或减少；以及餐饮企业本身未来销售状况确定采购数量的增加或减少，等等，这些影响采购数量确定的要素，则与采购经验有着密切关系，需要作长期研究和分析，掌握各类原料质量特点、使用特点、库存特点、市场供求和销售预测，才能合理地制定各类原料的采购数量。

2. 餐饮原料采购数量控制常用方法

从采购的角度出发，原料可分为两大类：一类分为容易变质的原料，主要指鲜活餐饮原料，一般不需要储存或在短时间中使用完；一类是不易变质的原料，主要指具有一定保质期的餐饮原料，可以保存一段时间。因此，对这两类原料的采购方式也就不同。

（1）易变质原料采购数量的确定。易变质的食品原料即鲜活的原料，一般是现用现采购或采购后存储几天使用的原料。鲜活原料如鲜货、烘烤食品和奶制品等，其不可储存的特点决定了餐饮企业采购后即时使用，通常一周就要采购，有些新鲜原料还需每天采购。由于经常采购，采购管理人员通常了解这些原料的使用率，而无须计算其库存情况，必要时为零库存，以确保其完全新鲜。并遵循消耗库存原料，然而才能进货的原则。其采购一般过程是：检查现有库存数量、营业报表、决定下一期营业所需的原料数量，然后计算出采购的数量。采购鲜活原料的方法常见的有日常即时采购法和长期订货法。

日常即时采购法　适合于采购消耗量变化大、有效保存期短的鲜活原料，如新鲜肉类、禽类、水产类等原料。其采购原料数量计算是计算下一期营业所需原料数量，减去现有库存量，减去已经订货数量，即为实际采购数量。实践操作见表3-9报价/申购单。

表3-9　报价/申购单

项目	数量				供应商		
	所需量	现存量	已订量	订购量	A公司	B公司	C公司
广东菜心	8公斤	2公斤	0公斤	6公斤	3.6元/公斤	3.3元/公斤	3.5元/公斤
蘑菇	6公斤	1公斤	2公斤	3公斤	12元/公斤	10元/公斤	11.5元/公斤

长期订货法　适合于一些消耗量变化不大的鲜活原料，如面包、蔬菜、水果、奶制品等。餐饮企业与供货商商定定期以固定价格供应一定量的原料，并签订协议或合同，以确保所需原料能及时满足需要，还能有效避免因价格变动而产生的成本变动现象的出现。餐饮企业还可以采取补充采购方法，即与供货商商定定期补充各种原料，以消除因销售波动产生原料的积压而造成浪费。使用采购定量卡，并每天有专人检查盘点，记录实际库存，对每次进货数量控制，并于每次送货时通知下次补充的原料和数量。

（2）不易变质原料采购数量的确定

不易变质原料具有一定的储存时间，采购周期相对较长，可根据原料储存性能和使用率设定采购周期，如两周一次，一月一次或几个月一次等。常见采购方法有定期订货法和永续盘存卡订货法。

定期订货法　适合如干货原料等具有良好储存性能原料的采购，其采购次数减少也就成为可能。餐饮企业可根据原料储备占用资金的定额来确定采购的周期，采购数量可根据销售、库存面积等实际情况来确定。

$$订货数量＝下期需用量－实际库存量＋期末需存量$$
$$期末需存量＝（日平均消耗量×订购期天数）×（1＋50\%）$$

式中：期末需存量：指每一订货期末餐饮企业必须剩下的足够维持到下一次送货日的原料储备量；

订购期天数：指发出订购通知单至原料入库所需的天数；

50%：是期末需存量的保险储备量。

永续盘存卡订货法　使用永续盘存卡以记录进货和发货数量。每一种原料都须有预订的最高储备量和订货点量,依据完整的、精确的数据记录对各种原料的进货和领料进行有效的控制。每类原料的进出时需要记录增减数量。永续盘存图见 3-7。

项目_____									最高存货量_____	
规格_____									最低存货量_____	
									订 货 量_____	

日期	编号	单位	单价	进货		发料		结存	
				数量	金额	数量	金额	数量	金额

图 3-7　永续盘存表(样张)

原料最高储备量一般指原料进货后达到的最高数量。订货点量则是指原料存量降低到这个数量时应及时订货的最低存量线。确定最高储备量应考虑原料库存额、订货周期、每日消耗量、供货单位最低订货量规定;订货点量确定则根据原料日平均消耗量、采购周期和安全存量。其计算公式

$$订货数量 = 最高储备量 - (订货点量 - 日平均消耗量 \times 订货期天数)$$
$$订货点量 = 日平均消耗量 \times 订货期天数 + 安全存货量$$

三、餐饮原料采购价格控制

餐饮原料的价格是采购工作中最重要的内容,有效的采购工作目标就是用合理的价格获得满意的原料和服务。长期以来,餐饮企业将成本控制作为采购原料的价格标准,认为价格越低越好。虽然餐饮企业常因原料成本占餐饮生产总成本比例高而影响其产品市场竞争力和企业利润,但对不同餐饮企业来说,不都是原料的价格越便宜越好,因为如果价格过低,供应商的利益受到损失,势必设法偷工减料而降低原料的规格和质量。如河虾,一般不同大小规格的河虾按不同价格批发或销售,但为了竞争或应对降低价格压力大多供应商将不同大小规格的河虾掺和在一起以适中价格进行销售,结果出现了不符合规格河虾以较高的价格销售出去的现象。所以,采购价格应以达到"合理价格"为最高目标。

餐饮原料的价格受各种因素的影响,如市场的供求状况、餐饮的需求程度、采购的数量、原料本身的质量、供货单位的货源渠道和经营成本,以及供货单位支配市场的程度等。针对这些影响因素,应采取相应的措施和方法,尽可能在保持原料质量的基础上降低原料的价格,达到控制成本的目的。

1. 限定采购价格

通过详细的市场价格调查,对餐饮企业所需的某些原料提出采购限价,要求在一定幅度范围内或一段时间内,按限价进行市场采购。限定采购价格的制订一般从餐饮企业本身原料成本、原料市场调查、供应商协议等方面考虑。其工作流程是列出需要制订限价的原料清单发送给三家以上的供应商报价,采购人员根据供货商的报价单进行市场调查,在衡量成本、规格、数量、服务、结算等因素后,确定采购价格。限价采购品种一般是指采购周期短,先进先用的新鲜

原料,并规定采购周期与供应商进行核价,制订采购价格。

2. 规定供货渠道和供应单位

餐饮企业一般为了稳定原料的价格和质量,并获得良好的服务,通过各种合作方式,如合同关系、战略伙伴等关系,与供应商建立长期合作关系,限定供货渠道和供货单位。通过规定供货渠道和供货单位,不但稳定价格、质量和服务,更重要的是可以消除各种人为的影响,并且可以得到供应商在其他方面的合作和支持。

3. 控制大宗和贵重原料的购货权

贵重和大宗原料的价格是影响餐饮成本的主体,因此,餐饮企业对这一类原料的采购有明确的规定,制订相应的审批制度,由餐饮生产部门提供原料使用情况及质量规格报告,采购部门通过供应商报价和市场调查,提供各种原料采购建议,最后由企业高层人员确定。可使用供货商比较表,如图 3-8。

一、申请采购原料的用途:

二、申请采购原料的要求:

(1) 名称、规格、型号	
(2) 技术、质量、性能指标	
(3) 需要数量	
(4) 交货时间	

三、供货方许诺的条件

供货商	产品价格	质量指标	供货能力	服务保障	优惠条件
(1)					
(2)					
(3)					

四、审批意见

使用部门意见:

签名: 年 月 日

初审意见:

签名: 年 月 日

领导审批意见:

签名: 年 月 日

图 3-8 原料采购"货比三家"审批表(样张)

4. 提高购货量和改变购货价格

大批量采购可降低购货单价。大型餐饮企业、连锁或集团化餐饮企业,以及区域合作餐饮企业,可以通过提高采购原料的数量,以降低采购原料的单价,达到降低成本,提高竞争能力的目的。另外,当某些原料的包装规格有大有小时,如有可能,大批量地购买厨房可以使用的大规格包装原料,因为大包装原料的绝对价格便宜。

5. 根据市场情况,适时采购

餐饮原料的价格受市场情况的影响较大,而影响市场情况的因素又很复杂,如天气状况、货源供给量、节假日、国家经济和货币政策以及行业发展状况等,都会影响原料的价格波动。根据市场情况,适时采购,应注意收集各种有关价格的信息,对价格的变化作预测,并根据市场具体情况调整采购数量。当某些原料销售价格因供求关系变化而上涨时,可适当减少采购数量,只要能满足短期生产即可;当某些原料价格因货源充足而下降时,可适当增加采购数量储备,以减少以后价格回升时的开支。适时采购的关键需要采购人员具有丰富的市场经验和掌握各类餐饮原料生产和供应的规律,才能有效地控制价格和数量之间的关系。

6. 尽可能减少中间环节

餐饮原料从生产到销售,在不同地区、不同市场中,具有不同的中间商或代理商,每一个中间环节都包含商业成本、利润和税费,因此,在不同市场中采购的原料的价格具有一定的差异性。尽可能减少中间环节就是要避免不必要的中间商,直接从具有生产资质的生产商或种植园区进行采购,或从正规的大型原料批发市场进行采购,可以获得较优惠的价格。

第六节 餐饮原料采购管理制度

餐饮原料采购制度建设基本原则是实行规范化管理,采购与验收分离,确立原料采购计划、请购、报价、审批、验收及报账制度,形成原料采购、验收等环节之间的相互制约,以提高采购工作的效率。

一、采购基本规定

(1) 采购部所有采购项目须经财务部经理审核,确定数量后,签名下单方能采购;较大采购项目须经总经理或董事会签批授权。

(2) 采购部根据财务部批转的"采购计划"安排采购人员进行采购业务。日、周、半月和月采购计划项目由部门经理安排并签名确认,然后填写"采购通知单",同时注明采购员姓名,交采购员办理。

(3) 每项采购业务下达后,若在规定时间内因种种原因无法采购,则须在采购单一联注明原因,签名后交还部门经理处理。严格控制采购人员用不正当理由拒绝或搪塞退回采购单。

(4) 所有采购原料,尤其是月计划采购项目属于批量采购的,采购员在接到采购通知单后在规定时间内报价。报价均需比较至少三家的价格和品质,月结类原料每月每一类至少有三家供货商提供报价单。对较大采购项目的报价,除规定时间内获得供应商的报价外,采购部及有关部门派员进行市场调查,核对价格后初步定价,报餐饮部核价,最后由总经理或董事会审批后采购。审批后的定价单在规定期限内不变,但对一些较易受市场供求影响的原料,在价格发生变动时,应在规定期限内作"补价单"审批手续以调整报价。对高档原料如海鲜、野味等,如果价格波动太大,采购部要及时送"报价单"给使用部门以便调整销售价格。对短缺和急用原料的"补报价单"也应经采购部经理、分管财务的副总经理审批。

(5)所有采购物品的品质、价格须保持稳定。对大批量、高价值及需经常采购的原料,要制定"标准采购规格"明确规定采购原料的质量和规格。对质量有特殊要求的原料,须在采购单上注明,采购人员应对照质量、规格、价格、数量等要求认真核对和控制。采购部工作人员须对自己采购物品的价格和品质负责,对因自然或市场原因而引起的原料市场价格波动过大时,同样按规定审批程序,经市场分析后,随时作相应调整。

(6)填写"采购单"时,其中一联需注明原料价格、供应商以及联系人和电话,经全面衡量比较后,请示总经理或董事会批准。

(7)采购项目应根据自身规模大小,对所有项目有明确的规定,对不同大小的采购项目实行不同的审批制度。

(8)采购部须规定时间通过电话、传真、外出调查、接待厂商等方式获取各类原料主要品种的价格信息并整理成价格信息库,以书面形式汇报给财务部和总经理或董事会。

(9)对任何一项采购合同,采购人员必须填写"合同谈判情况表",交部门经理签名后,报总经理或董事会批准;然后将其复印件送财务部及仓库,经审核后方能签订合同。若未按规定程序办理的,不得支付采购款项;若擅自支付,则后果由其自负。

(10)采购订单取消,如因某种原因,企业需要取消已发出的订单,供应商可能提出取消的赔偿,故采购部必须预先提出有可能出现的问题及可行性解决方法,以便报总经理或董事会作出决定;如因某种原因,供应商取消了企业已发出的订单,采购部必须能找到另一供应商并立即通知需求部门,并负责处理供应商相应的赔偿等事宜。

(11)采购应建立供应商档案,将所有供应商名片、报价单、合同等资料及原料样品进行整理归档,规定每位采购人员每天将以上信息录入到采购部信息库中。若有人员变动时须全部列入移交主要内容。

二、采购岗位制度

1. 采购部经理

组织、监督下属员工完成企业各类物品采购工作,严格控制采购成本,合理使用资金,满足企业各部门对各种物品的需求。

(1)负责制订并组织实施各类物品的采购供应计划,正确组织采购供应业务。

(2)主持或参与大宗或大项目的采购合同谈判和签约工作。

(3)根据库存数量多少,合理安排采购业务进程,并掌握采购工作开展情况。

(4)严格审核采购价格,多方询价,货比三家,并建立采购价格信息库。

(5)掌握物品供应的市场信息,提供多种采购渠道,了解各种物品的质量、数量、规格、价格以及供货情况。

(6)解决采购过程中可能出现的问题。

(7)协同仓库、财务、使用等部门,加强沟通掌握物品使用效果,不断改进采购工作,提高采购效率。

(8)掌握供应商货源情况,了解各种物品的进货渠道,不断减少采购中间环节,在不降低质量、规格条件下,尽可能降低采购成本。

2. 原料采购主任

负责餐饮原料采购计划的执行和落实,保质保量按期完成各项采购任务。

(1) 根据采购计划,合理分配各项采购工作,掌握采购进度。

(2) 负责采购原料的报价及报批手续。

(3) 了解各种采购原料的库存情况,提出合理的采购建议。

(4) 按计划实施正式的采购业务,及时采购或通知供应商送货,以满足使用部门的需求。

(5) 负责对采购进来的或供货商送到的各种原料进行严格的检查,认真核对原料的质量、规格、价格。

(6) 坚持进行市场调查,充分了解原料市场供求情况,并录入到采购部的信息库中。

3. 采购人员

负责每项原料采购计划的执行和落实,保质保量及时完成采购任务,并达到餐饮成本控制和使用的质量、规格标准。

(1) 接受每项采购任务,及时通知供应商送货或外出采购。

(2) 严格执行报价程序。

(3) 充分了解原料市场供应渠道和运输环境。

(4) 严格把握原料的质量、规格、价格等标准关,并了解进库情况。

(5) 严格按规定执行报账程序。

第四章 餐饮原料质量检验概述

　　餐饮原料的质量一般以其品质来衡量,高质量的菜肴必须由优质的餐饮原料作基础。所谓优质的餐饮原料必须是有营养的、新鲜的、卫生安全的。餐饮原料主要来自于自然界,各种原料的品质差异较大,由于生产、收获、运输、销售以及加工和贮存等原因造成原料品质的变化,即使同一种原料,因以上因素也会产生品质的差异。因此为了挑选优质的原料必须进行原料的品质鉴定,就是以原料的外部特征(色、形、质、味等)的感觉指标、内部结构和化学成分等变化来判断原料的食用价值和使用价值。餐饮原料的品质是决定菜肴质量的前提,品质越好,食用价值越高,价格也高,直接影响原料的采购效益。因此,掌握餐饮原料的生物性质、原料的基本属性、品质鉴定的理论和方法,才能正确地选购各种餐饮原料,以确保采购工作效率。

第一节　餐饮原料的生物性质

　　生鲜的餐饮原料如粮食、果蔬、鲜鱼、鲜肉、鲜蛋、鲜虾等在采购回来后,仍具有生物的一般性质,会产生一系列的生理生化变化;并且在这些生理生化变化过程中,常伴有微生物的生长和繁殖,如果储存不当会发生霉变、脱水、腐烂、发酵和腐败等现象,从而影响原料的食用品质,甚至会造成不必要的损失和影响。

一、植物性原料的生物性质

　　1. 呼吸作用

　　呼吸作用是生鲜的果蔬原料常见的生理现象。呼吸作用是指果蔬原料在有氧和无氧的条件下,植物体中分解酶分解有机物(即糖类)的过程。植物体内的酶具有较强的活性,分解有机物产生能量以维持其生命活动。呼吸作用的过程消耗了原料体内的营养物葡萄糖,降低了原料的品质,并产生大量水分,导致植物性原料脱水、脱色,植株或果实萎蔫,失去脆嫩特点;同时由于水分产生,使堆积果蔬的内部温度上升,更利于微生物的生长与繁殖,加速原料的腐烂,从而导致原料的损失。所以储存有一定生命活动的植物性原料时,应保持较弱的有氧呼吸,防止缺氧,并保持80%左右的相对湿度和低于10℃的温度。此外,水果、蔬菜应避免堆积,以散发热量。

　　2. 后熟作用

　　瓜、果、蔬菜原料在脱离母株后,生物体中的酶会引起一系列的生理生化变化,能改善瓜、果、蔬菜的色、香、味及适口的硬脆度等感觉指标。原料的良好品质一般可用成熟度来衡量。这种瓜、果、蔬菜类原料的一系列化学成分的变化过程,称为后熟作用。后熟作用能提高瓜、果、蔬菜的成熟度,不同程度的成熟度,使原料的品质发生变化。当后熟作用达到最佳成熟度时,它们的风味就变得最好。在饭店、餐饮企业中的使用部门应掌握原料的后熟作用的特点,现用的原料挑选成熟度适当的原料;储存的原料可挑选成熟度低的原料,储存一段时间后达到最佳成熟度后使用,以达到原料周转的要求。

3. 萌发、抽薹

萌发与抽薹是两年生或多年生蔬菜打破休眠的一种生理现象。如马铃薯、洋葱、大蒜头、萝卜、大白菜等,其萌发抽薹会消耗大量养分和水分,使组织变粗老,原料的食用品质大大降低,有时还会产生毒素。延长休眠期、低温储存、射线处理以及化学试剂的采用,都可以抑制粮食、蔬菜的萌发与抽薹,以保持原料的食用品质。

二、动物性原料的生物性质

动物性原料包括猪、牛、羊、鸡、鸭、鱼、虾、蟹和贝等原料经宰杀后,虽失去了生命活动,但动物肉品中含有的各种分解酶仍具有较强的活性,并分解动物肉品中各种高分子物质而导致肉品的质量变化。

1. 尸僵作用

畜、禽、鱼等原料死后会发生动物体僵直失去弹性的现象,这种作用称为尸僵作用。尸僵的发生与动物体肌肉中肌糖原和腺苷三磷酸逐渐减少等有关。肌糖原和腺苷三磷酸分解产生乳酸、磷酸和肌酸,降低了肌肉的 pH 值,使原处于松弛状态的肌肉因肌纤蛋白和肌球蛋白结合成肌凝蛋白;又由于腺苷三磷酸的减少,从而导致肌肉收缩失去能量,肉内蛋白质膨胀,肌纤维增厚,长度缩短,关节不活动等僵硬现象。尸僵的肉品外观坚硬无弹性,肉面水分多,不易煮烂,肉质缺少特殊美味和气味。煮出的肉汤混浊,食用品质较差。尸僵作用在不同原料中,由于所含酶的适温性的不同以及原料的组织成分的不同,其发生以及所需的时间上有着很大的差异。一般鱼类尸僵作用先于畜、禽肉类;带血致死的先于放血致死的;温度高的先于温度低的。由于鱼类的尸僵时间早,持续的时间短,因此在原料选购时一般选购尸僵的鱼类,其仍保持较高的新鲜度;而畜禽野味类因肉品弹性差,缺乏风味,其食用品质较差。

2. 成熟作用

动物性原料在僵直后组织变得柔软,肌肉恢复弹性的作用称为成熟作用。此时的肉品处于成熟阶段,外皮稍干燥,肉的横切面柔软多汁,气味芳香,滋味鲜美,口感鲜嫩,具有很高的食用品质。动物性原料的成熟是由肉品中的酶分解有机物而引起的,肌糖原继续分解产生乳酸,酸度增加,膨胀的蛋白质部分与水分离,使肉品失去部分结合水,腺苷三磷酸分解产生具有香味的次黄嘌呤,蛋白质部分分解产生游离氨基酸,磷酸大量游离,使肉品呈酸性反应。此时的肉品肌肉松弛,富有弹性,大量的风味物质产生。以这种肉品烹调的汤汁透明,肉品易煮烂消化,风味更佳。

肉品的成熟作用与各类肉品的结构、组织和生活习性有关。家畜肉类组织紧密,肉品中乳酸含量高,微生物含量较低,自溶酶的活性稍弱,故其成熟所需时间较长。猪、牛、羊等肉品的成熟一般于 0℃～4℃ 的低温条件下储存 24～48 小时后成为成熟阶段的肉品,销售中称之为"冷却肉",品质较好。而鱼类等水产原料,体内外含有大量的微生物,组织结构细嫩,含乳酸量少,抑制微生物的能力较弱,而且体内的自溶酶的活性强,对温度的敏感性强,故鱼类等水产品原料在僵直后很快进入成熟阶段,并很快被微生物侵染,发生自溶腐败作用。因此,鱼类等水产品一般要求新鲜度较高,选购时挑选活鲜或僵直阶段的原料。

3. 自溶作用

动物性原料的自溶作用是由于自溶酶继续分解有机物而使肉品柔软失去弹性,肉品外面湿润黏滑,肉品组织松散多汁,色泽暗红并带有较浓重的腐败气味。肉品的这种变化过程称之为自溶。

自溶阶段的肉品,其大量蛋白质被分解成多肽、游离氨基酸等可溶性蛋白,水分大量流出,导致肉品组织被破坏失去紧密性;肌红蛋白和血红蛋白被氧化,产生甲基血色素,色泽呈褐色或暗红,甚至变黑。此时因肉品含有大量的游离营养物质和水,微生物会大量繁殖,分泌蛋白酶,继续分解肉品,并产生大量细菌代谢产物,使肉品带有腐败味。

自溶首先发生在肉品的外部边缘,肉品边缘色泽呈褐色或更深,缺乏弹性,肉液呈碱性,细菌大量繁殖。脂肪同样也发生氧化分解,产生脂肪酸败现象。

4. 腐败作用

家畜禽鱼类肉品的腐败,是因细菌的生长和繁殖,产生大量的蛋白酶,发生蛋白质分解所致。引起腐败的细菌主要是球状菌、秆状菌等。腐败作用使肉品中蛋白质彻底分解成小分子蛋白质和游离氨基酸,最后被细菌利用分解产生氨、二氧化碳、甲硫醇、硫化氢、腐臭素等物质。因此腐败阶段的肉品表面发黏,肉色变暗后呈灰绿色,肉质变软,肉汁浑浊并有腐败臭味,产生许多有毒物质,食用后会引起食物中毒。

第二节 餐饮原料感官鉴别

一、感官鉴别的意义及作用

餐饮原料质量感官鉴别就是凭借人体自身的感觉器官,具体地讲就是凭借眼、耳、鼻、口(包括唇和舌头)和手,对餐饮原料的质量状况作出客观的评价。也就是通过用眼睛看、鼻子嗅、耳朵听、用口品尝和用手触摸等方式,对餐饮原料的色、香、味和外观形态进行综合性的鉴别和评价。

餐饮原料质量的优劣最直接地表现在它的感官性状上,通过感官指标来鉴别餐饮原料的良莠和真伪,不仅简便易行,而且灵敏度高,直观而实用,与使用各种理化、微生物的仪器进行分析相比,有很多优点,成为餐饮原料采购、生产、销售、管理人员所必须掌握的一门技能。餐饮原料质量感官鉴别能否真实、准确地反映客观事物的本质,除了与人体感觉器官的健全程度和灵敏程度有关外,还与人们对客观事物的认识能力有直接的关系。只有当人体的感觉器官正常,又熟悉有关餐饮原料质量的基本常识时,才能比较准确地鉴别出餐饮原料质量的优劣。

感官鉴别不仅能直接发现餐饮原料感官性状在宏观上出现的异常现象,而且当餐饮原料感官性状发生微观变化时也能很敏锐地察觉到。例如,餐饮原料中混有杂质、异物,发生霉变、沉淀等不良变化时,能够直观地鉴别出来并作出相应的决策和处理,而不需要再进行其他的检验分析。尤其重要的是,当餐饮原料的感官性状只发生微小变化,甚至这种变化轻微到有些仪器都难以准确发现时,通过人的感觉器官,如嗅觉、味觉等都能给予应有的鉴别。可见,餐饮原料的感官质量鉴别有着理化和微生物检验方法所不能替代的优越性。

餐饮原料质量感官鉴别是在购买餐饮原料和进行质量控制过程中不可缺少的重要方法,因此,掌握餐饮原料的性状、有敏锐的感觉、无不良嗜好、有鉴别经验是采购人员所应具备的条件。

作为鉴别餐饮原料质量的有效方法,感官鉴别可以概括出以下三大优点:

(1)通过对餐饮原料感官性状的综合性检查,可以及时、准确地鉴别出餐饮原料质量有无异常,发现问题及时进行处理,可避免损失。

(2)方法直观,手段简便,不需要借助任何仪器设备和专用、固定的检验场所以及专业人员。

(3)感官鉴别方法常能够察觉其他检验方法所无法鉴别的餐饮原料质量特殊性污染或微量变化。

二、餐饮原料质量感官鉴别的原理

当餐饮原料的感官性状发生轻微的异常变化时,常会使人体感觉器官也产生相应的异常感觉。因此,不论是评价还是选购餐饮原料时,感官鉴别方法都具有特别重要的实践性和应用性。

餐饮原料质量感官鉴别指标主要是指色泽、气味、滋味和外观形态。有些国家以色泽指标为主,其次是形态,这不能被认为是最科学、合理的。而应该几者并重,同时又有侧重,才能做出正确的鉴别结论。现将有关餐饮原料色、香、味的感官鉴别基本原理简述如下:

1. 视觉与餐饮原料的色泽

餐饮原料的色泽是人的感官评价餐饮原料品质的一个重要因素。不同的餐饮原料显现着各不相同的颜色,例如,菠菜的绿色、苹果的红色、胡萝卜的橙红色等,这些颜色是餐饮原料中原来固有的。不同种餐饮原料中含有不同的有机物,这些有机物又吸收了不同波长的光。如果有机物吸收的是可见光区域内的某些波长的光,那么这些有机物就会呈现各自的颜色,这种颜色是由未被吸收的光波所反映出来的。如果有机物吸收的光其波长在可见光区域以外,那么这种有机物则是无色的。一般说来自然光是由不同波长的光线组成的。肉眼能见到的光,其波长在400~800纳米之间,在这个波长区域的光叫做可见光。而小于400纳米和大于800纳米区域的光是肉眼看不到的光,称为不可见光。在可见光区域内,不同波长的光显示的颜色也不同。餐饮原料的颜色系因含有某种色素,色素本身并无色,但它能从太阳光线的白色光中进行选购性吸收,余下的则为反射光。故在波长800纳米的红色至波长400纳米的紫色之间的可见光部分,亦即红、橙、黄、绿、青、蓝、紫中的某一色或某几色的光反射刺激视觉而显示其颜色。

判定餐饮原料的品质可从色的基本属性全面地衡量和比较着手,才能准确地推断和鉴别出餐饮原料的质量优劣,以确保购买良质餐饮原料。如色的明度。即颜色的明暗程度。物体表面的光反射率越高,人眼的视觉就明亮,这就是说它的明度也越高。人们常说的光泽好,也就是说明度较高。新鲜的餐饮原料常具有较高的明度,明度的降低往往意味着餐饮原料的不新鲜。例如因酶致褐变、非酶褐变或其他原因使餐饮原料变质时,餐饮原料的色泽常发暗甚至变黑。色调。系指红、橙、黄、绿等不同的各种颜色,以及如黄绿、蓝绿等许多中间色,它们是由于餐饮原料分子结构中所含发色基团对不同波长的光线进行选购性吸收而形成的。当物体表面将可见光谱中所有波长的光全部吸收时,物体表现为黑色;如果全部反射,则表现为白色。当对所有波长的光都能部分吸收时,则表现为不同的灰色。黑白系列也属于颜色的一类,只是因为对光谱中各波长的光的吸收和反射是没有选择性的,它们只有明度的差别,而没有色调和饱和度这两种特性。色调对于餐饮原料的颜色起着决定性的作用。由于人眼的视觉对色调的变化较为敏感,色调稍微改变对颜色的影响就会很大,有时可以说完全破坏了餐饮原料的商品价值和食用价值。

2.嗅觉与餐饮原料的气味

餐饮原料本身所固有的、独特的气味乃是餐饮原料的正常气味。嗅觉是指餐饮原料中含有挥发性物质的微粒子浮游于空气之中,经鼻孔刺激嗅觉神经末梢,然后传达至中枢神经所引起的感觉。人的嗅觉比较复杂,亦很敏感。同样的气味,因各人的嗅觉反应不同,故感受喜爱与厌恶的程度也不同。同时嗅觉易受周围环境因素的影响,如温度、湿度、气压等对嗅觉的敏感度都具有一定的影响。

餐饮原料的气味,大体上是通过以下几个途径形成的:

(1)生物合成。系指餐饮原料本身在生长成熟过程中,直接通过生物合成的途径形成香味成分表现出香味。例如香蕉、苹果、梨等水果香味的形成,是典型的生物合成产生的,不需要任何外界条件。本来水果在生长期不显现香味,成熟过程中体内一些化学物质发生变化,产生香味物质,使成熟后的水果逐渐显现出水果香。

(2)直接酶作用。即酶直接作用于香味前体物质,形成香味成分,表现出香味,例如当蒜的组织被破坏以后,其中的蒜酶将蒜氨酸分解而产生的气味。

(3)氧化作用。也可以称为间接酶作用,即在酶的作用下生长氧化剂,氧化剂再使香味前体物质氧化,生成香味成分,表现出香味。如红茶的浓郁香气就是通过这种途径形成的。

(4)高温分解或发酵作用。系通过加热或烘烤等处理,使餐饮原料原来存在的香味前体物质分解而产生香味成分。例如芝麻、花生在加热后可产生诱人食欲的香味。发酵也是餐饮原料产生香味的重要途径,酒、酱中的许多香味物质都是通过发酵而产生的。

(5)添加香料。为保证和提高餐饮原料的感官品质,引起人的食欲,在餐饮原料本身没有香味、香味较弱或者在加工中丧失部分香味的情况下,为了补充和完善餐饮原料的香味,可有意识地在餐饮原料中添加所需要的香料。

(6)腐败变质。餐饮原料在贮藏、运输或加工过程中,会因发生腐败变质或受污染而产生一些不良的气味。这在进行感官鉴别时尤其重要,应认真仔细地加以分辨。

3.味觉与餐饮原料的滋味

当餐饮原料中的可溶性物质溶于唾液或液态餐饮原料直接刺激舌面的味觉神经时,人会产生味觉。当对某种餐饮原料的滋味发生好感时,则各种消化液分泌旺盛而食欲增加。味觉神经在舌面的分布并不均匀。舌的两侧边缘是普通酸味的敏感区,舌根对于苦味较敏感,舌尖对于甜味和咸味较敏感,但这些都不是绝对的,在感官评价餐饮原料的品质时应通过舌的全面品尝方可决定。

味觉与温度有关,一般在10℃～45℃范围内较适宜,尤以30℃时为敏锐。随温度的降低,各种味觉都会减弱。味道与呈味物质的组合以及人的心理也有微妙的相互关系。味精的鲜味在有食盐时尤其显著,是咸味对味精的鲜味起增强作用的结果。另外还有与此相反的消减作用,食盐和砂糖以相当的浓度混合,则砂糖的甜味会明显减弱甚至消失。当尝过食盐后,随即饮用无味的水,也会感到有些甜味,这是味的变调现象。另外还有味的相乘作用,例如在味精中加入一些核苷酸时,会使鲜味有所增强。在选购餐饮原料和感官鉴别其质量时,常将滋味分类为甜、酸、咸、苦、辣、涩、浓淡、碱味及不正常味等。

三、餐饮原料质量感官鉴别的基本方法

餐饮原料质量感官鉴别的基本方法,其实质就是依靠视觉、嗅觉、味觉、触觉和听觉等来鉴定餐饮原料的外观形态、色泽、气味、滋味和硬度(稠度)。不论对何种餐饮原料进行感官质量评价,上述方法总是不可缺少的,而且常是在采用理化和微生物检验方法之前进行。

对于质量感官鉴别和采购人员,最基本的要求就是必须具有健康的体质、健全的精神素质,无不良嗜好、偏食和变态性反应。训练自身感觉器官的机能,对色、香、味、形有较强的分辨力和较高的灵敏度,还要求对所鉴别的餐饮原料有一般性的了解,对其色、香、味、形有常识性的知识和经验。

1. 视觉鉴别法

这是判断餐饮原料质量的一个重要感官手段。餐饮原料的外观形态和色泽对于评价餐饮原料的新鲜程度、餐饮原料是否有不良改变以及蔬菜、水果的成熟度等有着重要意义。视觉鉴别应在白昼的散射光线下进行,以免灯光隐色发生错觉。鉴别时应注意整体外观、大小、形态、块形的完整程度、清洁程度,表面有无光泽、颜色的深浅色调等。在鉴别液态原料时,要将它注入无色的玻璃器皿中,透过光线来观察;也可将瓶子颠倒过来,观察其中有无夹杂物下沉或絮状物悬浮。

2. 嗅觉鉴别法

人的嗅觉器官相当敏感,甚至用仪器分析的方法也不一定能检查出来极轻微的变化,用嗅觉鉴别却能够发现。当餐饮原料发生轻微的腐败变质时,就会有不同的异味产生。如核桃的核仁变质所产生的酸败而有哈喇味,西瓜变质会带有馊味等。餐饮原料的气味是一些具有挥发性的物质形成的,所以在进行嗅觉鉴别时常需稍稍加热,但最好是在15℃～25℃的常温下进行,因为原料中的气味挥发性物质常随温度的高低而增减。在鉴别有无异味时,液态原料可滴在清洁的手掌上摩擦,以增加气味的挥发;识别畜肉等大块原料时,可将一把尖刀稍微加热刺入深部,拔出后立即嗅闻气味。餐饮原料气味鉴别的顺序应当是先识别气味淡的,后鉴别气味浓的,以免影响嗅觉的灵敏度。

3. 味觉鉴别法

味觉器官不但能品尝到餐饮原料的滋味如何,而且对于餐饮原料中极轻微的变化也能敏感地察觉。味觉器官的敏感性与餐饮原料的温度有关,在进行滋味鉴别时,最好使原料处在20℃～45℃之间,以免温度的变化会增强或减低对味觉器官的刺激。几种不同味道的餐饮原料在进行感官评价时,应当按照刺激性由弱到强的顺序,最后鉴别味道强烈的餐饮原料。在进行大量样品鉴别时,中间必须休息,每鉴别一种餐饮原料之后必须用温水漱口。

4. 触觉鉴别法

凭借触觉来鉴别餐饮原料的膨、松、软、硬、弹性(稠度),以评价餐饮原料品质的优劣,也是常用的感官鉴别方法之一。例如,根据鱼体肌肉的硬度和弹性,常常可以判断鱼是否新鲜或腐败;评价动物油脂的品质时,常须鉴别其稠度等。在感官测定餐饮原料的硬度(稠度)时,要求温度应在15℃～20℃之间,因为温度的升降会影响到餐饮原料状态的改变。

四、餐饮原料质量感官鉴别的适用范围

凡是作为餐饮原料、半成品或成品的食物,其质量优劣与真伪评价,都适用于感官鉴别。

而且餐饮原料的感官鉴别,既适用于专业技术人员在室内进行技术鉴定,也适合采购人员在市场上选购餐饮原料时应用。可见,餐饮原料质量感官鉴别方法具有广泛的适用范围。其具体适用范围如下:

1. 肉及其制品

畜禽肉种类很多,如猪、羊、牛、马、骡、驴、狗、鸡、鸭、鹅等畜禽肉及其制品都可以进行感官鉴别。各种畜禽肉都有其相应的特点,病、死畜禽肉与正常畜禽肉的鉴别方法,是采购人员常用的鉴别方法。

2. 奶及其制品

对消毒鲜奶或者个体送奶户的鲜奶直接采用感官鉴别是非常适用的。在选购奶制品时,也适用于感官鉴别,从包装到制品颗粒的细洁程度,有无异物污染等,通过感官鉴别即可一目了然。

3. 水产品及水产制品

鱼、虾、蟹等水产鲜品及干贝类、海参类等经过感官鉴别,即可确定能否食用。方法简便易行,快速准确。

4. 蛋及蛋制品

禽蛋种类很多,它与人们日常生活消费关系密切,能否食用或者变质与否,通过感官鉴别即可作出结论。

5. 冷饮与酒类

冷饮与酒类的感官鉴别也具有很广泛的实用性。特别是酒中的沉淀物、悬浮物、杂质异物等,通过感官鉴别都可以直接检查出来。

6. 调味品与其他餐饮原料

调味品主要是酱油、酱、酸醋及酱腌菜;其他餐饮原料如茶、糕点等。这些餐饮原料都可以通过感官鉴别,把宏观指标不符合卫生质量要求者区分出来予以控制,以免混入造成损失。

第三节　餐饮原料发展趋势和特点

随着科学技术的发展,生产力和人民生活水平的提高,对餐饮原料的品质要求也发生了巨大的变化,追求富有营养又兼具防病治病功效的食品风行于世。开拓挖掘新型的餐饮原料,依托科学技术大力发展安全食品是人类进步的必然要求。目前的原料在生产和加工过程中比较普遍地使用农药、化肥、激素等人工合成化学物质,严重地威胁着人类健康。食用以安全无污染、高品质的原料生产的食品已成为众多消费者的共识和追求,因此有机食品、绿色食品、无公害食品应运而生。

一、有机食品

有机食品是指完全不含人工合成的农药、肥料、生长调节素、催熟剂、家畜禽饲料添加剂的食品。有机食品是一类真正源于自然、富营养、高品质的环保型安全食品。有机食品从基地到生产,从加工到上市,都有非常严格的要求,具备四个基本条件:第一,在其生产和加工过程中绝对禁止使用农药、化肥、激素、转基因等人工合成物质;第二,在生产中,必须发展替代常规农业生产和食品加工的技术和方法,建立严格的生产、质量控制和管理体系;第三,在整个生产、加工和消费过程中更强调环境的安全性,突出人类、自然和社会的持续和协调发展;第四,必须通过独立的有机食品认证机构认证。目前,通过认证的有机食品主要有粮食、蔬菜、水果、奶制品、禽畜产品、蜂蜜、水产品调料、中草药等 100 多个品种,其中大部分销往欧美及日本市场。

二、绿色食品

绿色食品是指遵循可持续发展原则,按特定生产方式,经专门机构认定,许可使用绿色食品标识商标的原材料,分 A 级和 AA 级。A 级绿色食品产地环境质量要求评价项目的综合污染指数不超过 1,在生产加工过程中,允许限量、限品种、限时间的使用安全的人工合成农药、兽药、鱼药、肥料、饲料及食品添加剂。AA 级绿色食品产地环境质量要求评价项目的单项污染指数不得超过 1,生产过程中不得使用任何人工合成的化学物质,且产品需要 3 年的过渡期,在此期间生产的产品为"转化期"产品。绿色食品涵盖了有机食品和可持续发展的农业产品。AA 级绿色食品吸收了传统农艺技术和现代生物技术,对应的是有机食品;绿色食品 A 级标准对应的是可持续发展的农业产品。

三、无公害食品

无公害食品是指产地环境、生产过程和终端食品符合无公害食品标准及规范,经过专门机构认定,许可使用无公害食品标识的食品。无公害食品的标识在我国由于认证机构不同而不同,山东、湖南、黑龙江、天津、广东、江苏、湖北等省先后分别制定了各自的无公害农产品标识。无公害食品不分级,在生产过程中允许使用限品种、限数量、限时间的安全的人工合成化学物质。

第五章　餐饮生产管理

餐饮生产也称厨房生产，餐饮生产管理是对餐饮菜点生产加工总成过程的管理，包括餐饮活动的计划、生产计划、生产质量指导、监督、控制和调整。其具体内容包括厨房组织机构及人员配置、厨房生产业务流程、厨房生产质量管理、产品生产成本核算、管事部的运转管理和厨房生产卫生与安全管理。

第一节　厨房组织机构与人员配置

餐饮生产即厨房对菜点的加工制作，主要是通过人的技术运用进行的，可以说每一个餐饮产品的生产都凝结着厨房中所有厨师的智慧和技术，因此，厨师技术的稳定性和统一性是餐饮产品质量得以保证的关键。餐饮产品质量的稳定和提高，不是靠厨师个人技术发挥，而是靠科学的统一管理。设置、建立一个严密的、高效率的组织机构和合理配置的生产人员是餐饮生产正常运行、保持工作有序高效的重要保证。

一、餐饮生产组织机构的设置

餐饮生产的组织机构一般根据饭店餐饮生产规模和生产产品的特色而设置的，即饭店餐饮的接待能力和市场定位来确定餐饮组织机构的类型。厨房作为餐饮生产的重要部分，其机构的设置必须遵循以餐饮菜点生产为中心，以岗定编、有分工有协作、指挥控制得当、权责分明、高效为基本原则。

1. 现代大型厨房组织机构

现代大型厨房的组织机构的设立必须考虑生产的规模、工作的效率、食品原料的成本控制、人员精简、各厨房之间的协调等因素。因此，现代饭店餐饮的大型厨房一般设立一个主厨房，承担所有厨房原料的初加工及配份，各分厨房直接向主厨房领取半成品原料进行生产。这种组织机构其最大的优点在于，能有效地控制原料加工的质量、配份，保持原料加工的统一性，最大限度地做到了物尽其用，有效地控制产品生产的质量与成本；并且由于主厨房承担了所有原料的加工，使分厨房的人员配置更加精简，工作效率得以提高，使厨房的管理更加简便有效。到20世纪90年代末期，现代大型厨房的组织机构形式更加得到大型餐饮企业的重视，并且向现代化生产发展，使之更加适应于大型餐饮企业、集团化企业以及连锁企业的餐饮生产活动，成为餐饮生产的一个"配货中心"。现代大型厨房的组织机构，如图5-1所示。

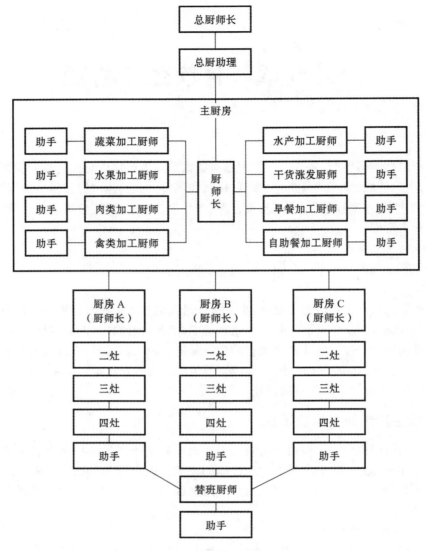

图 5-1　大型厨房组织机构图

2. 中、小型厨房组织机构

中、小型厨房一般根据餐饮提供产品特点和餐厅接待能力设置厨房组织机构的类型。现代饭店餐饮的中型厨房大多分为中菜和西菜两部分,餐饮生产规模比较小。由于中西菜厨房生产的产品有区别,因此每一个厨房的组织机构保持相对独立,各自负责原料的初加工、精加工、配份、烹制等全面的生产活动,承担生产计划、产品质量控制、人员调配、产品成本控制等管理职能。中型厨房组织机构如图 5-2 所示。

小型厨房由于其生产规模较小,组织机构一般根据厨房生产几个环节分成不同的工作岗位,不单独设立功能部门,实行岗位负责制,分工明确,层层管理,有效地控制餐饮产品质量、成本及人员配置。小型厨房组织机构如图 5-3 所示。

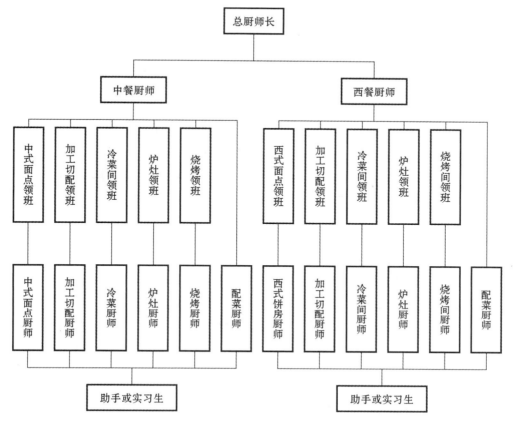

图 5-2 中型厨房组织机构图

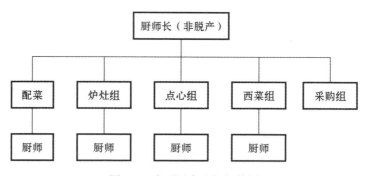

图 5-3 小型厨房组织机构图

3. 粤菜厨房组织机构

从现代饭店餐饮经营菜肴的特色来看,中餐厅普遍经营的产品为粤菜,因此厨房组织机构大多具有粤菜传统的厨房特点。这种厨房的优点在于分工细致,职责明确,生产线条清晰,有利于现场督导与管理。机构如图 5-4 所示。

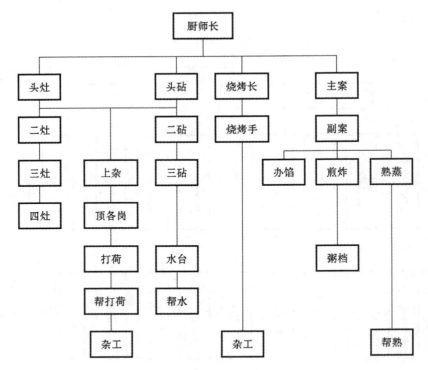

图 5-4　粤菜厨房组织机构图

二、餐饮生产组织各部门的职能

1. 餐饮生产各部门功能

餐饮生产各职能部门由于饭店规模、星级标准的不同,其功能也有所区别。大型高级星级饭店餐饮厨房规模大、联系广,各部门功能比较专一(见图5-5)。中、小型饭店餐饮厨房的功能则相对简单,有些功能可以兼并,组织机构比较精简。

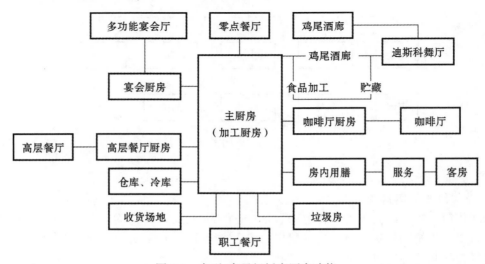

图 5-5　大型、高星级饭店厨房功能

2. 餐饮生产各部门的职能

（1）加工部门主要负责菜肴原料的加工，向切配岗位提供净料。加工部门根据原料加工范围与程度的不同，分工要求有很大的区别，具体可以分成素菜间、宰割间、细加工间等。

素菜间 专门负责各类蔬菜的加工。按照菜单要求加工各种原料，包括原料的净制、分类码放、保存、推陈贮新、防止腐烂变质。

宰割间 专门负责荤菜类原料的加工。按照菜单用料要求和原料加工特点进行加工。包括原料的净制、分类、贮存、防止原料之间互相串味。

细加工间 负责便饭、宴会菜单的加工和配菜任务。

加工部门的工作基本要求是：

• 根据进餐人数和菜单，定质定量进行领料加工，不得定少用多、定多用少，更不能定好用次、定次用好。

• 凡属泡发、加工费时费工的原料，要提前加工成半成品，做好使用准备。

• 加工细致、刀口要均匀，达到菜单的用料标准。

• 对加工好的原料要严格检查质量，并且检查配料和小料是否齐全。

• 加工好的原料，应注意保管，尤其注意天气的变化而引起的原料变质等因素。

（2）配菜部门负责餐厅零点、零卖的菜肴原料的切配工作，既宾客定菜、点菜，具有备料种类多、切配要求高、加工精细、速度快、配料准确的特点。具体包括按照点菜单准备切配、配料；记录菜肴的名称、份数和要求；对餐厅用餐、厨房备料情况做统计，做到备料准确，避免原料的短缺和浪费。并且负责处理宾客的用餐要求：

• 宾客有急事提出要迅速就餐，应迅速切配加工以满足要求。

• 宾客提出菜单以外的菜肴，应尽力解决，如确无原料，可要求服务员向宾客说明。

• 宾客自备原料需加工应予以满足烹制，如属费时费工的菜应提醒宾客。

• 宾客所点的菜肴无货或没有备料，应说明情况，并介绍1～2种口味相同的菜肴供宾客选择。

• 要满足宾客的口味、用料等方面的要求。

（3）炉灶部门的职能是将配制好的半成品原料，烹制成菜肴。它是餐饮产品生产的中心环节，要求加工的火候适当、口味纯正、出菜迅速、灵活细致，尽可能保持菜肴的色、香、味俱佳的优良品质。具体工作包括：

• 检查烹饪用具、设备和卫生，备足备齐调料和小料。

• 检查所烹制的菜肴原料的加工是否合乎要求。

• 严格遵守操作规程，在保证菜肴质量的同时，做到随来随炒，现炒现吃，小锅小炒，急需优先。

• 建立各工作岗位的质量负责，严格遵守互相监督。

（4）冷菜部门负责冷菜的加工、制作、拼摆等工作。具有工作复杂、常备食品品种繁多、卫生要求高、口味讲究、刀工要求高、拼摆有艺术性等特点。具体包括：

• 食品备用情况，检查室内、用具、器皿的卫生，检查消毒液的浓度等。

• 根据点菜单领料加工制作，刀口均匀、排列整齐、份量准确、口味纯正、符合风味特色。

• 制好的冷菜注意卫生、保管，防止食品之间互相串味。

• 不断创新花色品种。

（5）点心部门主要负责各类点心的制作和供应。具体工作包括：

• 按照操作程序和工艺要求制作符合规格、标准的各种中、西式面点，为宾客提供品质优良、美味可口的面点食品。

• 准确保存食品原料、半成品和成品。

• 检查维护各种用具设备。

• 保持工作间的卫生安全。

• 不断开发各种款式面点，丰富新式面点品种。

三、餐饮生产人员配置

生产人员的选配，包含两层含义：一是指满足餐饮生产需要的厨房所有员工（含管理人员）的配置，也就是厨房人员的定额；二是指生产人员的分工定岗，即厨房各岗位选择、安置合适人选的定员。厨房员工选配的情况，即定员定额是否恰当合适，不仅直接影响到劳动力成本的开支、厨师队伍的士气高低，而且对餐饮生产效率、产品质量以及餐饮生产管理的成败都有着不可忽视的影响和妨碍。因此，此项工作是餐饮进行正常生产经营的基础工作，必须抓细做好。

1. 影响生产人员定编的要素

不同规模、不同星级档次、不同规格要求的饭店的厨房，其员工配备的数量自然各不相同。即使同一地区、同一规模、同一档次饭店的厨房，配备的员工数量也不尽相同。影响员工配备的因素是多方面的，只能综合考虑以下因素，再进行生产人员的定额才是全面而可行的。

（1）餐饮生产规模。厨房大小、多少，厨房的生产能力如何，对生产人员定额其着直接影响。厨房规模大，餐饮服务接待能力就大，生产任务无疑较重，配备的各方面生产人员就要多；反之，厨房规模小，餐饮生产及服务对象有限，厨房则可少配备一些人员。

（2）厨房的布局和设备。厨房结构紧凑，布局合理，生产流程顺畅，相同岗位功能合并，货物运输路程短，餐饮生产人员就可减少；厨房多而分散，各加工、生产厨房间隔或相距较远，或不在同一座建筑物、同一楼层，配备的餐饮生产人员必然较多。

厨房设备的生产性能，厨房加工生产的现代化程度以及餐饮产品的加工特点直接影响到餐饮生产人员的配备。传统的厨房则因手工操作程度比较高，相对餐饮生产人员的配备多一些，但如在厨房设备的布局上更加合理全面，则也可起到提高生产效率、减少餐饮生产人员的作用。

（3）菜单与产品标准。菜单是餐饮生产的任务书。菜单品种丰富，规格齐全，加工制作复杂，加工产品标准要求较高，无疑要加大工作量，需要较多的生产人员；反之，人员即可减少。而生产单一品种的餐饮，由于产品的质量、品种、菜式等相对固定，则厨房人员可以更加精简。

（4）员工的技术水准。员工技术全面、发挥平稳、操作熟练程度高，则厨房生产效率较高，相对地减少厨房生产人员数量；相反，员工大多为新进员工、技术发挥不稳定、员工彼此缺少协作，则需要在实践中不断提高、默契合作以提高生产质量和效率。

（5）餐厅营业时间。餐饮生产对应的餐厅，其营业时间的长短，对生产人员的配备影响较大。饭店餐饮为了满足较长的营业时间，必须安排不同的生产班次。班次的增加必然增加餐饮生产人员的数量。而有些饭店、餐馆只经营二餐、三餐，则厨房生产人员相对可以减少三分之一至五分之二。

2. 制订科学的劳动定额

劳动定额是指餐饮生产人员在一定营业时间内应提供的生产制作餐饮产品的数量的规定。科学的劳动定额应根据餐饮产品质量标准及工作难度等内容确定。

一般来说,餐饮生产人员定编通常按各工种的上班时间数来确定各种定额,如厨师、洗碗工等岗位的定额大多以每天 8 小时来确定,通常要求厨师在 8 小时内烹制 80～120 份菜肴。在制订各岗位劳动定额的基础上,餐饮企业应根据各自的规模、营业时间、营业的季节性等因素来配置适量的人员。可按每月、每周或每天的营业量来配置人员,但应经过一段时间的试验期,记录每天或每餐的营业量,以判断各岗位员工的实际生产效率是否符合预先规定的劳动定额,再作相应的人员调整。要做到科学定编,合理排班,即在满足餐饮经营需要的前提下,既要发挥员工的潜力,又要考虑员工的承受能力和实际困难,还需符合《劳动法》的有关规定,尽可能提高员工的工作效率,并保持一个良好的工作环境。

3. 生产人员定编方法

确定生产人员数很难用一种有效的方法来计算确定,以下几种方法可供参考,一般可综合几种方法及结合各自饭店餐饮生产产品品种、设备现代化程度、人员技术、接待能力、经营时间和未来发展等因素确定各自的生产员工数量。

(1) 按比例确定。国外饭店一般以 30～50 个餐位配备一名生产人员,其间差距主要在于经营的品种的多少和风味的不同。国内旅游或其他档次较高的饭店一般是 15 个餐位配一名餐饮生产人员;规模小或规格高的特色餐饮,甚至有每 7～8 个餐位就配一名生产人员的。现代高星级饭店的餐饮发展趋势是餐厅的餐位数减少,餐厅的环境更加幽雅舒适,服务更加人性化,餐饮产品更加精美,而生产人员的技术更加趋于专业性、复合性。

以粤菜厨房内部员工配备为例,其配备比例为:一个炉头配备 7 个生产人员,如 2 个后镬(炉头)、2 个打荷、1 个上杂、2 个砧板、1 个水台、大案(面点)、1 个 洗碗、1 个捡菜煮饭、2 个跑菜、2 个插班(如果炉头数超过 6 个,可设专职大案、专职伙头)。其他菜系的厨房,炉灶与其他岗位人员(含加工、切配、打荷等)的比例是 1∶4,点心与冷菜工种人员的比例是 1∶1。

(2) 按工作量确定。将规模、生产品种既定的厨房,全面分解测算每天所有加工生产制作菜点所需要的时间,累积起来,即可计算出完成当天餐饮所有生产任务的总时间,再乘以一个员工的轮休和病休等缺勤的系数,除以每个员工规定的日工作时间,便能得出餐饮生产人员的数量。其计算公式

$$总时间×(1+10\%)÷8=餐饮生产人数$$

(3) 按岗位描述确定。根据厨房规模,设置厨房工种岗位,将厨房所有工作任务分岗位进行描述,进而确定各种岗位完成其相应任务所需要的人手,汇总餐饮营业时间、班次安排、兼顾休假和缺勤等因素,确定餐饮生产人员的数量。

(4) 按劳动定额确定。厨房生产人员包括厨师、加工人员和勤杂工三种。其人员定编方法可以劳动定额为基础,重点考虑炉灶厨师,其他加工人员可作为厨师的助手。其定编方法如下。

确定劳动定额 即选择厨师和加工人员,观察测定在正常生产情况下,平均一个炉灶厨师需要配几名加工人员才能满足生产业务需要。其计算公式

$$Q = \frac{Q_x}{A+B}$$

式中：Q—— 每一个厨师负责的炉灶数

Q_x—— 预测的炉灶数

A—— 预测厨师总数

B—— 为厨师服务的其他加工人员数。

确定生产人员数　在厨房劳动定额确定的基础上，影响人员定编的因素还有厨师劳动的班次、计划出勤率和每周工作的天数三个因素。按每周五天工作日计算人员编制：

$$n = \frac{Q_n \cdot F}{Q \cdot f} \times 7 \div 5$$

式中：Q_n：厨房炉灶台数；

F：计划班次；

f：计划出勤率；

n：定员人数。

4. 餐饮生产人员的素质

餐饮生产具有特殊性，尤其是中式餐饮产品的生产，是一个完整的生产流程，具有环节多，生产人员多，技术要求各异，加工原料品种多，产品标准高等特点，因此餐饮的正常运行，首先要有一批高质量的、稳定的技术人员从事餐饮生产活动。对现代饭店餐饮来说，厨师应具备高超的技术能力是最基本的素质要求，除此以外，现代餐饮更加注重生产人员的综合素质的养成，具体表现在工作中具有自然流露的职业意识。意识是创造优良行为的前提，是专业综合素质的体现。

（1）行家意识。要求每位餐饮生产人员逐步使自己成为餐饮生产经营行家，具备全面的餐饮生产的质量和管理意识，综合利用专业知识，提高餐饮产品生产的质量。

（2）团队意识。饭店餐饮产品生产都是由若干人共同完成，餐饮生产人员如没有团队合作是不可能完成各项生产任务的。作为餐饮生产部门的管理员更应注重平时对属下员工团队意识的培养，正确处理好与员工的关系，公平对待每位员工，以人为本，关心体贴员工，形成一支稳定的具有很强战斗力的员工队伍，使之具有"养兵千日，用在一朝"，"招之即来，来之能干，干之能胜"的团队意识。

（3）成本意识。如果不能明确地理解如何以"经济"手法解决成本问题，合理利用最大限度的时间和劳动获得最合适的利益，就不能够成为一个真正的饭店餐饮生产人员。

（4）竞争意识。餐饮生产部门在完善组织机构的同时，必须合理设置生产岗位，以岗位的要求配置生产人员，严格岗位职责范围和工作内容，形成竞争上岗的机制，使每位餐饮生产人员具有发展的空间和机会，并且结合考核和效益论功行赏，使每位生产人员的工作能力得到充分发挥，形成竞争上岗的良好氛围和意识。

（5）创新意识。长期以来，餐饮产品的开发缺少技术含量和知识产权意识，使餐饮产品的发展始终处于模仿与被模仿形式，因此，餐饮产品的开发必须不断创新，才能积极参与激烈的市场竞争。餐饮创新人才是饭店餐饮的最大财富，其创造性以及创造的价值是不可估量的，现代餐饮加强生产人员的创新意识培养，提供产品开发的机会和条件，使每位生产人员在充分理解"你无我有，你有我优，你优我转"的产品开发理念的基础上，得到发展。

第二节 厨房生产业务流程

厨房生产业务流程是指厨房在生产加工产品的过程中,各道环节的流向和程序。生产业务流程的运转,是指通过一定的管理形式,使整个厨房内的产品,即菜肴和点心能保质、保量地烹制成功,为餐饮接待提供可靠的物质基础。厨房的每一个产品的生产大多经过多道加工环节才能成为色香味俱佳的菜肴和点心,因此,熟悉生产业务流程的各个环节的特点,掌握各个环节管理的要点,是餐饮产品生产得以顺利完成,并保持产品质量的关键。

一、厨房生产业务流程

合理的厨房生产业务流程应当是避免生产线路交叉与回流、工作流程畅通与高效率生产、减少食品原料在生产过程中的积压、减少人员与食品原料流动的距离、减少操作次数与时间、充分利用空间和设备、各关键环节都有质量控制措施、降低生产成本等优点。

1. 生产业务流程环节

生产业务流程环节的划分是由各种因素所决定的,在一道生产加工的工序中间,应划分出多少相关联的环节,是餐饮本身的生产规模,工作的需要,操作人员的数量等因素所决定。一般来说,餐饮规模越大、工作分工越细、操作人员越多,则同一道生产加工的工序中,环节就越大;相反,餐饮规模较小,工作的分工简单,操作人员较少,则在一道生产加工的工序中,环节就相应减少。环节划分必须合理,否则,环节过多,容易使生产流程复杂化,管理手续繁琐,不利于提高生产效率;环节过少生产流程过于简单,造成管理上容易出现漏洞,生产容易出现事故和差错。例如原料的采购与验收,应当分为两个环节,如果合并在一起,由一人去承担,则管理上容易出现漏洞,造成原料质量成本等方面的损失。

厨房内烹制菜肴与点心的生产工序流程中,可以分别划分为几个相互紧密联系的几个环节,从原料进货开始分起,直到菜肴与点心成品完成为止,则要经过原料的采购、验收入库、保管、领用、初加工、细加工、配菜、排菜、烹调等几个方面的环节。

2. 生产业务流程图

餐饮生产业务流程可分为常规厨房的生产业务流程(见图 5-6)和生产性厨房的生产业务流程(见图 5-7)。

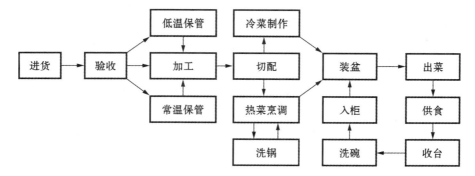

图 5-6 常规厨房的生产业务流程图

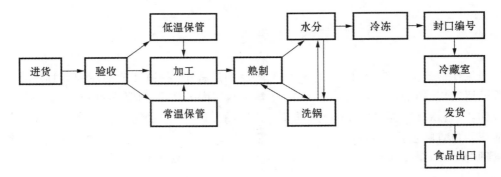

图 5-7　生产性厨房生产业务流程图

（1）常规性厨房的生产业务流程：一般按照餐饮原料在各个生产中的加工特点，结合生产岗位划分成若干环节，有利于生产人员明确各自岗位原料加工生产的质量要求和技术标准；有利于管理人员制定岗位职责范围，有效地实行餐饮生产流程地质量管理和监督。

（2）生产性厨房生产业务流程：主要指餐饮生产的产品是单一的或可以批量生产的，大多为传统食品生产的餐饮企业，批量生产一些单一或几种特色产品，因此，根据传统食品生产的特点，即品种单一、技术方法成熟、生产量大、成品需要库存保管和包装等，划分餐饮生产业务流程。

二、厨房生产业务流程管理及特点

在生产加工的生产流程运转过程中，要特别强调环节管理，只有加强环节管理才能使整个生产加工的全过程顺利地进行。加强管理，首先要搞好制度建设，要通过制度建设明确每一个环节上的工作内容及职责范围，并且十分重视环节与环节之间的衔接。在日常工作中，如果忽视这一点，则很容易出现差错，因为，在每一个岗位上，人们总能按照岗位上的要求，进行自己的工作，而岗位之间，环节之间，如果忽视一点交接或衔接的手续和相互制约监督，则容易出现漏洞和差错。如采购员从菜场购进一批原料，如果负责验收的员工不认真按要求进行严格检查把关，或者忽视验收的要求，则容易使不合格的原料进入厨房，严重影响餐饮产品的质量或成本。所以要加强生产流程的环节之间的衔接工作，形成互相制约和监督机制，才能使产品的生产在各个环节保持质量的统一，合乎产品生产的标准。在生产加工过程中，从原料到产品的完成，必须依次逐一经过每一个环节，不能跳跃，更不能交叉，只有这样，才能保证整个生产流程的正常顺利运转，否则容易造成差错。

在生产流程运转过程中应注意做好以下几个方面的工作，明确生产各个环节的工作内容和职责。

（1）原料采购。采购要对路。采购进来的原料或佐料必须是符合餐饮生产产品质量和成本要求的原料，即采购的原料符合加工技术要求的，原料质量是上乘的，符合原料采购的质量要求，价格合理、质价相符，数量是适量的，能保证正常的业务经营需要的等。原料采购为了做到保质、保量、及时、适销，采购人员必须根据厨房所需适时、适量购入原料，保持与厨房的联系和沟通。

（2）原料验收。验收必须严格。原料的验收工作是检查原料质量的重要环节，验收人员必须具备较强的责任心、衡量原料质量的经验和知识，本着负责的职业精神，严格按照验收标准逐一逐项的检查验收,坚决抵制一些不良社会风气,严格把关,才能保证餐饮产品生产的需要。

(3)入库。入库要及时。入库有进干货库房和冷货库房两种。凡是经过验收的原料,应该送入厨房马上进行加工的则及时送进厨房加工;应该送进仓库贮存的则及时入库保管,入库时及时做好登记入账,原料及时入仓,并根据原料特点和仓库要求,进行堆放保管。

(4)保管。保管必须尽职。原料入库后的保管是一项重要的任务,保管是否得当直接影响到原料的质量,影响到原料的折耗,影响到餐饮的成本。原料的保管必须遵循原料贮存的质量要求和餐饮生产规律,合理地库存原料的数量,并且用科学的管理方法不断地周转库存原料,才能保持原料的质量。保管人员必须尽心尽职,做到勤检、勤晒,做好各种原料的量、入库时间、出库和库存数的记录。

(5)领料。领料必须合理。领料指厨房向库房领取原料,除了要遵守一定的领用手续规定(如填单、审批)外,厨房领料必须有领料凭证,凭单发货,发货员要核对单据是否填写正确清楚,根据自己管理经验判断领料的数量上是否合理,对一些超出常规的领料应该询问原因,防止出现差错。

(6)初加工。初加工要讲究技术。初加工主要指原料的宰、杀、拆卸、涨发等加工过程。在原料初加工过程中重点要以熟练的加工技术,提高原料的净料率。净料率的提高直接影响到后道加工工序中的成本和质量问题。所以,在这道加工工序中,如何制定各种原料加工要求和标准,提高加工人员的技术,使加工人员掌握熟练的宰、杀、拆卸、涨发等技巧,生产出符合标准的半成品原料,是管理的关键之一。

(7)细加工。细加工要讲究刀功刀法。这道工序的操作好坏对以后成熟菜肴的形态好坏将有直接影响。提高菜肴质量,这道工序的管理重点是要提高生产人员的技术水平,使他们精通各种操作要求,到熟练运用各种刀法,有一套过硬运用刀法的刀功本领。

(8)配菜。配菜要准确。配菜虽无重要的技术要求,但在这环节中必须十分重视原料加工的质与量之间的检查。"质"是指所配原料的卫生状况、刀功的好坏等;"量"是指原料的重量是否符合配菜标准。"量"的基本要求就是主料只只过秤,辅料基本准确,调料应当配齐。由于这道环节掌握的好坏,直接影响到菜点的成本,影响到毛利的幅度,影响到餐饮的毛利率,因此,一般配备具有丰富实践经验的人员负责这道生产工序,并加强质与量的检查。

(9)排菜。排菜要有序。排菜是将所配的每只菜肴原料按先后次序,送到炉灶厨师处烹调。作为排菜的厨师本人要熟悉烹调技术、每只菜肴的烹调要求和上菜程序;了解炉灶上各位厨师的特长和操作技术。在排菜过程中,因根据所烹调菜肴的要求,有次序地将每只菜肴的原料分送到每位烹调师面前,使菜肴的生产既能保持质量,又能满足服务的及时性。

(10)烹调。烹调要得法。烹饪厨师将每只烹调的菜肴分别按技术要求进行加工,按烹调方法进行操作,使每只菜肴都达到色、香、味、形俱佳的要求。这一环节的管理重点是要使每一位厨师在工作过程中充分发挥自己的特长,严格按照菜单的质量标准加工每一只菜肴,使每一只菜肴的生产完全符合技术和质量要求。

在点心制作过程中,除了与菜肴烹调有相同的环节要求外,虽有几道不同的生产环节,但究其要求来看是有共同点,即要注意技术、重视成本。另外,西菜的厨房生产流程与中菜的厨房生产流程大致也是相同的。总之,在厨房的生产流程管理中,既要注意生产技术上的要求,又要注意成本要求,只有这样,才能做好厨房的生产流程的管理。

第三节　厨房生产质量管理

餐饮产品包括有形产品与无形产品两部分，厨房生产质量管理主要指有形产品的主要部分，即菜肴、点心、面食、汤羹、饮品等的生产的过程管理，包括产品质量管理和工作质量管理。厨房生产管理的主要内容涉及食品采购、生产加工等过程中的产品质量和全体工作人员的管理。由于厨房生产的原料以及产品的生产加工本身比较复杂，而且具有较高的技术性，因此，厨房生产质量管理必须从原料质量鉴定、菜肴生产过程和菜肴质量标准等方面建立质量管理制度和标准，形成全体员工各个岗位之间的质量监督机制，形成一个良好的竞争环境，共同为提升产品生产质量而尽心尽职。

一、衡量产品质量的几个要素

厨房生产产品，即菜肴、点心、面食、汤羹、饮品等的质量优劣，直接影响到餐饮产品的质量；从消费者角度来看，厨房生产产品应该是无毒、无害、卫生营养、芳香可口且易于消化、具有良好感官享受的食品，才能获得消费者的认可。这也是厨房生产质量管理的基本点和主线。

1. 食品的卫生与营养

《中华人民共和国食品卫生法》（以下简称《食品卫生法》）对食品卫生的界定是，食品是安全的，食品是营养的，食品是能促进健康的。民以食为天，卫生与营养是食品所必备的质量条件。随着经济和社会的发展，人民生活水平和受教育程度的提高，崇尚自然、追求卫生、安全、营养、健康食品的意识越来越强，消费逐步转向理性消费。因此，餐饮厨房食品的生产必须严格把握原料、原料加工以及菜肴烹制的卫生、安全、营养和健康等要素，禁止使用一些本身有毒或有害的原料，科学库存和保管各种原料，严格检查原料的品质，杜绝进货渠道不明的原料进入，优化原料加工技术和方法，以达到保持菜肴卫生与营养的目的。

2. 食品的色泽

菜点是由原料构成，其色泽仅仅作为先声夺人的要素，首先进入品尝者的感官，进而影响品尝者的饮食心理和饮食活动。由于人们长期的饮食活动实践，对菜点色泽之美的判断已经形成了一种习惯性的程式，即这种判断可能因色泽本身的美而使人感到愉悦并增进食欲。菜点色泽的最大特点是要最大限度地调动食品原料的固有色泽，一方面是因为原料的色泽本身就是自然美，无需过多地进行人工装饰；另一方面是因为出于人们正常的卫生心理，崇尚自然，如蛋白之白、蛋黄之黄、樱桃之红、青菜之绿、发菜之黑等，使人感觉到色泽美的同时，更感受到食品本身的鲜美可口、清新卫生，尤能刺激食欲。因此，菜点的生产人员必须善于利用原料的自然色泽，合理组配，运用原料固有的冷、暖、强、弱、明、暗进行对比组配，结合菜点的主题特色，生产出清新雅致、五彩缤纷、热烈兴奋的致美佳肴。

3. 食品的香气

香气是指菜点等食品飘逸出的芳香气味，人们是通过鼻腔上部的嗅觉细胞感受到香气，传递到大脑皮层产生感觉，从而引起人的情感性冲动和思维性联想，进而影响到饮食心理和行为，因此，香气成为品评菜点质量的重要标准之一。菜点的香气的程度和类型是千变万化的，不仅因菜点的品种而有鱼香、肉香、青菜香、豆香、香菇香、茶叶香等，还因香气的浓度不同而有浓香、清香、余香等，更有精心调配的复合香气，香味四溢，催人食欲。另外，人们对香气的感受

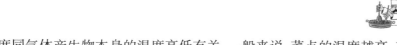

程度同气体产生物本身的温度高低有关,一般来说,菜点的温度越高,其散发的香气就越强烈,就越能被品尝者感受到菜点的芳香气味,因此,菜点的烹调必须强调现加工现用,尽可能缩短服务时间;否则,菜点冷却,香味尽失,品质大为逊色而影响到餐饮产品质量和品牌。

4. 食品的滋味

菜点的滋味是指菜点入口后,人口腔中的味觉细胞感受到菜点中的显味物质,传递到大脑皮层产生感觉。滋味是衡量菜点质量的最主要指标,人们去餐厅用膳,并非仅仅满足于嗅闻菜点的香味,他们更要品尝到菜点的味道。而滋味却因其浓淡厚薄而有千变万化,因其品类的不同而有酸、甜、苦、辣、咸、鲜的变化,并因原料不同而有鱼味、肉味、海味、山珍味等,更因多味交叉复合产生如怪味等味型。五味调和百味香,便是滋味多样统一的最生动的揭示。滋味是菜点质量评判的核心,是餐饮产品特色的体现,只有不断地探索创新,才能丰富产品的品种;只有合理科学的调配,严格的操作程序,才能保持产品特色和品质。

5. 食品的形态

菜点的形态是指菜点的成形、造型。原料本身的形态,加工处理后的形态以及烹制装盘都会直接影响到菜点的形态。菜点成形、造型、刀工精美、整齐划一、装盘饱满、拼摆艺术、形象生动,能给品尝者以美的艺术享受,从而提高菜点的品质和档次。这些效果的取得,要靠厨师的艺术设计和加工技术,在菜点的造型过程中,首先要体现菜点造型的"食用性",目的为了刺激品尝者的食欲,并非仅仅为了欣赏;其次要体现厨师的技术美,运用刀工、烹调技术,使菜点达到形美的要求,并且遵循菜点的简易、美观、大方和因材制宜的原则,达到自然形美的境地。一般热菜造型以快捷、饱满、流畅为主,冷菜和点心的造型则讲究美化手法,使其达到艺术美的效果。

6. 食品的质感

质感是指菜点进食时给品尝者留在口腔触觉方面的综合感受,即以触觉亦即口感为对象的松、软、脆、嫩、韧、酥、滑、爽、柔、硬、烂、糯等质地的美感。这是与视、听、嗅、味感的感觉对象不同的又一种美感,它本身是皮肤机械刺激而引起的感觉,之所以成为一种美感,其基础条件与色、香、味、形的情况一样,是依靠人体感官触觉。菜点入口后,与口腔一接触,立即产生触觉,继而经咀嚼,使触觉深入产生美感。菜点质感大致可分为温觉感、触压感、动觉感以及复合触感,构成菜点触觉美的丰富性和微妙性,构成人体感官触觉的强大魅力,构成对菜点的最全面的审美享受。

7. 食品的温度

菜点的温度是指菜点在品尝时能够达到或保持的温度,由温度而引起的凉、冷、温、热、烫的感觉。同一种菜点,食用时的温度要求是不同的,如冷菜的冷,凉粉的凉,给人以凉爽畅快的感觉,倘若提高这两种菜点的温度,效果便完全不同;再如麻辣豆腐、汤包等,入口其烫无比,品尝时不能立刻下咽,否则容易烫伤,但这两种菜点必须趁热品尝,否则失去原有的风味。菜点的生产必须严格按照各种菜点的温度要求,如冷菜保持 10℃ 左右、热菜保持 70℃ 以上、热汤保持 80℃ 以上、沙锅保持 100℃、火锅保持 100℃ 等,而低于 30℃ 以下的菜点,则人的感官的敏感度会下降。因此,在气温比较低的季节里,烹制的菜点和盛器必须保温,否则会影响菜点的品质。

8. 食品的盛器

菜点制成后要用盘、碗盛装才能上席,盛器显然也是构成菜点属性(质、味、色、形、皿等)的重要因素之一。所谓"皿"就是选用合适的盘碗盛装,把菜点衬托得更加富有美感,加深品尝者对菜点品质的认识,提升餐饮产品的品牌。盛器的选用一般与菜点的形状、体积、数量和色泽有关,一份菜点只占盘碗的80%～90%左右,汤汁不要淹没盘碗沿边,量多的菜点选用大的盛器,量少的选用小的盛器。选用盛器形状,必须根据菜点形态来确定,带有汤汁的烩菜、煨菜等一般选用汤盘较为合适;整条烹制的鱼选用腰盘比较匹配。菜点的色泽也是盛器选用必须考虑的因素,盛器色泽是关系到能否将菜点显得更加高雅、悦目,衬托得更加鲜明美观的关键。如五色虾仁装在白色盘内更能显示菜肴的清新高雅,而清炒虾仁洁白如玉,点缀几段绿色葱花,配装浅蓝色的花边盘内,更显得清淡雅致。另外,盛器的品质好坏要与菜点的品质相适应。

二、厨房生产质量管理

厨房生产的整个流程都是围绕着原料的加工烹调成菜点的过程。在原料加热成熟以前,对原料进行必要的处理工作,称为原料加工的准备阶段;根据菜肴和订单的要求搭配原料称为原料配份阶段;加热成熟过程称为烹制阶段。由于各个阶段的原料加工要求不同,操作程序要求、技术要求、工作内容以及质量要求都有明显的差异性,因此,厨房生产质量管理必须结合生产各阶段的特点,制定相应的岗位职责,明确操作程序、内容和标准,做到有章可循、有法可依,并结合餐饮本身的管理模式,凭借管理者自身的生产技术和管理经验,不断地激发生产人员工作的积极性,才能真正实现全员生产质量管理,以确保菜点生产的质量。

1. 原料加工准备阶段的质量管理

原料的加工是餐饮生产质量管理的一个重要环节,原料加工的质量直接影响到菜肴的色、香、味、形、质和营养等品质。严格要求操作程序和质量标准是稳定加工质量的关键,因此,原料在加工准备阶段的工作要根据原料的特性、加工质量要求、菜点的要求,对原料进行必要的物理和化学处理,把不能直接加热烹调的原料变成可以直接加热烹调的半成品原料,做到基本定型和基本入味。

原料加工准备阶段的工作主要包括原料的粗加工和精加工两大类,粗加工又包括生鲜原料的净治、分档、干货原料的涨发等;精加工又包括刀工处理、预热处理和造型菜点的型坯处理等。

(1)原料加工的基本原则。原料加工的总原则不外乎因料施工和因需施工,从菜点原料质量管理角度出发,原料加工过程应注意以下几个基本原则。

原料净治,注意原料的卫生和质量　原料加工首先要将不可食部分去掉,如禽畜去毛发、鱼鳞污肠内脏、贝介去甲壳、根块笋芋去皮等等,加工必须认真仔细,尽可能保留可食部分,做到去废留宝、去粗取精。对一些具有或可能有一定毒性或有害的原料必须严格把握加工质量,如河豚除了有加工生产许可证外,应该有专人负责加工;贝介、虾蟹、鳝鳖类等,应该特别注意新鲜度,不能让死的原料混进菜肴之中,否则会严重影响菜肴的质量和餐饮的品牌。

保持原料的营养成分和水分,杜绝不利于保存营养成分的加工方法　原料质量的保持关键在于加工的方法和时间,如蔬菜加工先洗后切,防止营养成分流失;富含维生素C的蔬菜不能过早加工,否则会造成维生素C的氧化流失;鲜活原料加工后不能存放较长时间,否则流失原料的水分和风味物质,影响菜肴的质感和风味。

严格按照要求加工　菜点的生产加工都必须严格按照菜单要求加工各种原料,使之加工成为符合菜点烹调标准规格的半成品原料,同时又要灵活面对个别客人的特殊要求,单独按客人要求加工菜肴。原料都有其最佳的食用方法和特色,因此,菜点原料选择和加工方法都有严格的规定,如河鳗,不管用在什么菜式中,其粗加工必须保持鱼的完整性,不能开膛;家禽类原料粗加工同样去毛后保持完整性,根据菜肴要求,如八宝鸡原料则在颈部取内脏,整鸡烧烤则在腹部取内脏。同时,要按照各个菜肴的烹调要求合理准确运用刀工,注意保持原料形状,即厚薄、长短、粗细、大小等保持一致,才能保持菜肴的色、香、味、质、形的统一性。

(2)原料加工质量要求。根据不同生产原料做到以下各项要求。

生鲜原料的加工质量要求 各种生鲜原料在厨房生产加工中占有主导地位,随着消费者生活水平的提高,越来越崇尚自然饮食,因此餐饮生产原料大多选用生鲜与活鲜的原料。这些日常使用的生鲜与活鲜原料一般是当日采购或短期贮存和活养的,并且客人点菜而加工原料,有些原料如鱼、虾、蟹、蛇、贝等从加工到烹调的时间很短,加工需要有很高的熟练程度和准确性。可见,原料加工处理的质量管理就成为餐饮生产质量管理的重要环节,加工不当则影响质量,同时还影响菜肴的服务时间。

ⅰ.蔬菜类加工的质量要求

- 蔬菜加工必须去除老叶、黄叶、虫蛀叶,摘除质地老的部分,保持蔬菜的清洁和鲜嫩;
- 先洗后切,洗涤干净,沥干水分,保持蔬菜无任何虫、卵、泥沙等杂物;
- 尽量利用可食部分,做到物尽其用;
- 大型蔬菜,如白菜、橄榄菜、洋葱头等应注意分档,用于不同菜肴的加工中;
- 根据原料的不同性质进行加工,尤其是易发生褐色变化的原料,注意加工的方法和时间;
- 合理放置,防止污染、脱水、变色。

ⅱ.水产类加工的质量要求

a.鱼类:

- 加工时主要除尽鱼鳞,保持鱼的完整性;
- 根据鱼菜的加工要求选用不同取内脏方法,有破腹部取内脏,背破取内脏,咽部取内脏,剥皮取内脏等,以适应不同菜肴的烹调方法;
- 加工时尽可能除尽血污与黑膜,除去鳃和杂物,并控干水分;
- 鱼类原料质量变化较易受环境温度、湿度的影响,最好现加工现用;
- 切片、切丝、切丁、切米或制茸的鱼肉,最好上浆调味加工成半成品,保存在低温冰箱中冷藏。

b.虾类:

- 整只用的虾类菜肴尽可能选用活鲜原料,加工时只要除去部分须刺、沙囊和尾肠洗净即可;
- 制虾仁、虾茸等菜肴应在加工时尽可能除去质地松烂的虾仁或虾肉,不带壳屑、外膜、肠,保持虾仁完整饱满,并且加工成半成品放入冰箱中冷藏;
- 大型虾类如龙虾,一般为活杀原料,从虾的胸尾结合处分开,头部需除尽沙囊、鳃洗净,尾部从腹部中央线入刀顺势切下,并带出尾肠,保留最后一小段尾形,肉刺生、脚爪椒盐、壳煮汤等,加工速度要快、技术要熟练。

c.蟹类:

- 整蟹使用,一般用刷子刷洗表面的污物,剥开腹部蟹脐洗刷去泥沙,冲洗干净捆扎整齐即可;

- 去壳整用,还必须除去鳃及周围的泥沙,除去蟹斗中的沙囊;
- 拆蟹肉必须洗净蒸熟,揭下蟹盖剁下蟹螯爪,爪从关节出切开,身体从脐中央剁开,用工具取出蟹黄,剔出蟹肉,挤出爪肉,保持肉的块、条形,不带碎壳。

ⅲ. 肉类加工的质量要求

- 需要加工的肉类主要根据菜肴要求准确选料;
- 肉类切片、切丝、切丁和制茸等,必须根据原料特点进行加工,质地较老的肉品注意刀工处理方法,有必要还需用碱腌制;
- 预先加工的原料一般需要上浆冷藏或预热处理保存;
- 肉类的内脏加工一般有用盐、醋搓洗,里外翻洗,烫刮,剥洗,清水漂洗和灌水冲洗等方法,需要除去内脏的杂物、黏液、膻味、表层黏膜及部分脂肪。

ⅳ. 禽类加工的质量要求

- 宰杀时必须断二管,放尽血液,避免肉质发红影响质量,加工刀口要小;
- 烫毛时必须掌握好水温与时间,褪尽禽毛、角质皮和爪;
- 根据菜肴要求选用不同取内脏方法,取出内脏、除去杂物、血管、血污等冲洗干净,控干水分;
- 物尽其用,刀工处理,成型整齐,刀口划一;
- 内脏原料洗净焯水处理后加工保存。

冷冻原料加工的质量要求　现代餐饮企业运用冷冻原料加工生产菜肴,同样占有相当大的比例,尤其是肉类、家禽类、海产品以及部分蔬菜类原料。冷冻原料本身因冷冻的时间以及在保存、运输、交易过程中,可能有不同程度的解冻,造成原料质量的下降。餐饮在选用冷冻原料时,必须了解供货商的货源情况、保管设备以及运输能力等,确保原料保管时的质量。因此在厨房加工冷冻原料的时候,首先应对冷冻原料的质量作出判断,用于不同的菜肴制作中。

冷冻原料的使用,必须进行合理的解冻处理,尽可能使解冻原料保持新鲜原料的质量特点,防止原料水分、营养成分、组织结构的变化,否则将影响制作菜肴的质量和风味。原料解冻的具体质量要求如下几点。

ⅰ. 解冻的温度要求

用于解冻的环境空气和水的温度,尽可能接近冷冻原料的温度,使原料比较缓慢地解冻,解冻的速度影响到原料组织结构的变化,解冻越自然,原料组织破坏程度越低。因此,冷冻原料保管人员必须对好原料使用情况有所了解,做好每日原料使用计划,根据厨房用料的情况,将解冻原料适时提前从冷冻室调拨到冷藏室进行初步解冻,为进一步解冻做好准备提供方便。如果将解冻原料置于空气或水中,也要力求将空气、水的温度降到 10℃ 以下,切不可操之过急,将冷冻原料放入热水中解冻,造成原料外部未经烧煮已经半熟,而内部仍然冻结如冰,使原料组织受到严重破坏,影响质量。

ⅱ. 解冻原料以不使用媒质为佳

冷冻保存食品原料,主要是抑制原料内部组织的分解酶的分解和微生物的进一步繁殖。解冻时,原料内外的温度的回升,酶的分解和微生物渐渐开始活动,因而,原料无论是暴露在空气中,还是在水中浸泡,都会不同程度引起原料质量的下降。因此,如用水解冻时,最好用无毒塑料保鲜膜包裹解冻原料,然后再进行水浸泡或水冲解冻。当然,现代厨房一般都采用微波解冻法,解冻原料速度快,并且还有杀菌消毒、保护营养水分的作用。但微波解冻一般不宜将原

料完全解冻,防止表面的肉成熟。

ⅲ.尽量减少内、外部解冻的时间差

冷冻原料的解冻时间越长,受污染的机会和原料营养成分流失的数量就越多,如果外部原料过早解冻,暴露在空气中或浸泡在水中,严重影响原料的质感和风味。因此,在解冻时,可采用勤换解冻媒质的方法(如经常更换碎冰或凉水等),以缩短解冻原料内部与外部溶化的时间差。

ⅳ.原料解冻必须完全

冷冻原料的解冻必须遵循自然解冻原则,解冻原料不管采取什么方式,最好保持其新鲜原料组织特点。未解冻原料提前加工,如上浆、制坯或下油锅等,尤其是一些烹调时间很短的菜肴,往往造成菜肴内部未成熟的现象,严重影响菜肴质量和餐饮声誉。

干货原料涨发的质量要求　干货原料涨发的目的是使干货原料重新吸收水分,最大限度地使其质地恢复到新鲜原料的状态;或者使其体积膨胀,成为松软滑爽的原料;或除去腥膻味、杂质及腐烂变质部分,使原料更加容易切配、烹调以及富有一种特别的风味。保持涨发原料的质量,在技术上必须做到,掌握原料性质、特点,确定准确的涨发方法;要严格按照涨发原料的技术操作要求,根据原料使用量加工原料,并将涨发好的原料合理保管。

ⅰ.掌握干货原料的特点

干货原料大多是经过脱水干制而成的原料,与新鲜原料相比具有不同程度的干、硬、老、韧、脆等特点,在进行原料水发或油发时,要熟悉各种原料的品种、干制方法、性能及用法,以便采取不同的加工处理方法,使其符合烹调和食用要求,保证菜肴的质量。

ⅱ.保持涨发条件一致

干货原料的质地老嫩,直接关系到原料涨发时间和涨发原料的质量,涨发之前必须严格挑选质地老嫩相同原料一起加工,才能保证原料涨发的效果一致。

ⅲ.严格按照技术操作要求加工

对干货原料的泡、煮、焖、漂、油炸等每一个过程的操作,要把握好加工的火候、时间、次数等要求,否则会影响原料质量。此外,涨发时,防止所用容器沾有油腻;操作手法要轻,保持原料的完整性;加工一些名贵原料必须选用专用工具,防止原料变色、变质。

ⅳ.检查原料涨发程度

原料的涨发质量重要指标涨发率,而涨发率的高低取决于原料本身、加工方法以及原料食用方法。因此原料涨发因根据厨房生产要求,选用不同规格原料、制定涨发质量标准、严格涨发方法和时间、认真检查涨发程度,才能保证涨发原料品质。如燕窝一般保持 400%～450%的涨发率;中国林蛙油保持 1200%的涨发率;鱼翅保持 150%～200%的涨发率;海参保持700%～800%的涨发率等。

ⅴ.合理保管

干货原料加工一般要求现加工现用,而一些名贵高档原料和涨发费时的原料,采取预定事先准备的方法加工原料,尽可能保持涨发原料不过剩,因此厨房中涨发原料的保管一般是指短期保存。需要保存原料应根据原料特点合理保管,如鱼翅可选用冰冻方法保存;海参可采用放置在阴凉处保存;鱼肚、蹄筋等采用通风保管;而一般原料采取换水浸泡冷藏方法保管等,否则会造成原料质量下降,甚至失去使用价值。

(3)原料加工出净率的控制。原料加工出净率是指原料加工后的净料占原料总重量的百分比,出净率越高,原料的利用率越高、相对原料成本就越低。但原料出净率的高低并不意味着原料质量的高低,相反,出净率越高,相对地降低了原料的质量。因此,制定科学的合理的原料加工出净率,是稳定原料加工质量的重要指标,同时也是餐饮成本控制的一个关键因素。影响原料加工出净率的高低的原因很多,如原料本身质量高低、原料保管质量、原料的使用情况、厨师的加工技术高低、厨师的工作责任性、厨房原料加工的标准等,都会带来原料加工出净率的偏差,从而影响原料加工的质量、使用效率以及净料的成本,显然对餐饮的经营和竞争带来更大的压力。厨房原料加工的质量和净料率的平衡,是餐饮质量管理和成本管理的重要内容。厨房生产质量是根本,制定相应的原料加工出净率必须在保证原料质量的基础上,因为餐饮生产产品的质量是餐饮的生命和生存的理由,而餐饮成本则是餐饮追求的目标。

厨房原料加工,首先要严格制定原料加工的质量要求,将各种菜肴用料的规格用标准菜单规定下来,并落实到各个工作岗位,形成良好的相互制约的质量控制责任制。同样原料加工的质量必须接受下一道生产环节工作人员的质量鉴定,只有制定标准、形成制度、层层把关、相互竞争、合理评估、分配挂钩,才能很好地控制原料加工的质量。在保持原料质量的基础上,应加强生产人员的培训和教育,在日常工作中形成成本控制意识。对原料加工人员来说,记录每一种原料加工情况是必要的。通过对来自政府有关部门、相同规格餐饮企业以及自身原料加工出净率的比较,制定出一个比较科学的合理的原料加工出净率标准,才能有效地控制原料加工的质量和成本。

2. 原料配份阶段的质量管理

厨房生产过程中的原料配份阶段是连接加工与烹调的重要环节,是指按照生产标准菜单的规定要求,将制作某种菜肴的原料种类、数量、规格选配成标准的分量,为烹调后成为一道完整菜肴做好了准备。配份阶段决定着每一份菜肴的用料、质量和成本,是菜肴生产质量控制、成本控制的关键。

从餐饮生产产品的质量特点出发,原料配份的关键要解决菜肴生产规格的统一性、色香味形质等一体化、营养价值的合理性、标准成本的稳定性等问题。例如,在餐饮经营中(尤其是宴会),生产相同菜肴的数量较多,而且出自不同厨师之手,如果没有严格规定原料配份的标准,即原料质量规格、大小、数量等,就很容易产生同一种菜肴之间的差异现象,如清蒸桂鱼大小不一,贵妃鸡色泽不统一,杭椒牛柳比例不一,等等,可能会引起客人的不满。因此,制定原料配份的质量标准和配份的工作程序是控制质量和成本的关键。

(1) 配份料头的质量要求。料头,也称小料,即配菜所用的葱、姜、蒜等小料。这些小料虽然用量不大,但在配菜和烹调之间,在约定俗成的前提下,起着无声的信息传递作用,可以避免差错的发生,在开餐高峰时尤其重要。如红烧鱼、干烧鱼、炒鱼片,分别用葱段、葱花、马蹄葱片和姜片、姜米、小姜花片加以区别,不需要口头交代,一目了然,很是方便。配份料头的质量要求:

- 大小一致,形状整齐美观,符合规格要求;
- 干净卫生,无杂物;
- 各料分别存放,注意保鲜;
- 数量适当,品种齐备,满足烹调的需要。

(2) 配份工作质量要求:

- 干货原料涨发方法正确,涨发成品符合菜肴质量要求,保持原料清洁无异味;
- 配份品种数量符合规格要求,主、配料分别放置,不能混杂一起;

- 接受零点订单 5 分钟内配出菜肴,宴会订单菜肴提前 20 分钟配齐;
- 配菜时应注意清洁卫生、干净利落。

(3) 配份出菜工作质量要求:

- 案板切配人员,随时负责接收和核对各类出菜订单。接收餐厅的点菜单须盖有收银员的印记,并夹有该桌号与菜肴数量相符的木夹(或其他标记方式)。宴会和团体餐单必须是宴会预订或厨师开出的正式菜单。
- 配菜岗位人员凭单按规格及时配制,并按接单的先后顺序依次配制,紧急情况、特殊菜肴可给予先配菜处理,保证及时送达灶台。
- 负责排菜的打荷人员,排菜必须准确及时、前后有序,菜肴与餐具相符,成菜及时送至备餐间,提醒传菜员取走。
- 点菜从接收订单到第一道热菜出品不得超过 10 分钟,冷菜不得超过 5 分钟,以免因出菜太慢延误客人就餐。
- 所有出品订单、菜单必须妥善保存,餐毕及时交厨师长备查。
- 炉灶烹调人员若对所配菜肴规格质量有疑问时,要及时向案板配菜人员提出,妥善处理。烹调菜肴先后次序及速度应服从打荷安排。
- 厨师有权对出菜的手续、菜肴质量进行检查,如有质量不符,或手续不全的菜品,有权退回并追究责任。
- 配菜人员要保持案板整洁卫生,注意保管每次多余的原料。

3. 原料烹制阶段的质量管理

烹调是餐饮实物产品生产的最后一个阶段,是确定菜肴色泽、口味、形态、质地等品质的关键环节。烹调阶段的质量管理直接关系到产品质量的最后形成、生产节奏的快慢程度、出菜过程的井然有序等。因此,产品生产质量管理工作往往以烹调菜肴的质量高低为标准,生产质量管理的前期工作皆以此为目的,烹调过程的质量管理是厨房生产管理的重要环节。

(1) 菜肴烹调质量管理的基本原则:

制订和使用标准菜谱 从菜肴生产的特点来看,厨房生产必须有一个统一的质量标准来规定菜肴生产的规格、数量、配份、烹调程序等要求,才能严格要求各个工作岗位人员遵循质量标准,保证菜肴质量的统一性和稳定性。如,标准菜谱规定了烹制菜肴所需的主料、配料、调味料及其用量,因而能限制厨师烹制菜肴时在投料量方面的随意性;规定了菜肴的烹调方法、操作程序及装盘式样,对厨师的整个操作过程起到制约的作用。因此,标准菜谱实质上是厨房生产管理的质量标准,也是生产、管理和培训的有效工具。厨师只要按照标准菜谱规定操作,就能保证菜肴成品的色、香、味、形、质等方面质量的统一性和稳定性。

严格烹调质量检查 餐饮产品生产总成过程的质量管理关键在于烹调阶段的菜肴的质量,加强该阶段的产品质量的管理,既能检查加工阶段的管理情况,又能防止质量有问题的菜肴进入餐厅,而引起不必要的问题。烹调阶段的质量管理关键在于烹调技术和操作程序的统一,建立菜肴质量检查标准和制度,提高烹调人员的责任意识是管理的根本。每一个菜肴生产需要许多道加工工序,每一道工序都有不同的岗位和人员来完成各自的加工任务,只有制定合理的、符合餐厅特色和成本要求的标准菜谱,明确加工要求和规格标准,加强质量监督,才能杜绝不合质量要求的原料进入烹调加工工序,才能避免不合格的菜肴产生。

菜肴生产阶段的菜肴质量管理主要任务是,建立质量检查制度,抓好工序检查、成品检查和全员检查三个环节。

工序检查是指菜肴生产加工过程中的每一道工序的厨师必须对上一道工序的生产加工质量进行检查,发现有质量问题应及时退回,以免影响菜肴成品质量。例如,炉灶厨师应做到"四不做,七不出":即原料变质变味的不做,加工刀口不齐不匀的不做,配料不齐的不做,加工不合乎要求的不做;火候不到的不出,口味不合乎要求的不出,色泽不正的不出,小料不齐的不出,温度不够的不出,菜量不够的不出,拼摆不整齐器皿破损或不洁的不出。

成品检查是指菜肴送出厨房前必须经过厨师长或专门菜品质量检查员的检查。成品检查是对厨房加工、烹调质量的把关和验收,因而必须严格认真,不可敷衍了事。

全员检查是指除以上两方面的检查外,餐厅服务人员也应参与菜肴成品质量检查。服务人员本身为了提供更好的个性化服务,必须对餐厅经营的菜肴做到了如指掌,熟悉每一个菜点的生产和品质特点,并且面对服务的客人,了解客人对菜点的评判情况等,因此,服务人员对菜点的评判很有说服力,并且为菜点成品生产提供具有参考价值的第一手资料。要做好全员质量检查,必须让每一位员工明确餐厅经营的目的和关键,即餐饮所有的工作业绩最终都由餐厅的服务环节来实现,服务客人,使客人满意是一切工作的中心。

加强培训和基本功训练　菜肴制作烹调是一种技术性、艺术性极强的专业工作,而且由于烹调大多是以手工操作为主,机械化程度较低,因此,菜肴的质量的高低几乎完全由厨师和员工的责任感、工作经验及其烹调知识和技术水平所决定的,抓好菜肴生产质量管理是一项长期性的管理工作,要结合厨师工作性质要求、质量标准制度的建立、专业经验和技术培训以及员工激励机制等,才能形成有效的质量管理监控体系,形成良好的质量管理氛围。厨师和员工是餐饮企业的宝贵资源,合理利用和开发资源也是质量管理的重要任务。做到合理利用和开发必须加强人员的培训和教育,包括餐厅经营理念、管理理念、菜肴生产的知识和技术等内容,只有这样,餐饮企业才能有不断发展的后劲,才能形成一个团结合作的团队,共同为餐饮企业的经营目标尽心尽力。

（2）菜肴生产阶段质量管理的内容和要求。菜肴烹调阶段质量管理的主要内容包括厨师的操作规范、烹调数量、成品效果、出品速度、成菜温度以及对不合乎要求菜肴的处理等几个方面。

菜肴烹调阶段的质量管理,首先应严格遵循菜肴生产程序,要求烹调厨师服从打荷排菜的安排,按正常出菜次序和客人要求的出菜速度烹制菜肴。在烹调过程中,要随时检查督导厨师按标准菜谱规定的操作程序进行烹制,按规定的调味料比例投放调味料,不可随意投放。其次,应该清楚地认识到我国菜肴生产,长期存在着凭厨师个人经验烹制菜肴的现象,而忽视科学的管理手段。因此,合理地发挥富有经验的厨师的技术,主要用于积极开发和改良菜肴等方面;而在制订菜肴生产菜谱后严格限制个人经验,贯串于标准化管理之中,做到技术经验和科学管理有机地相结合。

ⅰ．打荷工作质量要求

- 台面保持清洁,调味料品种齐全量足,摆放有序,各有标签;
- 汤料洗净,吊汤用火恰当;
- 餐具种类齐全,盘饰花卉数量充裕;
- 分派菜肴予炉灶烹调适当,一只菜肴在 4～5 分钟内烹调出齐;
- 符合出菜顺序,出菜点缀美观大方;

- 盘饰速度快捷,形象完整;
- 剩余用品收藏及时,保持台面干爽。

ⅱ.盘饰用品质量要求

- 盘饰用品必须清洁卫生;
- 盘饰用品必须加工精细,富有美感;
- 盘饰花卉至少有 5 个以上品种,数量充足;
- 每餐开餐前 30 分钟备齐。

ⅲ.炉灶烹制工序质量要求

- 调味料罐放置位置正确,固体调味料颗粒分明,无受潮结块现象,液体调味料清洁无油污,添加数量适当;
- 烹调用汤,清汤清澈见底,奶汤浓稠乳白色;
- 焯水蔬菜色泽鲜艳,质地脆嫩,无苦涩味,焯水荤菜料去尽腥味、异味和血污;
- 制糊投料比例准确,稀稠适当,糊中无颗粒及异物;
- 调味用料准确,投放顺序合乎规定标准,口味、色泽符合规定要求;
- 菜肴烹调及时迅速,装盘美观;
- 准确掌握加热的温度和时间,保证火候要求。

ⅳ.口味失当菜肴退回厨房的处理要求

- 餐厅退回厨房口味失当菜肴,及时向厨师长汇报,由厨师长复查鉴定;
- 确认系烹调失当,口味欠佳,交打荷即刻安排炉灶调整口味,重新烹制;
- 无法重新烹制、调整口味或破坏出品形象太大的菜肴,由厨师长交配菜人员重新安排原料切配,并交给打荷人员;
- 打荷人员接到已配好或已安排重新烹制的菜肴,及时迅速安排炉灶上厨师烹制;
- 烹制成熟后,按规定装饰点缀,经厨师长认可,迅速递与备餐划单人员上菜;
- 餐后分析原因,采取相应措施,避免类似情况再一次发生,处理情况及结果记入厨房菜点处理记录表,记入厨房成本。

ⅴ.冷菜、点心加工质量要求

- 冷菜、点心造型美观,盛器准确,分量、个数准确;
- 色彩悦目,装盘整齐,口味符合特点要求;
- 零点冷菜接单后 5 分钟内出品,宴会冷菜在开餐前 20 分钟备齐;
- 零点点心接单后 15 分钟内可以出品,宴会点心在开餐前备齐,开餐即听候出品。

三、厨房生产质量控制

厨房生产质量管理除明确管理的内容和要求以外,还必须讲究管理的方法。现代餐饮的厨房生产质量管理一般通过标准化管理方法实现有效的质量管理,并且将标准化管理落实到具体的岗位和人员,建立岗位责任制,采用全员质量控制、阶段质量控制、重点质量控制等方法,形成有效的质量管理控制体系,确保厨房生产产品质量万无一失。

1.标准菜谱

所谓标准菜谱是指饭店根据经营和产品质量水平的需要,对每一个产品的原料标准、配份数量、成品要求、工艺要求、标准成本等技术性质量指标作出具体的规定文字、图片综合资料,以备生产、管理、成本核算和教育培训使用。标准菜谱是饭店各自根据餐厅经营特色进行设计的定型的菜谱,它是为了规范餐饮产品的制作过程、产品的质量和经济核算,为此必须对产品生产所用的原料、辅料、调味料的名称、数量、规格,以及产品的生产操作程序、装盘要求等作了准确的规定。因此,标准菜谱也是厨房控制菜品生产的重要工具,是实现厨房标准化质量控制的重要环节。

(1)标准菜谱在厨房生产质量管理中的作用主要有以下几个方面:

使用标准菜谱,能使菜肴、点心等产品的配份、数量、原料规格、质量要求、成本等保持稳定,起到稳定产品质量的作用。

标准菜谱作为厨房所用操作人员工作的指南,要求每一个员工严格按照标准菜谱规定进行操作,从而减少了管理人员现场指导和监督管理的重复工作量,并且作为培训资料,确保菜点生产质量,最大限度减少工作的误差。

标准菜谱的使用,便于管理人员依据菜谱制订每日厨房生产计划,确保厨房生产的量和生产的质量。

标准菜谱的使用,有助于使缺乏专业技术和经验的新员工依据菜谱进行操作。

标准菜谱规范了厨房生产流程和岗位质量要求,使各个岗位人员明确各自的任务和质量要求,并且方便了管理人员的管理,即有利于人员调配和质量检查。

标准菜谱还可以作为处理产品质量问题的依据。对生产的不符合质量的菜肴以及客人退回的菜肴可以依据标准菜谱分析原因,做到及时准确的处理。

标准菜谱可作为产品销售价格制定的依据,并且作为销售统计的蓝本,便于分析销售情况,反馈信息,调整生产和菜单品种,才能更好地把握产品的质量。

标准菜谱是餐饮实现生产流程标准化的基本保证,也是餐饮成本控制的关键。

(2)标准菜谱内容主要体现在以下几个方面:

基本技术指标 标准菜谱中的基本技术指标主要包括编号、生产方式、盛器规格、精确度等,它们虽然不是标准菜谱的主要部分,却是不可缺少的基本项目,而且必须在设计菜谱的开始就要确定,主要目的是便于统计、识别、分类、标示等使用。

标准配料及配料量 中餐厨房生产长期以来大多是凭各自的经验进行操作,长期忽视科学的量化管理,因此通过量化的标准菜谱的使用,规范了主辅原料的量,有助于保持产品的质量和成本,为菜点的质价相称,物有所值提供了物质基础。

规范生产工艺流程 规范生产工艺流程是对烹制菜点所采用的加工、切配、烹制方法和操作要求要领作出明确的规定和指导,具体包括生产菜点所用的炉灶、炊具、原料配份方法、投料顺序、预加工工艺、预加热工艺、烹调方法、操作要求要领、菜点的温度和时间、装盘装饰等,使厨房生产严格按照标准菜谱的规定生产,以保证菜点质量和标准的统一性、稳定性。

烹制份数和标准份额 厨房烹制菜肴多数是一份一份单独加工的,但也有多份一起加工。如冷菜的加工,一般可以多份一起加工贮存,开餐时按配份配制装盘;又如大菜,有时也可多份一起加工,尤其是整件原料的大菜,扒肘子、烧鸭等,而点心的制作大多是批量生产的。标准菜谱对菜肴点心的制作作了比较严格的规定,热菜要求一份一份加工生产,有些菜肴和点心可以按规定的份数制作,这样可以保证菜肴制作的质量。有些菜肴为了方便计算菜肴的成本,尤其是配料和调味料在单个菜点中的量太少,因此,标准菜谱中可以按多份菜点的配料和调味料一起计算,但必须明确说明加工的份数。

每一份菜点标准成本 标准菜谱对每一份菜点的标准成本做出了规定,就能够对产品生产进行有效地成本控制,可以最大限度地降低成本,提高餐饮产品的市场竞争力。标准菜谱不但规定原料的规格,而且明确了原料的价格限度和标准成本,这样既有助于制订餐饮计划,如接受预订和与客人洽谈业务时,可以根据标准菜谱的成本限度,做到心中有数,又方便质量管理和成本管理,为质量和成本检查提供了依据。此外,对餐饮原料的采购价格也有一定的指导作用,根据原料的市场价格变动情况作相应的调整,以确保餐饮经营的目标利润。

成品质量要求与彩色图片 通过标准菜谱对菜点制作的原料、加工工艺等的规范,保证成品的质量。为了更加清楚明了,标准菜谱对每一个菜点的质量作了比较详细的说明,而对有关菜点质量一些指标难以量化的色、香、味、形等一般用比较直观的彩色图片加以展示。一份配以文字和图片的标准菜谱,使每一个厨师更有把握领悟菜点加工的要领,确保菜点加工的质量。这样的菜谱作为培训资料,也更加具有实际指导意义。

菜点原料质量标准 菜点生产的质量,除制作工艺和操作方法以外,关键还在于原料的本身质量。标准菜谱对菜点加工的用料作了明确的规定,因为菜点原料的质量受到多方面因素的影响,如原料的规格、数量、新鲜程度、产地、产时、品牌、包装、色泽以及加工程度等,为了确保制作菜点的质量,尤其是一些传统的特色菜肴,原料的品种、产地、产时、新鲜度等必须保持一致,否则会造成菜肴的风味上的差异,影响菜肴的质量。

(3)标准菜谱设计。标准菜谱的设计是根据餐饮企业自身的经营特色和技术能力进行定位,结合企业所在的市场特点进行设计。标准菜谱是餐饮企业生产的计划书,也是经营、管理、服务的指导书,因此,需要认真设计,要引起各部门的高度重视,并且积极参与。标准菜谱的设计是一个不断完善的过程,必须结合厨师、服务人员、客人以及专家的意见反复调整,使标准菜谱中的各项规定日趋科学合理,使其真正成为厨师生产操作的指导书,更有效地控制菜点生产的质量。标准菜谱的设计要求及指标如图 5-8 所示。

标准菜谱设计文本

编号_____

菜肴名称_____						彩色图片
类别_____			成本_____			
每客分量_____			生产客数_____			
装盘标准_____			温度_____			
盛器_____			毛利率_____			
用料名称	单位	数量	单价	价款	备注	制 作 程 序
						质 量 标 准
合 计						

图 5-8 标准菜谱文本格式(样张)

确定菜肴的名称　由于餐饮产品经营的品种众多,标准菜谱设计的第一步需要确定餐饮经营品种的菜名。菜肴名称的确定,一般根据自身经营的特色,与餐厅菜单保持一致,并且注意菜肴名称的直观性、文化性和艺术性。

确定烹制份数和规定盛器　根据菜点的制作特点、主配原料、辅料和调味料的用量情况,制订制作方法,规定一次生产的份数。份数的确定应该以菜点制作的质量为中心,然后,考虑菜点制作的工艺、时间和成本核算等。菜点的特色除了菜点本身的特点以外,一般需要用别具特色造型的盛器加以衬托,并且根据菜点的量的多少,明确规定所使用的盛器名称、大小、形状、色泽,使菜点更加显示其艺术的完美性。

确定原料的种类、配份和用量　这是标准菜谱设计过程中最细致、最复杂的工作环节。制作菜点的原料的种类非常多而复杂,原料质量的指标的差异,造成原料质量和价格的差别,因此,标准菜谱的原料种类的确定,首先根据菜肴的质量要求作出规定,然后,结合餐饮自身的生产情况和销售的价格规定菜肴的成本价格,初步作出配份和用量,经过一段时间的测试,作相应的调整,最后确定原料的种类、菜点的配份和用量,并且尽可能量化。对一些用量比较少的无法量化的辅料、调味料等,可以制订一个限量或以多份菜点加工的总量来规定。

计算出标准成本　原料配份与使用量确定后,可根据原料的单价,计算出原料的价值,将所有原料的价款相加后得到的总价款,就是制作一份或多份菜点的标准成本。若是多份菜点一起烹制的,再用份数除以总价款,可以得到每一份菜点的标准成本。

确定工艺流程与操作步骤　以上几点的设计,是标准菜谱的基本技术指标,在满足了经营和管理要点以后,关键是工艺流程的质量控制。菜点的加工工艺的差别,哪怕是刀工、加工时间、火候大小、烹调方法等微小的差异,都会造成菜点质量上的差异。因此,确定菜点生产的工艺流程一般由丰富经验的厨师长担任,对每个菜点的生产工艺作出规定,并且通过组织试菜小组专家一起来测试,通过一段时间的实践,最后再确定菜点生产的工艺流程和操作步骤,并将各步骤的操作要领做详细说明。

制作标准菜谱的文本　将调整确定的各项指标用正式的文字形式规定下来,并请厨师据此烹制出标准菜肴,然后请摄影师拍照,将彩色图片插入标准菜谱规定的空格中,形成完备的标准菜谱文本。

装订成册　将标准菜谱的各项内容一一核对后,填写设计时间、编号及设计人姓名、制作人姓名。一菜一页,装订成册。

2. 厨房生产质量控制方法

(1)程序控制法。按厨房生产的操作程序,将菜点生产划分成若干个环节,对每一个操作环节作出相应的加工要求和规格,并加以质量控制。程序控制法比较有效地将原料加工质量控制在每一个操作阶段,使每一个环节都成为上一个环节的质量控制点,形成相互制约的质量控制体系,防止不合格的原料或成品菜点流入到餐厅销售,产生不良后果。程序控制法一般包括原料阶段的质量控制、生产加工阶段质量控制、成品销售阶段的质量控制等。

原料阶段的质量控制　原料阶段的质量控制主要内容包括原料的采购、验收和贮存时的质量鉴定和管理,一般采取对采购原料的品种、规格等指标作出明确的规定,形成具有餐饮企业本身特点的采购规格书,并且以此作为原料质量鉴定和管理的指导书,来控制原料的质量,保证菜肴制作所用的原料是优质的。

生产加工阶段的质量控制 菜点生产阶段的质量控制,包括原料的初加工、精加工、配份和烹调四个阶段,每一个阶段的加工都必须制订规格要求,如原料的切割规格、原料的涨发率、型坯处理规格、上浆挂糊规格用料;又如原料色、香、味、形、质、营养等配伍以及调味汁配制和用量等,都必须以表格形式明确下来,作为实践操作的指导,确保菜点生产的质量。

成品销售阶段的质量控制 菜点成品阶段的质量控制主要指菜点生产后进入餐厅服务时的备餐服务和上菜服务的质量控制,如备餐阶段,必须明确各种菜点所配的佐料、食用和卫生器具及用品,尤其是各种海鲜菜肴的佐料,不能相互混淆,否则将改变菜肴的风味,影响菜肴的质量;而在上菜服务阶段则注意上菜的时间,保持菜点应有的温度,操作必须规范,动作精练,尤其是派菜服务,更加注意菜肴分派技巧,既要保证菜点的质量,又要确保服务质量,才能使客人及时品尝到优质的菜点。

(2)责任控制法。按厨房的生产岗位分工,对每一个工作岗位制订相应的责任,形成良好的竞争机制,实行竞争上岗。责任控制法的关键在于结合菜点生产程序,将各个生产岗位的生产加工要求与厨房工作人员的技术、质量和奖罚结合在一起,既调动了全员生产的积极性,又增强了每一位员工的责任心和质量控制意识,使菜点生产的质量控制得到更好的保证。

(3)重点控制法。重点控制法是指重要环节的质量控制、重要客人的质量控制及重大活动的质量控制等。

重要环节质量控制 在厨房生产中,可以将那些经常和容易出现问题的环节或部门列为重点质量检查控制点。如厨房出菜口一般作为菜点质量控制的最后一道重要控制点,大多由经验丰富的厨师长或专门专业人员负责,以确保菜点质量万无一失。

重要客人的质量控制 重要客人一般指对餐饮企业具有相当影响的客人,菜点的设计和生产既要体现餐厅的品牌菜点的特色,又要结合重要客人个性化要求,在确保菜点质量的基础上,显示餐厅个性化服务的特色,使客人获得意想不到的满意。

重大活动的质量控制 其质量控制的内容非常多且复杂,尤其是大型的活动,质量控制的能力往往体现了餐饮企业组织、管理、产品质量、服务质量和接待能力等多方的实力。因此,在重大活动中,质量控制实质上就是全体员工的质量控制。对厨房生产而言,原料采购的质量、备料充足、规格统一、菜点质量统一、服务及时等都是质量控制的重点。例如,餐厅服务与厨房生产的沟通,确保菜点生产的次序和速度,及时接受客人反馈,针对个别客人对菜点的要求,及时作出相应调整,等等,都与保证重大活动圆满成功相关。

第四节 餐饮产品成本核算

餐饮产品成本核算是餐饮企业财务管理职能的一部分,它贯穿餐饮生产和服务的始终,其目的并非仅仅记录成本数额,而在于提供餐饮各项成本发生的情况,目的是分析实际成本与目标成本和标准成本之间的差异,为餐饮的经营和管理提供调整的有效依据。同时,餐饮产品的成本核算是进行产品定价的基础,只有在计算出产品的成本的情况下,产品的定价才会变得有意义。

一、餐饮产品成本

餐饮产品成本核算与其他企业相比,有其自身的特点,因此,进行餐饮产品成本核算,首先必须了解餐饮成本核算的特点和意义。

1. 餐饮产品成本构成

餐饮产品成本核算主要以原料成本为主。在餐饮生产过程中产品原料有主料、配料和调料之分。主料是餐饮产品中的主要原料,一般成本份额较大;配料是餐饮产品中的辅助原料,其成本份额相对较小。但在不同花色产品中,配料种类各不相同,有的种类较少,有的种类可达十几种,使产品成本构成变得比较复杂。调料也是餐饮产品中的辅助原料,主要起色、香、味、形的调节作用。调料的种类较多,而在产品中每一种调料的用量则更少。产品原料的主料、配料和调料价值共同构成菜肴的成本。餐饮经营过程中,要同时销售各种酒水饮料,因此,菜肴成本和饮料成本又共同构成餐饮产品成本,加上餐饮经营中的其他各种合理费用,就形成了餐饮经营中的全部成本。餐饮产品成本相对其他企业的产品成本而言,因其仅包括所耗用的原料成本,其成本构成比其他企业的产品成本简单得多。

2. 餐饮产品成本核算的特点

(1) 餐饮产品原料价格的变动。餐饮产品的标准成本是相对稳定的,但产品生产原料的市场价格具有较大的波动性,与标准成本的价格之间存在着一定的差异,使餐饮产品的成本核算存在着客观上的误差,增加了餐饮产品成本核算的难度。

(2) 餐饮产品生产的不确定性。餐饮产品每日生产所需原料的数量难以精确估计,为了确保产品生产原料数量充足,满足生产的需要,一般需要库存产品原料,而库存的原料数量过多会增加库存的费用,导致产品成本的增加;相反,库存原料过少,又会造成原料的供不应求,增加原料采购费用。因此,这就需要餐饮企业具有较为灵活的原料采购机制,应根据餐饮的销售情况组织原料的采购和库存,既满足生产的需要,又为企业增加效益。

(3) 餐饮产品生产特点产生成本的变动。餐饮产品的成本核算大多是计算每日的餐饮成本,但由于有些餐饮产品生产的领料时间、准备时间和销售时间上存在差异性,造成餐饮生产的每日成本核算的误差,因此,餐饮产品成本核算必须注意平衡每日餐饮成本,通过合理的计算方法消除成本的误差,为经营管理提供科学的依据。

(4) 单一产品的成本核算难度大。餐饮产品的品种繁多,每次生产的数量零星,并且产品的生产是边生产边销售,因此,逐一计算餐饮产品的成本几乎是不可能的,计算工作的难度和工作较大。

(5) 餐饮成本核算与成本控制直接影响餐饮利润。餐饮企业的每日就餐人数及其销售额都是不确定的,即说明餐饮每日的总销售额各不相同,具有较大的波动性。通过加强餐饮的管理和制订有效的销售计划,可以增加餐饮的销售量,降低餐饮的成本,才能保证餐饮的目标利润。

二、原料初加工的成本核算

餐饮厨房生产加工的各种原料中,有不少鲜活原料在烹调之前需要进行初加工处理。在初加工之前的原料称为毛料,而经过屠宰、切割、拆卸、拣洗、涨发、加热等初步加工处理,使其成为可直接切配烹调的原料则称为净料。原料经过初步加工后,净料和毛料不仅在重量上有很大区别,而且在价格、等级上的差异也很大。

为了便于计量,确定菜肴或点心的原料定额并定价,目前许多星级饭店和餐饮企业都采用净料成本来计算菜点的成本。

1. 净料率

净料率是指原料在初步加工后可用部分的重量占加工前原料总重量的百分比,净料率的高低,表明原料加工的利用率的高低,可以用来衡量原料的质量规格的高低,并且如是相同原料的加工之间的比较,也可衡量厨师的加工技术水平的高低,其计算公式

$$净料率 = \frac{加工后可用原料重量}{加工前原料总重量} \times 100\%$$

实际上,原料的净料率并不是恒定不变的,原料的等级规格、品种差异、上市季节差异、人员技术、人员敬业情况、加工器具设备等都会影响原料的加工,因此,净料率的控制是厨房生产管理的关键。一般需要通过较长时间的调整后,制订相应的标准净料率,用于原料的加工管理和成本核算。

例 5-1 某餐饮企业购入带骨羊肉 16.00 千克,经初步加工处理后剔出骨头 4.00 千克,求羊肉的净料率。根据公式

$$羊肉净料率 = \frac{加工后可用原料重量}{加工前原料总重量} \times 100\%$$

$$= \frac{16.00 - 4.00}{16.00} \times 100\%$$

$$= 75.00\%$$

例 5-2 某餐饮企业购入黑木耳 3.00 千克,经涨发后黑木耳 8.50 千克,但从涨发过程中拣洗出不合格的黑木耳和杂物 0.20 千克,求黑木耳的净料率(或称涨发率)。根据公式

$$黑木耳的净料率 = \frac{加工后可用原料重量}{加工前原料总重量} \times 100\%$$

$$= \frac{8.50 - 0.20}{3.00} \times 100\%$$

$$= 276.67\%$$

2. 净料成本的核算

原料通过初加工后,有些原料由于整体比较大,各部分可用于不同的菜肴制作,即产生不同的净料,称为一料多档;如青鱼,整条使用的只有一料一档,如分割成鱼头、划水、鱼片、肚当等,则称为一料多档。并且根据净料的加工程度,可分为生料(待烹制品)、半成品和熟制品三类,其单位成本的核算各有不同的方法。

(1)生料的成本核算。生料就是只经过拣洗、宰杀、拆卸等初加工处理的,而没有经过任何初制或熟制处理的各种原料的净料。具体计算方法,可分为一料一档、一料多档以及不同渠道采购同一种原料等计算方法。

一料一档的成本核算 毛料经过加工处理后,只有一种净料,而没有可以作价利用的下脚料,则用毛料总价值除以净料总重量,求得净料成本。其计算公式

$$净料成本 = \frac{毛料总值}{净料重量}$$

例 5-3 某餐饮企业购得生菜 30 千克,价值共 60 元,经过加工除去老叶、根,洗净后得生

菜 25 千克,求净生菜每千克成本。根据公式

$$净生菜的成本=60\div25=2.40(元/千克)$$

毛料经过加工处理后得到一种净料,同时又有可以作价利用的下脚料、废料等,则须先从毛料总价值中扣除下脚料和废料的价款,再除以净料重量,求得净料成本。其计算公式

$$净料成本=\frac{毛料总值-(下脚料价款+废料价款)}{净料重量}$$

例 5-4　某餐饮企业购入猪肉 10.00 千克,进价 6.80 元/千克。经初步加工处理后得净料 7.50 千克,下脚料 1.00 千克,单价为 2.00 元/千克,废料 1.50 千克,没有利用价值。求猪肉得净料成本。根据净料成本计算公式

$$猪肉的净料成本=\frac{(10.00\times6.80)-(1.00\times2.00)}{7.50}=8.80(元/千克)$$

一料多档的成本核算　一料多档是指毛料经初步加工后处理后得到一种以上的净料。为了正确计算各档净料的成本,应分别计算各档净料的单位价格。各档净料得单价可根据各自的质量以及使用该净料的菜肴的规格,首先决定其净料总值应占毛料总值的比例,然后进行计算。其计算公式

$$某档净料成本=\frac{毛料进价总值-(其他各档净料占毛料总值之和+下脚料价款)}{某档净料重量}$$

例 5-5　某餐饮企业购入鲜鱼 60.00 千克,进价为 9.60 元/千克,根据菜肴烹制需要进行宰杀、剖洗分档后,得到净鱼 52.50 千克,其中鱼头 17.50 千克,鱼中段 22.50 千克,鱼尾 12.50 千克,鱼鳞、内脏等废料 7.50 千克,没有利用价值。根据各档净料的质量及烹调用途,该餐饮企业确定鱼头总值应为毛料总值的 35.00%,鱼中段占 45.00%,鱼尾占 20.00%,求鱼头、中段、鱼尾的净料成本。

因为,鲜鱼的进价总值=60.00×9.60=576.00(元)

所以,根据公式

$$鱼头的净料成本=\frac{鲜鱼进价总值-鱼中段、鱼尾占毛料总值之和}{鱼头净料总重量}$$

$$=\frac{576.00-(576.00\times45.00\%+576.00\times20\%)}{17.50}$$

$$=201.60\div17.50=11.52(元/千克)$$

$$鱼中段的净料成本=\frac{鲜鱼进价总值-鱼头、鱼尾占毛料总值之和}{鱼中段净料总重量}$$

$$=\frac{576.00-(576.00\times35.00\%+576.00\times20.00\%)}{22.50}$$

$$=259.20\div22.50=11.52(元/千克)$$

$$鱼尾的净料成本=\frac{鲜鱼进价总值-鱼头、中段占毛料总值之和}{鱼尾净料总重量}$$

$$=\frac{576.00-(576.00\times35.00\%+576.00\times45\%)}{12.50}$$

$$=115.20\div12.50=9.22(元/千克)$$

成本系数　餐饮原料中大多是农副产品,由于原料的销售和生产都有其地区性、季节性、时间性和商业性,原料的价格具有客观的波动性,因此餐饮原料的采购常出现相同原料不同价

格的现象,结果导致净料的成本的不同,给餐饮经营销售带来很多不便。为了避免进货价格的不同,除了稳定餐饮原料进货渠道、签订长期供货合同、竞标采购等方法稳定进货价格以外,可以通过合理计算,即成本系数进行净料成本调整。成本系数是指某种原料经初步加工或切割、烹制试验后所得净料的单位成本与毛料单位成本之比,用公式表示

$$成本系数=\frac{净料单位成本}{毛料单位成本}$$

成本系数的单位不是金额,而是一个计算系数,适用于某种原料的市场价格上涨或下跌时重新计算净料成本,以调整菜肴定价。计算方法

$$净料成本=成本系数×原料的新进货价格$$

采用成本系数来确定净料成本,最重要的是应取得准确的成本系数,由于进货渠道、原料质地、进货价格及加工技术的不同,每一种原料的成本系数必须经过反复测试才能确定。对于已经测定的成本系数也应经常进行抽查复试。餐饮企业进行原料加工测试时,一般都填写"原料加工试验单",作为计算、调整每一种原料成本系数的依据。"原料加工试验单"如图5-9。

供应商名称:　　　　　　　　　　　　　　加工日期:　　　　　编号:

原料名称	毛重	毛料单价	毛料总值	净料				成本系数
				品名	数量	单价	金额	

审核:　　　　　加工人:

图5-9　原料加工试验单(样张)

(2)半成品原料成本核算。半成品是指经过初步熟处理,但尚未完全加工成制成品的净料,根据其加工方法的不同,又可分为无味半成品和调味半成品两种。

无味半成品成本核算　无味半成品又称为水煮半成品,它包括的范围很广,如经过焯水的蔬菜和经过熟处理的肉类等,都属于无味半成品。其计算公式

$$无味半成品成本=\frac{毛料总值-下脚料总值-废料总值}{无味半成品重量}$$

例5-6　用做东坡肉的猪肉4千克,每千克价13元,煮熟损耗率20%,无下脚料、废料,计算熟肉单位成本。

因为,

$$毛料总值＝13.00×4＝52.00(元)$$
$$无味半成品重量＝4×(1－20\%)＝3.20(千克)$$

所以,

$$熟肉每千克的成本＝52.00÷3.20＝16.25(元)$$

调味半成品成本核算 调味半成品是指经过调味后的半成品,如鱼丸、肉丸、腊肉、板鸭等。其成本计算公式

$$调味半成品成本＝\frac{毛料总值－下脚料/废料总值＋调味品成本}{调味半成品重量}$$

例 5-7 干鱼肚 2 千克经油发后成 4 千克,在油发过程中耗油 0.60 千克,已知干鱼肚每千克进价为 80.00 元,食油每千克进价 8.00 元,计算油发后鱼肚的单位成本。根据公式

$$油发鱼肚成本＝\frac{2×80.00＋8.00×0.60}{4}＝41.20(元)$$

(3)熟制品原料成本核算。熟制品也称制成品或卤制品,是经过煮、烤、拌、炸、蒸、卤、熏等方法加工而成,既可以用作冷盘菜肴的制成品,也可以作为菜肴制作的净料。其成本计算与调味半成品类似。

$$熟制品成本＝\frac{毛料总值－下脚料、废料总值＋调味品成本}{熟制品重量}$$

例 5-8 生牛肉 2.50 千克,单价 12.00 元,煮熟损耗 40\%,共用酱油、糖、味精、五香等调味品 2.00 元,求卤牛肉每千克的成本。根据公式

$$卤牛肉的成本＝\frac{2.50×12.00＋2}{2.50×(1－40\%)}＝21.33(元)$$

三、调味品成本核算

中国菜肴历来以味闻名于世,百菜百味,一菜一格是中餐的特点。菜肴的味除源自于原料本身的风味以外,大多依赖调味品和调味汤的调制产生出丰富多彩的味觉感受。显然调味品是餐饮产品组成不可缺少的一部分,如粤菜、海派菜等菜肴制作,大多讲究预先调制各种烹调汤料,既增加菜肴的风味,又可加快菜肴生产速度,因此,优质的调味品和调味汤的成本同样是餐饮产品成本重要组成部分,它的成本核算关系到整个产品成本核算的精确度。由于调味品的使用特点是品种繁多,用量少,在实际使用中由烹制菜肴的厨师在很短的时间内随取随用。因此其成本不可能像主料、配料那样用数量来计算,在实际工作中,菜点的调味品成本的核算只能是对有代表性的产品在进行试验和测算的基础上采用其平均值进行估算。

1. 单件产品调味品成本的核算

单件制作的产品的调味品成本也称个别成本,餐饮企业中大多数单件烹制的热菜的调味品成本均属这一类。在核算此类调味品成本时,首先应将各种不同的调味品的用量估算出来,然后根据其进货价格分别计算其金额,最后逐一相加即可。其计算公式

$$单件产品调味品成本＝单件产品耗用的调味品(1)成本$$
$$＋单件产品耗用的调味品(2)成本$$
$$＋\cdots\cdots＋单件产品耗用调味品(n)的成本$$

2. 批量产品平均调味品成本的核算

批量产品平均调味品成本也称综合成本,餐饮企业中的点心类产品、卤制品等调味品成本

都属于这一类。计算此类调味品成本时,首先应像单件产品调味品成本核算那样计算出整批产品中各种调味品用量及其成本,由于批量产品的调味品使用量较大,因此调味品用量的统计应尽可能全面,以便准确核算调味品成本,同时也更能保证产品的质量;然后用批量产品的总重量来除调味品的总成本,即可计算出每一单位产品的调味品成本,用公式表示

$$批量产品的平均调味品成本 = \frac{批量产品耗用的调味品总成本}{批量产品总重量}$$

例 5-9　某饭店厨房面点加工间制作 2.50 千克豆沙馅,制作豆沙包 100 只,耗用的各种调味品数量及成本分别为:砂糖 1.50 千克,4.40 元/千克;猪油 0.20 千克,12.50 元/千克。求每只豆沙包的调味品成本。根据批量产品调味品成本计算公式

$$豆沙包平均调味品成本 = \frac{1.50 \times 4.40 + 0.20 \times 12.50}{100}$$

$$= 0.09(元/只)$$

四、餐饮产品原料成本核算

餐饮产品原料,就是指产品所耗用的各种主料、辅料和调味料的成本之和。它是餐饮产品价格的基础,产品成本核算不精确,产品售价就难以合理,因此,必须精确地核算产品成本。在餐饮产品的加工制作中,有成批制作和单件制作两种类型,因此,产品成本的核算也有区别。

1. 成批产品制作成本的核算

成批制作的产品成本的计算,首先求出整批产品耗用的主、辅料和调味品的总成本,再按其产品的数量平均计算,即可求出单位产品的成本。这种方法主要适用于主食、点心类以及宴会、团队等用餐菜肴的成本核算。其计算公式

$$单位产品成本 = \frac{本批产品所耗用的原料总成本}{产品数量}$$

例 5-10　某饭店面点房制作扬州三丁包 200 只的用料是:面粉 5.00 千克(3.00 元/千克),猪肉 5.00 千克(16.00 元/千克),熟笋肉 1.20 千克(10.00 元/千克),熟鸡肉 1.20 千克(16.00 元/千克),酱油 1.00 千克(2.50 元/千克),白糖 0.60 千克(5.00 元/千克),豆粉 0.20千克(2.80 元/千克),虾子 0.05 千克(50.00 元/千克),葱、姜等约 1.20 元,碱越 1.00 元,黄酒、盐等计 1.00 元。求每只三丁包的成本。根据批量生产产品成本核算的公式

三丁包的成本 = (5.00 × 3.00 + 5.00 × 16.00 + 1.20 × 10.00 + 1.20 × 16.00 + 1.00 × 2.50 +

0.60 × 5.00 + 0.20 × 2.80 + 0.05 × 50.00 + 1.20 + 1.00 + 1.00) ÷ 200

≈ 0.69(元/只)

2. 单件制作产品成本核算

单件制作产品的成本核算,首先算出产品制作耗用的主、辅料和调味料的成本,然后逐一相加,即可得到单件产品成本。这种核算方法主要适用于单个加工的菜肴类产品的成本计算。

例 5-11　扬州干丝一份,用豆腐干两块半(0.40 元/块),熟鸡丝 0.025 千克(16.00元/千克),虾仁 0.025 千克(50.00 元/千克),熟鸡胗片 0.025 千克(30 元/千克),火腿丝 0.01千克(40.00 元/千克),笋片 0.03 千克(10.00 元/千克),虾子 0.005 千克(50.00 元/千克),大油 0.075 千克(6.00 元/千克),酱油、盐等调味品 0.50 元。求每份扬州干丝的成本。

每份扬州干丝的成本 = 2.5 × 0.40 + 0.025 × 16.00 + 0.025 × 50.00 + 0.025 × 30.00 +

0.01 × 40.00 + 0.03 × 10.00 + 0.005 × 50.00 + 0.075 ×

$$6.00+0.50=5.30(元/每份)$$

五、酒品饮料成本核算

饮料收入是餐饮收入的重要组成部分。酒水成本是决定酒水价格的依据,另外,酒水销售的成本相对菜点成本要低,因此,酒水成本核算的准确与否更会直接影响餐饮企业的经济效益。

1. 瓶装、罐装饮料成本核算

瓶装、罐装饮料成本核算较为简单,用公式表示

$$瓶装、罐装饮料成本=\frac{进价总成本}{瓶(罐)数量}$$

例 5-12　某饭店餐饮购入王朝干红葡萄酒 1 箱(12 瓶/箱),单价为 336.00 元/箱;购入可口可乐 10 箱(24 罐/箱),单价为 44.40 元/箱。求每瓶王朝干红葡萄酒及每罐可口可乐的成本。

根据计算公式,每瓶干红葡萄酒及每罐可口可乐的成本

$$每瓶王朝干红葡萄酒的成本=\frac{进价总成本}{瓶数}$$

$$=\frac{336.00}{12}$$

$$=28.00(元/瓶)$$

$$每罐可口可乐的成本=\frac{进价总成本}{罐数}$$

$$=\frac{44.40 元/箱×10 箱}{24 罐×10 箱}$$

$$=1.9 元/罐$$

2. 调制酒品饮料成本核算

(1)基酒成本核算。一般来说,餐饮企业用各种烈酒作为基酒的调制饮料可分为两大类:

纯烈酒或烈酒加其他饮料　此类调制饮料如威士忌加冰块等。其计算公式

$$每盎司酒的成本=\frac{每瓶酒的进价}{每瓶酒的容量(盎司)—允许流失量(盎司)}$$

混合饮料　混合饮料如各类鸡尾酒,通常需要 1～2 种烈酒及多种辅料,如"两者之间"需用百加地朗姆酒和君度酒等两种基酒;"草裙"需用椰子甜酒和朗姆酒等两种基酒,等等。为了准确地计算基酒的成本,餐饮企业一般多先行计算出该基酒的每一盎司(28.35 克)成本。如某牌号的威士忌单价 185.60,容量为 32.00 盎司,则该种威士忌的每一盎司成本

$$185.60÷32.00=5.80 元/盎司。$$

但在实际工作中,餐饮企业还应考虑酒品的自然溢损量,普通的处理方法是每一瓶烈酒减去 1 盎司。因此,该种威士忌的每一盎司成本

$$185.60÷31.00=5.99(元/盎司)$$

例 5-13　鸡尾酒"两者之间"耗用的基酒数量及其成本为:百加地朗姆酒 1 盎司,单价 145.70 元/瓶(容量为 32.00 盎司/瓶);君度酒 1 盎司,单价 117.80 元/瓶(容量为 32.00 盎司/瓶)。求"两者之间"的基酒成本。

首先计算两种基酒的每盎司成本：

$$百加地朗姆酒的成本＝145.70÷(32.00－1)＝4.70(元/盎司)$$

$$君度酒的成本＝117.80÷(32.00－1)＝3.80(元/盎司)$$

两种基酒成本之和即为"两者之间"的基酒成本。

$$"两者之间"基酒成本＝1×4.70＋1×3.80＝8.50(元)$$

（2）辅料成本核算。辅料成本的核算方法与基酒成本的核算基本相同,也应先行计算辅料的每一盎司成本。如某牌号的瓶装菠萝汁单价16.70元,容量为140.00盎司,在考虑自然溢损量后,该种菠萝汁的每盎司成本为：16.70÷140.00＝0.12(元/盎司)。

例 5-14 鸡尾酒"两者之间"耗用的辅料数量及其成本为：白兰地1盎司,单价210.80元/瓶（容量为32.00盎司/瓶）；柠檬汁1盎司,单价22.30元/瓶（容量为140.00盎司/瓶）。求"两者之间"的辅料成本。

首先计算两种辅料的每一盎司成本。

$$白兰地的成本＝210.80÷31.00$$
$$＝6.80(元/盎司)$$

$$柠檬汁的成本＝22.30÷139.00$$
$$＝0.16(元/盎司)$$

两种辅料成本之和即为"两者之间"的辅料成本

$$"两者之间"的辅料成本＝1×6.80＋1×0.16$$
$$＝6.96(元)$$

（3）配料和装饰物成本核算。配料和装饰物成本的核算相对较为简单,一般仅需对所耗用的配料及装饰物进行估算即可。如餐饮企业购入某牌号的樱桃一罐,单价为14.00元,经抽查得知每罐樱桃约有100颗,则可估算出樱桃的单位成本为0.14元/颗。

例 5-15 鸡尾酒"红粉佳人"耗用的配料和装饰物数量及其成本为：鸡蛋清半只,6.40元/千克（16只/千克）；红樱桃1颗,0.14元/颗。求"红粉佳人"的配料和装饰物成本。

首先计算配料和装饰物的单位成本。

$$鸡蛋的单位成本＝6.40÷16$$
$$＝0.40(元/只)$$

蛋黄作价0.20元/只,则鸡蛋清的单位成本为：

$$鸡蛋清的单位成本＝0.40－0.20$$
$$＝0.20(元/只)$$

$$红樱桃的单位成本＝0.14(元/颗)$$

根据算出的单项成本最终计算得出：

$$"红粉佳人"的配料和装饰物的成本＝0.5×0.20＋1×0.14$$
$$＝0.24(元)$$

实践应用篇

第六章 肉类原料及其副产品的采购

　　肉类原料是食用价值很高的食品,包括牲畜禽类的肌肉、内脏及其制品。畜肉包括猪肉、牛肉和羊肉等;禽肉包括鸡肉、鸭肉和鹅肉等。它们不仅能提供人体所需要的蛋白质、脂肪、无机盐和维生素,而且滋味鲜美,营养丰富,容易消化吸收,饱腹作用强,可烹调成多种多样的菜肴。肉类营养成分的分布因动物种类、年龄、部位以及肥瘦程度有很大差异,因此,肉类原料的选购一般注重肉品的种类和品种、生长年龄、肉品部位和新鲜程度。

第一节　肉类原料的选购

一、肉类原料品种特点

　　肉类原料的选购,除注意原料新鲜度,品种和产地是影响肉类品质的主要因素之一。肉类原料的选购,选购品种和产地,首先注重原料的来源渠道,选购有信誉的生产商或供应商,才能保证原料来源的真实性,确保肉品的质量。各种肉品的品质因原料的品种,肉品的外观特征和品质有一定区别,相同的肉品一般具有共同的特征,但因产地和饲养方式等条件的不同,肉品的色泽和质地有一定的差异。常见肉类品种的特点见表6-1。

表6-1　肉类品种和特点

种类	品种	产　地	特　性	品　质
猪肉	梅花猪	原产于广东北部,其中以乐昌县所产的最为著名	毛色为黑白花型,而白色部分约占全身的 1/3,耳下垂,背腰宽,早熟易肥,生长快	皮薄,肉质鲜嫩
	金华猪	产于浙江金华、义乌和东阳等地	毛色比较固定,头、臀和尾为黑色,身体和四肢为白色,故得名两头乌	脚细皮薄、肉嫩体小,背凹力弱
	荣昌猪	原产四川省的荣昌、隆昌、泸州一带	体如圆筒,面短微凹,腿短,周身披白毛,两眼周围黑色,鬃毛白而长,并有光泽	板油厚,肥育快
	东北民猪	由河北小型猪种和山东中型猪种杂交而成的瘦肉型猪种	毛色全黑而长直,耳大下垂,背腰正直,四肢粗壮结实	肉质良好,但骨骼大,皮厚

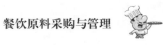

种类	品种	产　地	特　性	品　质
猪肉	新金猪	原产辽宁新金县,目前已分布在东北各地	全身黑色,皮薄毛稀,只有头尾和四肢为白色	成熟早,生长快,肉质良好
	长白猪	原产于丹麦	体躯呈楔形,前轻后重,头小鼻梁长,两耳大多向前伸,胸宽深适度,背腰特长,背线微呈弓形,腹线平直,后躯丰满	胴体瘦肉率65%,背膘较薄
黄牛肉	三河牛	产于内蒙古,90%以上分布在呼伦贝尔盟	毛色为红(黄)白花,花片分明,头白色或额部有白斑,四肢膝关节以下、腹部下方及尾尖呈白色。有角、稍向上向前方弯曲,有少数牛角向上	乳肉兼用型,肉质鲜嫩
	南阳牛	产于河南省南阳市行河和唐河流域的平原地区	有山地牛和平原牛之分,按体型大小可分为高脚牛、矮脚牛和短脚牛三种类型	肌肉较发达,结构紧凑。肥育性能好,肉质细嫩
	鲁西牛	山东省西南部的菏泽和济宁两地区	品种以优质育肥性能好而著名	肌纤维细,肉质良好,脂肪分布均匀,大理石状花纹明显
	蒙古牛	分布在内蒙古和黑、吉、辽等周边的地区	角长,胸扁而深,背腰平直,乳房基部宽大,发达,毛色多为黑色、黄色或红色	出肉率高,肉质好
水牛肉	兴隆水牛	产于海南省	体型较大,胸部宽阔,深广,腹围大,体躯宽长,腰背稍凹	屠宰率52.67%,净肉率47.37%
牦牛肉	九龙牦牛	原产于西藏、青海、川西等地	体形圆而腿短,因全身披毛蓬松下垂而得名	肉质细嫩,纤维细,味道鲜美,品质高于黄牛,屠宰率高
绵羊肉	内蒙古大尾羊	产于内蒙古自治区	体格大,体质结构丰满,背腰平宽,生长发育快,适应性强,产肉多	瘦肉率高,肉质细嫩,高蛋白,低脂肪,多汁味美,无膻味等特性
	小尾寒羊	产于山东等省	体质结实,鼻梁隆起,耳大下垂,公羊有大的螺旋形角,母羊有小角或姜角	生长发育快,产肉性能较好而著称

（续表）

种类	品种	产　地	特　性	品　质
绵羊肉	兰州大尾羊	主要分布于甘肃兰州郊区	该品种体躯呈长方形,具肥大而分为两瓣的长脂尾	生长发育快、易育肥、肉脂率高、肉质鲜嫩等特点
	湖羊	产于浙江省和江苏省	头型狭长,公、母羊均无角,颈、躯干和四肢细长,肩胸不发达,体质纤细	源于北方蒙古羊,品质好
	哈萨克羊	产于新疆	该品种羊鼻梁隆起,耳大下垂,公羊具有粗大的角,母羊多数无角。背腰宽,体躯浅,四肢高、粗壮、脂肪沉积于尾根而形成肥大的椭圆形脂臀	肌肉发达,后躯发育好,产肉性能高
	同羊	产于陕西省	体质结实,体躯侧视呈长方形	肉质鲜美,肥而不腻,肉味不膻,脂尾较大,骨细而轻
山羊肉	太行山羊	原产于太行山东西两侧的河北、山西、河南等省的县市	公、母羊均有角,被毛色杂,以黑色居多,是著名的紫绒山羊品种	质健壮,肉质细嫩,脂肪分布均匀
	长江三角洲白山羊	产于江苏省	公母羊均有角、有髯,头呈三角形,前躯窄,后躯丰满,背腰平直,被毛短而直,光泽好,羊毛洁白,弹性好	肉质肥嫩,膻味小,带皮山羊肉质量更好
	陕南白山羊	产于陕西省	胸部发达,背腰长而平直,四肢粗壮,以白色为主,少数为黑、褐或杂色	净肉率都高,肉质细嫩,膻味小
驴		作为食用肉只有在少数地区,如河北、山西、山东等地	肉色红褐,肌肉组织结实而有弹性,肌肉纤维细嫩,风味好。如果膘情好时,肉质更显细嫩,脂肪颜色淡黄,滋味浓香	驴肉的风味与牛肉相似,是一种高蛋白、低脂肪的食用肉
马		游牧民族及少数地区有食用马肉的习惯	壮年膘情好的马,肉质也好,脂肪柔软,略带黄色,马肉中糖原含量较多	具有特殊香味,但也容易发酸
兔		全国各地	兔肉其肉色粉红,肉质柔软细嫩	具有特殊的清淡味;脂肪外观柔软,而溶点较高

（续表）

种类	品种	产 地	特 性	品 质
狗			狗肉的纤维组织结实而细嫩,含脂肪甚少,几乎多为瘦肉,故较猪肉、羊肉等质地稍老	狗肉除含蛋白质、脂肪、灰分、维生素等外,尚含嘌呤类、肌肽、肌酸、钾钠氯等成分
鸡	九斤黄鸡	原产于山东,繁殖于江苏长江流域	羽毛和肌肤均为黄色,体躯大,成年的公鸡4～5千克,母鸡3～4千克,由此而得名"九斤黄"	肉质肥美鲜嫩
	三黄鸡	产于上海郊区川沙、南汇、奉贤等地	鸡骨粗脚高,体格健壮,羽毛以黄色和麻褐色为主,单冠,喙和脚也为黄褐色,有蹼毛,皮肤黄色	脂肪丰满,肉质鲜美
	北京油鸡	产于北京北郊一带	羽毛呈红褐色,眼红栗色,单冠,冠毛特别发达,像戴了一顶"皇冠"	肉质肥美,柔嫩无筋,烹调后鸡肉色泽油润,故有"油鸡"之称
	惠阳鸡	产于广东惠阳地区和东江一带	单冠,羽毛有深黄和淡黄两种,皮肤、蹼、喙均为黄色,无肉垂或仅有小肉垂;颌下有发达而张开的羽毛,状如胡须,故又称三黄胡须鸡	早熟,肥育性能好,脂肪沉淀能力强,肉嫩脂丰,皮脆骨酥,滋味鲜美
	鹿苑鸡	产于江苏常熟的鹿苑镇	单冠,冠和肉垂较小而薄,羽毛多为草黄色,尾羽略翘,喙、脚、皮肤均为黄色	肉质鲜嫩肥美,是江南一带有名的肉用鸡品种
	文昌鸡	产于海南文昌县	身材娇小,毛色光泽,皮薄肉嫩,骨酥皮脆	具有皮脆薄、骨软细、肉质嫩滑,肥而不腻等特点
	泰和鸡	产于我国江西省泰和县等地	紫冠、缨头、绿耳、胡子、五爪、毛腿、丝毛、乌皮、乌骨、乌肉。此外眼、喙、趾、内脏及脂肪亦是乌黑色,但胸肌和腿肌颜色较浅	泰和鸡有治头痛、胃痛、慢性胃炎、慢性肝炎、风湿性关节炎、哮喘、气管炎、喉炎、脑神经病、心脏病及促进创伤愈合等功效

（续表）

种类	品种	产　地	特　性	品　质
鸭	北京鸭	原产于北京东郊潮白河	羽毛洁白而紧密，体躯长宽，头大眼明，喙长中等，喙、趾、蹼均呈橘红色，嘴以橘黄色为上品，以黑色为次品	经过肥育后的北京鸭，肉质鲜嫩，含有丰富的脂肪
	洋鸭	洋鸭原产于南美洲，引入我国后主要分布在华南沿海各省	体型与家鸭不同，前尖窄，呈长椭圆形；头大，颈短；嘴短而狭，喙内锯齿发达	脂肪含量低，皮下脂肪层甚薄，腹部脂肪块亦很少，胸、腿肌比率高，且肉质细嫩、鲜美
	麻鸭	主要产于长江下游地区	毛色为麻褐色，并带有斑纹，似麻雀的羽毛，故得名麻鸭	产肉率高，肉质细嫩，肥瘦相间，肥而不腻
	白鹜鸭	主要产于福建省	体躯狭长，头小，颈细长，腹部不下垂，行动灵活，全身羽毛洁白紧密，喙黑色、胫蹼黑色或黑红色	具有清热解毒，滋阴降火，祛痰开窍，宁心安神，开胃健脾之功效。肉质鲜美，不油腻，汤味独特
鹅	中国鹅	分布广泛	头较大，前额有一个很大的肉瘤，颈长，胸部丰满，腿长而高，毛色有白色和灰色两种	肉质鲜美，含有人体所需的各种营养物质，但较之鸡、鸭，要稍逊一筹
	广东狮头鹅	产于广东潮汕地区	羽毛灰棕色，颈背红褐色，头高昂并有黑色发达的肉瘤，颌下肉垂发达，呈弓形或三角形，颇似狮头	肉质厚实，是著名的肉用鹅
	清远鹅	产于广东清远地区	羽毛大部分呈乌棕色或灰棕色，又名乌棕鹅或黑棕鹅	肉质细嫩，滋味鲜美，是广东名菜烧鹅的主要原料
	太湖鹅	产于江浙两省的太湖流域	全身羽毛白色，体态高昂，姿态优美；其肉瘤姜黄色，体质强健，眼灰绿色，喙趾蹼均呈橘红色，爪白色，羽毛紧密，颈细长呈弓状	肉质好，产蛋率高，是苏州名产糟鹅的主要原料
火鸡		著名的火鸡产地是浙江省的舟山群岛	胸宽而突出，背长而阔，头上有珊瑚状的皮瘤，能经常变色，安静时为赭色，激动时呈淡蓝色或紫色	火鸡胴体瘦肉多，畜肉率高达80%，胸肌成白色，肉质细嫩，鲜美可口，是一种高蛋白、低脂肪、低胆固醇、富含维生素的高档的家禽肉品

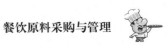

（续表）

种类	品种	产地	特性	品质
鹌鹑		各地大量人工饲养	鹌鹑体型小,一般长20厘米,头小尾秃,额、头侧、颈和喉部均为淡红色,周身羽毛都为白色羽干纹	鹌鹑性味甘、平。有补五脏、益中气、清利湿热的功效,并且肉味鲜美,且易消化吸收
鸽	白羽王鸽	各地大量人工饲养	体型较大,公大母小,全身羽毛纯白,头部较圆,前额突出,嘴细鼻瘤小,胸宽而圆,背大且粗,尾中长微翘,体躯较短,呈圆形状	鸽肉肉质鲜嫩,具有补肝肾、益气血、祛风解毒等功效
鸵鸟		各地大量人工饲养	鸵鸟,四年成年,体重达150～200千克,是世界上体型最大的鸟,非洲鸵鸟以草食为主	肉中胆固醇含量极低,无污染,风味独特,营养极为丰富
蓝孔雀		各地大量人工饲养	孔雀为百鸟之王,羽毛华丽。	蓝孔雀不但营养价值高,肉味鲜美,而且也可作为医药原料;蓝孔雀有滋阴清热、平肝熄风、软坚散结之功
野鸡		遍布全国	雄性,尾羽长而尖,有斑纹,颈上有白环,肩羽黄色,有黑斑腹胸羽赤铜色、腰羽红色华丽;雌性,个体较小,尾羽短,色麻灰色	其肉质肥实,含丰富的蛋白质和矿物质,风味甚佳,而且具有保健作用,具有补益脾胃、补益肾气等功效
野鸭	绿头鸭	分布于江南各省	体型较家鸭略小,雄鸭头颈部的羽毛呈绿色,体上羽毛呈灰褐色近棕褐色	肉质肥嫩,滋味香美,是上等野味原料,而且具有补中益气、消食健胃、利水解毒之功
斑鸠	山斑鸠、棕斑鸠和火鸠	主要分布在华北一带	体色以棕、褐为主有鳞纹和斑点,品质以山斑鸠最好	肉味鲜美,营养富,是能与鹌鹑、野鹌鹑相媲美的山珍
鹧鸪		分布在云、贵、闽、川、赣、两广等地	鹧鸪形似鹌鹑,体长约30厘米,羽黑白相杂,背上和胸部腹部有眼状白斑,头顶棕色,足橙黄	鹧鸪骨细肉嫩、味极鲜美,高蛋白、低脂肪,性味甘温,入脾、胃、心经,具有滋补功效
麻雀		分布最广	麻雀体型较小,行动敏捷,善于跳跃,羽毛呈褐麻色	肉质细嫩清香,富含蛋白质、脂肪、磷、钙等物质,性味甘、温,具有壮阳益精,暖腰膝,缩小便等功效

（续表）

种类	品种	产 地	特 性	品 质
禾花雀		秋季于南方越冬	雄性铁雀头部黑色，背栗褐色，腹部鲜黄而带有绿彩，胸部横贯栗色带状纹，两肋有褐色纵纹	肉嫩、骨脆、味香口可，具保健作用，有壮阳益气之功效

二、肉类选购的成熟度和时间

肉类原料选购的成熟度和时间是指肉类动物体的生长时间或上市时间，以及宰杀后对肉品的加工处理。肉类原料的成熟度不同，原料色泽、质地老嫩、风味都有明显差异，因此用于菜肴生产的肉类，称为"菜用猪"、"菜用牛"等，一般严格规定其养殖的时间。如牛肉一般指生长1～2年的壮年肥育的菜牛；猪肉一般指生长6～8个月阉割的菜猪；羊肉一般指未成年的羊羔；鸡、鸭一般为当年生长的嫩鸡、嫩鸭和隔年生的老鸡、老鸭等。此外，肉类动物体宰杀后，需经冷藏进行排酸处理，达到杀菌和成熟处理。经过冷藏处理的原料称为冷却肉，具有卫生安全、肉质鲜嫩、风味佳容易煮烂等特点。冷却肉与普通肉具体特点见表6-2。

表6-2 冷却肉与普通肉品质量对比

项 目	普通肉品	冷 却 肉
概念	使用传统工艺在常温下屠宰不能改良肉品口品质	置于0.4℃下一段时间的过程，此过程可让活性酵素分解复杂的蛋白质
工艺	屠宰后常温下存储，运输及销售	屠宰后0℃～4℃排酸期72小时以上
检疫	个体屠宰不易控制	定期进行消毒、检疫，在屠宰前后国家兽医官员还需做三次全面彻底的检疫，以确保安全
冷链	无	从屠宰后加工、运输、销售过程温度保持在0℃～4℃
加工环境	差	屠宰分割加工设备及厂房干净、现代化，保持0℃～4℃
质量等级	低	高
来源	来自各地不易控制	由育肥养殖场大规模天然谷物饲养
含水量	高	低
成熟后出品率	低	高
色泽	血红色表面光泽	鲜红色稍暗表面滋润有光泽
味道	有腥味	无腥味
口感	肉质柴，不易烂	肉质嫩滑可口
营养成分	蛋白质不易吸收	蛋白质容易吸收
卫生	常温加工细菌易滋生	经过排酸保持冷链，pH值呈弱酸性，抑制细菌繁殖
品质	如食用最好高温炖、煮，但营养损失大	肉质嫩滑，安全实用，物有所值

第二节　生鲜肉品的选购

一、生鲜肉类品质检验

生鲜肉类的选购，可分别就色泽、气味、弹性、嫩度和部位的特性来加以考虑，具体特性如下。

1. 肉色

肉品的颜色一般是由肌肉和脂肪的色来决定。常因肉类的品种、性别、年龄、肥度、宰前健康状况、宰后放血、冷却、冻结和解冻方法，以及肉品自身的分解、氧化和腐败等生理变化的程度不同而有差异。通常情况下，肌肉的颜色保持相对稳定，肌肉的颜色的变化则是判断肉品质量和新鲜度的重要指标之一。

2. 气味

不同种类的肉品往往表现出不同的气味。肉品的气味主要与脂类有关，有研究表明，不同肉品去脂后主要香气成分是相同的，而将脂类部分加入则产生各自的特殊气味。肉类的气味还与其性别、饲料消化状态有一定关系。

3. 肉品的弹性

肉品的弹性一般与品种、年龄、性别有很大的关系，宰杀后的肉品弹性则与肉品的成熟度有关。一般公牛肉硬实、粗糙，切面呈颗粒状。阉牛肉结实、柔嫩、油润，切面呈细粒状或大理石纹状。母牛肉不很结实，切面呈细粒状。羊肉紧凑，切面呈细颗粒状。猪肉柔软，细腻，四肢肉结实，切面呈细密的颗粒及大理石状。其次，不同用途和生活方式的肉品质地也不同。不同生长年龄和性别，肉品的质地也有显著差别。宰杀后的肉品一般采取低温贮存，以降低肉品中蛋白酶分解作用及环境中微生物的繁殖速度，从而保持肉品的坚实度和弹性，也即保持肉品的新鲜度。

4. 肉品的嫩度

肉品的嫩度就是指肉的品质柔软，多汁，易被嚼细。它与品种、饲养及宰杀后的成熟度、pH值、烧煮方法以及致嫩剂有关。肉品中肌肉纤维含量越高，纤维粗壮，并且含有丰富的结缔组织，而脂肪组织较少，则肉品较老。相反，肌肉纤维细嫩，含结缔组织少，肌间脂肪丰富，则肉品较为鲜嫩。同一部位的肉品处于不同成熟期，其肉品的嫩度是有差别的。此外，肉品的嫩度还与饲料、饲养方法以及加工方法有关。例如，饲料中加入氨硫脲，可使肉品显著嫩化；宰杀前注入番木瓜酶于活畜体内，可增加其味，使肉品变得多汁、鲜嫩。

5. 肉类部位

动物体因功用不同，各部位肉的组成成分有较大的区别，采购时应先认识各部位肉的组织结构和特性，才能采购到理想的生鲜肉品。通常家畜肉类分为上、中、下肉；家禽类则分为胸肉、腿肉、翅膀等。上中下肉即依其组织、脂肪含量及含筋多少而分。不同部位的肉品质量、质地以及用途有一定的区别，采购时可根据餐饮企业的生产要求选购不同部位肉品。

二、生鲜家畜肉类及副产品质量标准

1. 生鲜家畜肉类质量标准

（1）新鲜肉。色泽红润，肌肉有光泽，脂肪洁白。外表微干或微湿润，不黏手。指压后凹陷立即恢复。气味正常，肉汤透明澄清，脂肪团聚于表面，具有香味。

（2）次鲜肉。肌肉色稍暗，脂肪缺乏光泽，外表略湿润，稍黏手。指压后凹陷恢复慢，且不能全恢复。略带氨味或酸味。肉汤稍有混浊，脂肪滴浮于表面，缺少鲜味。

（3）变质肉。肌肉无光泽，脂肪灰绿色，外表湿润，黏手，指压后凹陷不能恢复，有明显痕迹，并有臭味，肉汤混浊，有絮状物，并带臭味。

（4）冷冻肉。肉表面颜色正常，比冷却肉鲜明，切面呈灰粉红色，手指或热刀接触处呈现鲜红色的斑块，肉坚硬如冰，用硬物敲打发出响亮的声音。在冰冻状态下无气味，牛肉的脂肪从白色到黄色，猪肉和羊肉的脂肪为白色；肌腱致密，白色带有浅灰色或黄色，关节液透明微红。长期冷藏的肉其汤稍混浊，无成熟肉的香味。

（5）解冻肉。肉表面呈红色，脂肪为淡红色，切面平滑而湿润，可沾湿手指，从肉中流出红色肉汁。切面没有弹性，指压形成的凹陷不复原，呈面团样硬度。气味正常，但无成熟肉特有的芳香味。脂肪柔软而多水分，有些部分浅红色或鲜红色。肌腱松软，带鲜红色或淡红色。肉汤混浊，有油脂气味。

（6）再冻肉。肉表面呈红色，脂肪呈浅红色，切面为暗红色，手指或热刀接触时色泽无变化。切面没有弹性，指压形成的凹陷不复原，呈面团样硬度。气味正常，但无成熟肉特有的芳香味。脂肪呈砖红色，柔软而多水分。肌腱为鲜红色，关节液也染上红色而稍有不透明。肉汤混浊，有很多灰红色泡沫，没有新鲜肉特有的香味。

2. 家畜肉类副产品质量标准

家畜肉类副产品，俗称"下水"，通常是指畜体除胴体以外所剩下的内脏及头尾等原料。家畜类副产品主要包括心、肾、肝、胃、肠、肺、胰等内脏以及头、尾、蹄、舌头、脑、血液、筋、皮、鞭等其他副产品。肉类副产品的选购关键掌握原料的新鲜度，具体品种特点见表6-3。

表6-3　肉类副产品品质特点

品名	特　点	品质检验
心	畜类的心脏，外有心包膜，内有心房、心室及心瓣膜构成，其肌肉层为平滑肌	新鲜畜心，色泽褐红，组织坚实，富有弹性，用手挤压有鲜红的血液、血块排出；不新鲜的心则无这些现象
肾	畜肾俗称"腰子"，是指畜类的肾脏，由外膜、肾皮质、肾髓质和肾盂构成	新鲜的肾脏，呈浅红色，表层有薄膜，有光泽，柔润，有弹性；不新鲜的肾脏，带有青色，质地松软，并有异味
肝	肝脏是由肝小叶组成，肝小叶主要由肝细胞构成	新鲜的肝，呈褐色或紫色，并有光泽；不新鲜的肝，颜色暗淡，无光泽，肝面萎缩，发软，起皱，带有腐臭味

（续表）

品名	特　点	品 质 检 验
肚	肚即为畜类的胃，猪的胃属于单室胃，呈扁平弯曲的椭圆形囊状，由贲门部、胃底、胃体和幽门部四部分组成；牛、羊的胃属于多室胃，又称为反刍胃，一般由四个室组成，即瘤胃、网胃（蜂巢胃）、瓣胃和皱胃	新鲜的肚，色浅黄，有光泽质地坚实，富有弹性，肚子黏液多；不新鲜的肚，色白中带青，肉质变松，无弹性、光泽，黏液少
肺	畜类的肺主要是猪肺。肺的表面被有浆膜，光滑而湿润，肺柔软而有弹性，呈海绵状	新鲜的肺，完整无破洞，血液鲜红无异味；不新鲜肺，则肺上有破洞，血液暗，有异味
肠	畜类肠主要是指猪肠、牛肠、羊肠等。分为小肠与大肠，由平滑肌构成，包括黏膜层、黏膜下层、肌层和浆膜	新鲜的肠，色发白，黏液多；不新鲜的肠，色青白，黏液少，有腐臭味
猪舌和牛舌	口腔内的一个肌性器官，可分为舌尖、舌体和舌根三部分；肌肉属于横纹肌，由纵、横、斜、垂直不同方向的肌肉束组成	舌的肌肉组织发达，而结缔组织少，肉质细嫩

三、生鲜家禽肉类及副产品质量标准

1. 生鲜家禽肉类质量标准

（1）活禽。活禽品质检验一般采取的是感觉鉴定的方法。禽类品质主要按其健康状况所表现出的外部特征来划分。

鸡　健康鸡的特征是，冠及肉垂色泽鲜艳，冠挺直，眼有神，行动敏捷，嘴紧闭，干燥无涎，两翅紧贴，羽毛光亮，尾部高耸，肛门湿润微红，粪便成形，活泼好动，腿健壮有力，胸肌发达，并以此为标准把鸡划分为三个等级。

一级品：鸡胸肌十分丰满，背部平宽，腹部脂肪厚实，翅下肋骨附近肌肉突起。

二级品：鸡胸肌丰满，脊部及尾部肌肉发达，腹部脂肪较厚。

三级品：鸡胸骨稍可摸出，脊部比较丰满，稍有脂肪。

病鸡的特征是鸡冠发紫，粗糙萎缩，色泽暗淡，羽毛蓬松，翅膀下垂，肛门羽带稀便，胸肌消瘦，精神萎靡，食欲不振。用手拍肌肉会听到波波的声音；身上像有肿块似的，高低不平；周围有针眼的，也说明是明显注水的。

鸭、鹅　健康鸭、鹅的特征是头颈高昂，羽毛紧密有光，尾部上举，眼圆有神，精力充沛，体温正常，皮肤柔软，富有弹性。并以此来划分为三个等级。

一级品：胸部丰满，背部宽阔，翅下肌肉突出，尾部丰满，全身肥度好，肌肉发育良好。

二级品：胸部稍丰满，背部较宽阔，翅下肌肉呈圆块状，全身肥度较好。

三级品：胸骨稍突出，翅下肋骨附近突出，柔软而不坚实，全身肥度尚可。

病鸭、鹅的特征是眼无神光，羽翅松散，精神萎靡，呼吸急促，口角流涎，头颈上下晃动，无力。

（2）生鲜禽肉。家禽肉类的品质除对活禽进行质量检验外，还需对屠宰煺毛的光禽，包括鲜禽和冻禽进行质量检验。禽肉,尤其是有的病禽外表症状并不明显,宰前检查容易忽视,加之有些家禽加工后保管不善,引起新鲜度下降,甚至变质。所以在光禽的进一步加工前,必须再次进行质量检验,以保证菜肴的质量和风味。

在实践中,对新鲜禽肉和冷冻禽肉的检验,一般采用感觉鉴定的方法,即以禽肉的外部特征来衡量禽肉的新鲜度,可分为两个等级。

一级品:眼球饱满,皮肤有光泽,因品种不同而呈淡黄、淡红、灰白或灰黑色等,肌肉切面发光;外表微干或微湿润,不黏手,肉质有弹性,具有鲜禽肉的正常气味,煮沸后的汤透明澄清,脂肪团聚于表面,具有独特香味。

二级品:眼球皱缩凹陷,晶状体浑浊,皮肤色泽转暗,肌肉切面有光泽;外表干燥或黏手,新切面湿润,指压后的凹陷恢复慢,弹性差,肉品无其他异味,唯腹腔内有轻度异味,煮沸后的汤稍有浑浊,脂肪呈小滴浮于表面,香味差或无鲜味。

2. 家禽肉类副产品质量标准

家禽肉类副产品主要包括经过分档选料加工以后包装、冷冻后的原料,如凤爪、翅膀、胗等。家禽肉类副产品的选购一般注意原料生产单位,选购有品牌企业,原料的新鲜度和质量有保证;其次,注意原料的生产时间和包装,生产时间指在保质期中,离生产出厂的时间越近质量越好。包装有冷冻、真空等包装,以速冻和真空冷冻包装的原料质量高。此外,注意原料销售中是否有解冻现象,选购保持冷冻状态的原料质量高,而解冻出血水的原料质量较差。家禽肉类副产品因各种副产品原料的组织结构不同,色泽、品质和用途有明显的区别,因此选购还应注意各种副产品原料的固有品质。具体见表6-4。

表6-4　家禽肉类副产品品质特点

品种	特　点	品　质
凤爪	主要是皮和筋,骨大肉少	皮脆嫩,胶质含量丰富,并含有少量嫩骨
凤翅	分为翅尖、中翅、翅根三部分。鸡翅肉较少而皮多,胶质含量丰富	具有肉嫩味鲜美,质感滑而糯的特点
鸡柳	鸡身上主要的组成部分,肉多筋少	肉质细嫩,是鸡身上质量最好的肉,黏性大,持水性能好,味鲜美
鸡腿	鸡腿肉是鸡身上的主要食用部位	肉质厚实但筋多,肌肉纤维红而粗老
鸡胗	剥去鸡内金,为肌肉质	色褐红,质地脆嫩,细密
鸡肝	为干细胞构成	色褐红,质地细腻
鸡心	为肌肉质	色褐红,质地细腻
鸭掌、鹅掌	骨多,有一层脆嫩的皮质	富含角质

第三节　加工性肉类的选购

加工性肉类包括畜肉制品和禽肉制品。畜肉制品,是由家畜及野味肉类等加工而成的产品,品种繁多,尤其是火腿、香肠、咸肉、腊肉等名牌品种,都具有悠久的产销历史,是我国传统的肉类制品。禽肉制品是用鲜禽(包括家禽和野禽)为原料,经再加工后制成的成品或半成品烹饪原料,按来源不同可分为鸡制品、鸭制品、鹅制品以及其他禽制品。加工性肉类的品质特点因其品种、加工方法及食用方法的不同而有差异。根据其加工方法可分为腌腊制品、脱水制品、灌肠制品、烧制品、炸制品、烤制品等。

一、香肠(腊肠)、香肚

鲜(冻)猪肉切碎或绞碎后加入辅助材料灌进经加工的肠衣或膀胱,再晾晒或烘焙而成的肉制品。优质香肠应颜色正常,肠膜无破裂,形状整齐饱满、坚实,富有弹性,皮馅连接紧密不易脱落,肥瘦混合均匀,瘦肉呈鲜红色或栗红色,肥肉呈白色,咸度适中,无肉腥味,有特殊香肠味。香肠选购时用手捏其瘦弱部位,挑硬度较好的,有香味的。肥肉色黄,瘦肉色黑的不能选购。香肠质量标准见表6-5。

表6-5　香肠(腊肠)、香肚质量标准

项　目	一　级　鲜　度	二　级　鲜　度
外观	肠衣(或肚皮)干燥且紧贴肉馅,无黏液及霉点,坚实或有弹性	肠衣(或肚皮)稍有湿润或发黏,易与肉馅分离,但不易撕裂,表面稍有霉点,但抹后无痕迹,发软而无韧性
组织状态	切面坚实	切面齐,有裂隙,周缘部分有软化现象
色泽	切面肉馅有光泽,肌肉灰红至玫瑰红色,脂肪白色或微带红色	部分肉馅有光泽,肌肉深灰或咖啡色,脂肪发黄
气味	具有香肠固有的风味	脂肪有轻微酸味,有时肉馅带有酸味

二、广式腊肉

系指用鲜猪肉切成条状,经腌制、烘焙或晾晒而成的肉制品,选购腊肉一般以无腐臭味,酸味或油哈味为佳。质量标准见表6-6。

表6-6　广式腊肉质量标准

项　目	一　级　鲜　度	二　级　鲜　度
色　泽	色泽鲜明,肌肉呈鲜红色或暗红色,脂肪透明或呈乳白色	色泽稍淡,肌肉呈暗红色或咖啡色,脂肪呈乳白色,表面可以有霉点,但抹后无痕迹
组织状态	肉身干爽,结实	肉身稍软
气　味	具有广式腊味固有的	风味略减,脂肪有轻度酸败味

三、咸猪肉

系指用鲜(冻)猪肉经腌制加工而成的肉制品。优质咸肉肉质紧密,呈鲜红或暗红色,皮干硬洁净呈苍白色,无霉变和黏液,切面呈红色,肉质均匀,弹性好,脂肪呈白色或带微红,肉质结实,有特有咸肉香气。劣质咸肉肉质疏松呈暗色,发黏,表面有霉迹,切面色泽不均匀,呈褐色或灰色,弹性差,脂肪发黄,有刺鼻酸臭味或哈喇味。咸猪肉质量标准见表6-7。

表6-7 咸猪肉质量标准

项 目	一 级 鲜 度	二 级 鲜 度
外观	外表干燥清洁	外表稍湿润,发黏,有时有霉点
组织状态及色泽	质紧密而结实,切面平整,有光泽,肌肉呈红色或暗红色,脂肪切面白色或微红色	质稍软,切面尚平整,光泽较差,肌肉呈咖啡色或暗红色,脂肪微带黄色
气味	具有咸肉固有的风味	脂肪有轻度酸败味,骨周围组织稍具酸味

四、烧烤肉

猪肉、禽肉类加入酱油、盐、糖、酒等调味料经电或木炭等烘烤而成的熟肉制品。烧烤肉质量标准见表6-8。

表6-8 烧烤肉质量标准

品 种	烧烤猪、鸡、鸭类	叉 烧 类
色 泽	肌肉切面鲜艳有光泽,微红色;脂肪呈浅乳白色(鹅、鸭呈浅黄色)	肌肉切面微赤红色,脂肪白而有光泽
组织状态	肌肉压之无血水,皮脆	肌肉切面紧密,脂肪结实
气味	无异味无异臭	无异味无异臭

五、火腿

鲜猪肉后腿经过干腌、洗、晒、发酵(或不经洗、晒、发酵)加工制成的肉制品。优质火腿外表新鲜清洁、皮肉干燥、皮色棕黄或棕红色、略显光亮,肉质坚实有弹性,形状完整均匀,切面脂肪薄而呈白色,瘦肉层厚呈鲜红色,有浓郁火腿香味。劣质火腿外表潮湿松软,有霉烂或黏液,肉质松弛不实,脂肪呈黄褐色,无光泽,有腐烂哈喇味。火腿一般选用上腰峰,多瘦肉,香味浓。火腿质量标准见表6-9。

表6-9 火腿质量标准

项 目	一 级 鲜 度	二 级 鲜 度
色 泽	肌肉切面呈深玫瑰色或桃红色,脂肪切面呈白色或微红色,有光泽	肌肉切面呈暗红色或深玫瑰红色,脂肪切面呈白色或淡黄色,光泽较差
组织状态	致密而结实,切面平整	较致密而稍软,切面平整
气味和煮熟尝味	具有火腿特有香味或香味平淡,尝味时盐味适度,无其他异味	稍有酱味,豆豉味或酸味。尝味时允许有轻度酸味或涩腥味

六、肴肉

系指精选猪腿肉,加硝腌制,经特殊加工制成的熟肉品。肴肉的质量标准见表6-10。

表6-10 肴肉质量标准

项 目	指 标
组织状态及色泽	皮白,肉呈微红色,肉汁呈透明晶体状,表面湿润,有弹性
气味	无异味,无异臭

七、板鸭(咸鸭)

肥鸭宰杀、去毛、净膛,经盐腌、复卤、晾晒而成的腌制品。板鸭(咸鸭)的质量标准见表6-11。

表6-11 板鸭(咸鸭)质量标准

项 目	一级鲜度	二级鲜度
外 观	体表光洁,黄白色或乳白色,咸鸭有时作灰白色,腹腔内壁干燥有盐霜,肌肉切面呈玫瑰红色	体表呈淡红色或淡黄色,有少量油脂渗出,腹腔潮润稍有霉点,肌肉切面呈暗红色
组织形态	肌肉切面紧密,有光泽	切面稀松,无光泽
气 味	具有板鸭固有的气味	皮下及腹内脂肪有哈喇味,腹腔有腥味或轻度霉味
煮沸后肉汤及肉味	芳香,液面有大片团聚的脂肪,肉嫩味鲜	鲜味较差,有轻度哈喇味

第四节 乳及乳制品的选购

一、牛乳的品质鉴定

牛乳的色泽可自淡青白色至微黄色。色泽的变化与畜体的品种、饲料、脂肪及固形物的含量有密切的关系。牛乳之所以呈乳白色,是由于其中所含的脂肪球、酪酸钙、胶体磷酸钙等对光线有折射和反射作用的结果,其中由于胶体磷酸钙对光线的反射作用而产生乳光,致使乳汁带有淡青色。

牛乳呈黄色是由于含叶红素的缘故,叶红素常存在于植物组织中,乳牛摄食饲料后,有部分叶红素转入脂肪中。因此,乳品黄色的深浅与饲料的种类有关,常喂以青草和胡萝卜的乳牛,色泽较黄;喂以干草和谷物的乳牛,色泽较淡。此外,乳汁中维生素B_2溶于乳汁的水分中,可使乳汁带微黄色。通常乳汁由于酪蛋白和脂肪呈胶体溶液存在,故维生素B_2的色泽不能显示出来。

刚挤出的新鲜牛乳中含有糖类和挥发性脂肪酸,因而略带有甜味,并有甲硫醚构成乳品的特有香味,其中甲硫醚的含量稍变就会产生臭味和麦芽臭味。新鲜牛乳的滋味是由微甜、酸、咸、苦四种滋味混合而成,甜由乳糖所形成,酸由柠檬酸和磷酸所致,咸由氯化钠所形成,苦因钙、镁等离子存在所致。牛乳的异常滋味由生理、化学、酸类、细菌等诸多因素引起的。新鲜牛乳为无沉淀均匀的液体,不含有杂质。在生活中,将奶汁倒入水中,如化不开的说明是鲜奶;用完奶后奶瓶上有稀薄现象,下有沉淀者即为不新鲜的奶。

二、乳制品品质鉴定

乳制品是由新鲜乳经过一定的加工工艺(如分离、浓缩、干燥、调香、强化等)进行加工所得的产品。牛乳制品品种繁多,有消毒奶、炼乳、酸奶、奶粉、稀奶油、奶油、干酪、冰淇淋等。

1. 酸奶

酸奶是将新鲜牛奶利用乳酸菌发酵后的乳品。一般将新鲜的全脂或脱脂奶加5%的糖(或不加糖),经巴氏消毒法杀菌,冷却后,加入适量的乳酸菌,置于恒温箱中进行乳酸发酵,至牛奶形成均匀的凝块时取出冷藏即成。正常的酸奶凝结细腻,无气泡,色白或略带浅黄色,味酸微甜,带醇香气味。

2. 炼乳

炼乳又称浓缩牛奶,是将牛奶浓缩至原体积的40%左右而制成。炼乳根据是否脱脂可分为全脂炼乳、脱脂炼乳和半脱脂炼乳;根据是否加糖可以分为淡炼乳和甜炼乳两种。淡炼乳是将消毒乳浓缩到原来体积的40%～50%后装罐密封,再加热灭菌一次制得的具有保存性的制品。淡炼乳呈均匀有光泽的淡奶油色或乳白色,黏度适中,在20℃时呈均匀的稀奶油状,无脂肪上浮,无凝块,无异味,其营养价值几乎与新鲜乳相同。甜炼乳是将消毒乳加入15%～16%的蔗糖并浓缩到原来体积的40%左右制得的具有保存性的制品。甜炼乳呈匀质的淡黄色,黏度适中,在24℃左右倾倒时可成线状或带状流下,无凝块,无乳糖结晶沉淀,无霉斑,无脂肪上浮,无异味。

3. 奶粉

奶粉是将鲜乳经喷雾干燥、真空干燥或冷冻干燥等方法脱水处理后制成的呈极淡黄色的粉末。奶粉根据加工方法和原料处理等不同有全脂奶粉、脱脂奶粉、加糖奶粉、调制奶粉、酪奶粉、乳清粉、速溶奶粉等。全脂奶粉,以全脂鲜乳为原料直接脱水加工制成;脱脂奶粉以脱脂乳为原料脱水加工制成;加糖奶粉是在鲜乳中添加一部分蔗糖或乳糖经脱水加工制成;调制奶粉则添加一部分维生素、矿物质等制成;酪乳粉是利用制成奶油副产品加工制成,其中含有较多的酪蛋白;乳清粉是利用制作干酪的副产品加工制成,其中含有较多的酪蛋白;速溶奶粉则以特殊工艺制成,有良好的速溶性、分散性,保藏中不易吸湿结块。奶粉以不结块,颜色为白色或略带微黄为优质奶粉。

4. 稀奶粉

稀奶粉是从消毒鲜乳中分离出来的密度较小的脂肪和其他成分的混合物。稀奶油脂肪含量相对较低,为20%～40%,其他成分主要是水分、蛋白质、乳糖等。这种纯度较低的混合物在食品工业中称为"稀奶油",而在餐饮行业中常称为"奶油",而食品工业中的"奶油"指纯度较高的黄油。稀奶油色泽略带淡黄色,呈半淤质状态,在低温下较稠,经加热可熔为液态。以气味芳香纯正、口味稍甜、细腻无杂物、无结块者为佳。

5. 奶油

奶油在烹饪中常称为"黄油"、"白脱油"、"牛油"等,在食品工业中称为"奶油"或"乳酪"。奶油含有较多水分,易受细菌和霉菌污染。奶油中不饱和脂肪酸易氧化酸败,所以对奶油要求冷藏保管。优质奶油,其包装开封后仍保持原形,没有油外溢,表面光滑,透明呈淡黄色,具有特殊的芳香,用刀切时,切面光滑、不出水滴。如果发现形状变形,且油外溢、表面不平、偏斜和周围凹陷,有酸味、臭味等情况则为劣质奶油。奶油必须保存于冷藏设备中,适宜温度为-5℃～5℃范围,所以选购时应注意冷藏温度和贮存时间。

6. 干酪

干酪又称奶酪,常用的译文名有"计司"、"吉司"、"芝司"等。干酪是将牛奶、羊奶或混合奶等鲜乳经杀菌后,在凝乳酶的作用下使乳中的蛋白质凝固形成凝乳,将凝固的酪蛋白分离出来,再经加热、加压成型,在微生物和酶的作用下发酵熟化制得的一种乳制品。干酪的种类很多,全世界有一千多种,因加工方法不同,制成的干酪有硬干酪、软干酪、半软干酪、多孔干酪、大孔干酪等。优质的干酪呈白色或淡黄色,表皮均匀细薄,切面均匀致密,无裂缝和硬脆现象,有小孔,切片整齐不碎,具有特有的醇香味,微酸。

第五节　蛋及蛋制品的选购

一、禽蛋的品质检验

禽蛋的品质检验一般采用感觉鉴定的方法,即利用人的视觉、听觉、触觉等方法检验蛋品的品质。鲜蛋,其外壳无花斑,表面粗糙似粉状,没有光泽,如果表面发亮、变暗、有裂纹等则为次品;轻摸发涩,手感发沉,如果手摸发滑,手感轻飘则为次品;摇动有啪啦声、动荡声,有特异气味的,则为次品。如果将鲜蛋对着光照,横竖都比较透明,而且没有黑点;打开后,蛋白浓厚、透明、黏而有光泽,蛋黄呈球形或扁球形,颜色不一,说明蛋品比较新鲜;蛋白稀薄,蛋黄扁平,说明蛋品的新鲜度较低。

禽蛋的质量变化有一个过程,影响其变化的因素很多,如温度、湿度、外损及贮存时间等。以下是常见的几种质变的蛋品。

1. 靠黄蛋

靠黄蛋一般是由于长时间贮存,而又没有翻动而引起的,如蛋内无变质,仍可食用。鲜蛋在灯光下透视,蛋黄不在蛋中心,而靠近蛋壳内表面,但尚未贴在蛋壳上;气室比新鲜蛋稍大,蛋白稍稀,透光程度稍差;若将蛋打开,蛋黄比新鲜蛋略扁、浓厚,蛋白较少。

2. 红贴皮蛋

红贴皮蛋又称搭壳蛋,是靠黄蛋继续发展下去形成的。由于蛋品贮存时间过长,而导致蛋白稀薄,蛋黄膜韧性变弱,蛋黄系带弹性降低,使蛋黄上浮贴在蛋壳,蛋品的质量有所下降。如发现蛋黄与蛋壳接触处呈黄色,此蛋还可以食用;如发现颜色呈黑色,蛋壳表面有黑斑,有异味则表明蛋已经腐败。

3. 黑贴皮蛋

这种蛋多因长期贮存后,霉菌开始感染而引起的。蛋品在灯光下透视时,透光性较差,可看见蛋壳与蛋黄接近处,有一个不动的明显暗影,空头较大,蛋黄附着处的蛋壳上多有黑色、褐色或绿色的霉菌;打开后均为散黄,蛋白较为稀薄。如果无霉菌和异味仍可以食用;如果有异味,便不可食用。

4. 老黑蛋

凡是由于贮存保管不善,细菌繁殖而引起的腐败的蛋,就叫"老黑蛋"。在灯光下透视,除气室透光外,其他部分完全不透光;蛋白、蛋黄浑浊不清,并由于细菌分解蛋白蛋黄,不仅产生恶臭,而且蛋内气体压力大,容易爆炸。这种蛋不能食用。

5. 裂纹蛋

蛋壳有裂纹,这大多是在生产、运输、贮存以及使用时造成的外损伤。蛋壳有裂纹,外界的微生物很容易侵染,蛋内的水分更容易蒸发,因此蛋品很快会变质,应及时拣出。

6. 散黄蛋

一般是指蛋黄膜破裂,蛋白与蛋黄相混的蛋。蛋黄膜的破裂一般是受到剧烈的振动或贮存时间过长而造成的,这种蛋品一般还可以食用。但如是由于微生物侵染而造成的蛋黄膜破裂,并伴有浓重的臭味,则不能食用。

7. 霉蛋

大多是蛋品因受潮或雨淋所致。霉蛋气室大,壳内有灰褐色或黑色霉斑,打开后蛋壳膜呈黑色,轻者霉菌尚未深入蛋白中,还可以食用,重者霉菌遍及全蛋且有异味,不可食用。

8. 热伤蛋和胚胎发育蛋

指鲜蛋胚胎发育而发生变化的蛋。热伤蛋是指未受精的蛋受到热后,胚胎盘膨胀的蛋,无血管出现,可食用。胚胎发育蛋则是受精的蛋受热或经孵化,胚胎已有不同程度的发育,轻者形成血圈蛋、血丝蛋、血筋蛋,如果没有臭味经处理后仍然可以食用。

二、蛋制品的品质检验

蛋制品是以新鲜禽蛋为原料,经加工后制成的加工性原料。常用的禽蛋制品主要是再制蛋,是指在保持禽蛋原形的情况下,经过一系列加工程序而制成的制品,主要品种有皮蛋、咸蛋、糟蛋、卤蛋和醋蛋。

1. 皮蛋

皮蛋又称松花蛋、彩蛋、变蛋,是将新鲜鸭蛋用烧碱、食盐、石灰、茶叶和香料等腌制加工制成的蛋制品。皮蛋的品种较多,各地又有许多特产,如"北京松花蛋",湖南洞庭地区的"湖彩蛋"、"益阳皮蛋",江苏的"镇江皮蛋"、"高邮京彩蛋"、"宝应皮蛋"、"洪泽湖硬心皮蛋",河北"廊坊胜芳松花京彩蛋",四川"永川松花蛋",河南"修武五里源松花蛋"以及山东的"松花彩蛋"等。由于制作方法的不同,皮蛋的蛋黄状态有溏心和硬心之分,溏心皮蛋主要生产于北方地区,一般采用浸泡法腌制,蛋黄出现黏稠的饴糖状态,辛辣味淡,气味清香,但回味短;硬心皮蛋主要生产于南方地区,一般采用包泥法腌制,蛋黄凝固硬实,辛辣味稍重,滋味醇香,清凉爽口,回味无穷。

皮蛋的质量鉴定,如外面都裹有泥和砻糠,凡砻糠颜色金黄、鲜润,其质量都较好;外壳灰白色,无黑斑,无裂纹的完整蛋品为好。将皮蛋放在手掌里掂一掂,感触颤动大的,质量好,反之就差。还可以将皮蛋摇动,如无响声则好,质量差的皮蛋有声音。皮蛋不易在电冰箱中贮存。只需装进塑料袋密封好后置于阴凉的地方,随吃随取。

2. 咸蛋

咸蛋又称腌蛋、盐蛋、咸卵,常用新鲜鸭蛋经食盐腌制而成的蛋制品。咸蛋的加工一般有包泥法和盐水法两种。包泥法是取黄土、食盐与水按一定比例和匀,将蛋整个包起来,置于缸或坛中一个月即可;盐水法是取盐加一定比例的水煮开后,待盐完全溶化,盐水冷却后,置于缸中,浸泡鲜蛋一个月即可。在江浙一带还有一种"黑桃蛋",是采用盐、黄泥和稻草灰一起腌制,外壳灰黑、形似桃子,选料和加工都很精细,品质特优,是咸蛋中的一种珍品,久负盛名,远销海外。咸蛋的品质鉴定,咸蛋裹泥完整,无霉变,去泥后色泽白或灰白,具有透明感,蛋壳完整无裂纹,手摇有振动感,在灯光下透视蛋黄呈鲜红色,蛋白透明清澈,蛋黄靠在一边,则为优质咸蛋,相反则为劣质的,应禁用。

3. 糟蛋

糟蛋是以鸭或鹅等的禽蛋为原料,用酒糟、食盐、醋等腌渍而成的蛋制品。糟蛋的加工,先将鲜蛋洗净擦干后敲裂蛋壳,并保持内蛋壳膜和蛋白膜完整,然后将其大头向下装入缸中,放入一定比例的酒糟、食盐、醋等调料,一层鲜蛋、一层糟料,最上面再用食盐盖面封缸,四个月左右即可食用。糟蛋各地名产很多,如浙江"平湖糟蛋"、四川"叙府糟蛋"、河南"陕县糟蛋"等,其中以浙江平湖糟蛋最著名,蛋壳柔软,蛋质细嫩,蛋色晶莹,蛋白呈乳白色的胶冻状,蛋黄呈橘红色半凝固状,香味浓郁,滋味醇美,沙甜可口,回味无穷。

第七章 水产类原料及其加工性原料的采购

水产类原料的品种繁多,其中包括两栖类、爬行类、鱼类、虾蟹类、贝类以及其他类原料,是蛋白质、无机盐和维生素的良好来源,味道也非常鲜美,是深受人们欢迎的饮食佳品。各种水产类原料却因品种不同,组织结构、风味、品质以及质量检验等都有较大的区别。因此,在选购水产类原料时,一般视具体原料的品种而定,相同原料还必须注意其品种、产地、产期和品质等特性来选购。

第一节 生鲜水产类原料的选购

一、两栖类原料的选购

两栖类对人类的直接经济价值没有其他动物高,如鸟类、哺乳类等,但有些品种是古老的物种,具有很高的科学研究价值,并且物种和数量极其稀有,严禁捕食。只有少量品种可以供食用,如蛙在许多国家被用做佳肴已有相当长的历史。我国分布于长江以南水稻田区的虎纹蛙,山区溪谷里的棘胸蛙、棘腹蛙,以及从美洲引入的牛蛙等都是常用的烹饪原料。两栖类中还有些品种,如中国林蛙、蟾蜍等具有食疗的功效。两栖类动物的肌肉组织由色白而细嫩的肌纤维构成,结缔组织含量少,脂肪组织含量低,因此,两栖类动物是一种高蛋白、低脂肪,质地细嫩、滋味鲜美的原料。两栖类原料的品种特点见表7-1。

表 7-1 两栖类原料品种特点

品种	产 地	特点及产期	品质特性
青蛙	又称田鸡,其学名为黑斑蛙,青蛙分布较广,遍及我国南北各地	背侧有黑色纵纹,腹部白色,光滑,腿部有多条黑横纹。每年一般以夏秋季节,尤其是中秋前后,肉质丰满,品质最佳	青蛙主要以其腿为食用部位,肉质细嫩,含有丰富的蛋白质,而脂肪的含量很低,故青蛙是一种高蛋白、低脂肪的风味食品,是民间喜欢食用的一种野味品
棘胸蛙	俗称"石鸡"、棘蛙,主要分布于我国浙江、安徽、福建、江西等地的深山溪流石间,尤以江西庐山棘胸蛙最为著名	背呈黑褐色条纹,蛙头较宽大似蟾蜍,腹面白色。雄性背面有成行的长疣(刺疣),胸部位有大团刺疣,较粗糙;雌性体背侧有小团疣,腹面光滑。每年6~7月是石鸡的主要上市时间	石鸡质地细嫩,肉味鲜美,蛋白质含量高,脂肪低

（续表）

品种	产　地	特点及产期	品质特性
牛蛙	又称喧蛙，原产于北美洲，现我国各地已大量引进并人工饲养，产量较大	牛蛙体形硕大，背部皮肤有粗糙感，并有细微的皮棱。背部的颜色为绿褐色，并有暗褐色的斑纹，头部及口周围的颜色为鲜绿色，腹部白色，后肢很肥大，趾间有蹼。一年四季都有上市	牛蛙的个体大，出肉率高，一般以牛蛙的腿质量最好，其肉质含蛋白质高，脂肪少，肌肉丰满，质地较青蛙稍老些，味道鲜美，是一种较名贵的野味佳肴
中国林蛙	俗称哈士蟆，主要分布在黑龙江、辽宁、吉林、内蒙古、四川、甘肃、青海等地，尤以吉林长白山所产的最多，个体最大	背部土灰色，布满黄色及红色斑点，鼓膜外有一黑色三角斑，四肢有清晰的横纹；腹面乳白色，散有红色斑点；趾间有蹼，后肢较长。每年9～11月为主要上市季节	中国林蛙是我国著名的集药用、食用、保健于一身的珍贵蛙种，与猴头、熊掌、飞龙并称"四大山珍"，被誉为深山老林珍品
海狗鱼	学名称为大鲵，又称山椒鱼，主要分布于湖北、山东、四川、湖南、广西等地区，而以湖北资源最为丰富。在湖北武汉龟山脚下，以及神农架、宜昌、恩施等地均产海狗鱼	头宽而扁，躯干粗壮，尾侧扁，尾端钝圆，口大有齿，四肢粗壮，沿体侧有纵肤褶，眼小不具眼睑。栖息于海拔200～1000米，水温10℃～18℃的山谷清澈溪流水中，昼伏夜出	海狗鱼肉白肥嫩，味极为鲜美，皮胶浓重，营养丰富

二、爬行类原料的选购

爬行类原料主要分为四大类：龟鳖目、喙头目、有鳞目（蜥蜴亚目、蛇亚目）、鳄目。而常作为餐饮原料使用的主要有龟鳖目和有鳞目的品种。龟鳖类常见品种有如山龟、海龟、中华鳖等。有鳞目，常见品种有蛇类。野生爬行类动物中，与餐饮有直接联系能提供很多美味可口的野味佳肴，尤其是龟鳖类和蛇类更是营养丰富，味道鲜美，并具有保健功能，对某些疾病有特殊的疗效。爬行类原料品种特点见表7-2。

表7-2　爬行类原料品种特点

品种	产　地	特点及产期	品　质　特　性
鳖	又称元鱼、甲鱼、团鱼、水鱼、王八等，学名中华鳖，分布遍及南北各地，以河北及长江流域产量最大	全身可分为头、颈、躯干、四肢、尾五个部分，头颈可完全缩入壳内，吻延长成管状，鼻孔在吻的前端，四肢扁平，指趾间有蹼，内侧三指趾具爪；骨甲外有革皮，背甲无缘板，肋骨突出于肋板外侧；腹甲各骨板间有空隙，背、腹甲由韧带相连，相连处外衍的柔软部分称为"群边"。每年3～5月出产的称"菜花甲鱼"，每年8～10月出产的甲鱼称"桂花甲鱼"	鳖的颜色因产地不同而有区别，一般江产者脊黄肚白，略带微红，质量较差；河产者脊黑肚白，质优。一般以0.5千克左右重的母鳖为佳。质量好的鳖腹部乳白色，色泽变红或红褐色，表明鲜活程度的下降。鳖肉含有蛋白质、脂肪、动物胶、钙、磷、铁以及维生素A、B_1、B_2、PP等营养成分，其性味甘、平，有滋阴凉血、清热散结、益肝肾健骨等功效

（续表）

品种	产　地	特点及产期	品质特性
山瑞	又称山瑞鳖，主要产于贵州、云南、广东、海南岛、广西等地山区的溪流间、河流、水塘中，东南亚国家如泰国也有出产	外形似鳖，个体大小似大型的龟。颈的基部两侧各有一团大的疣状粒；皮肤粗糙，背甲隆起呈灰黑色、墨绿色或紫黑色，有黑斑；腹部紫黑色，肚白色，四肢粗壮，裙边宽大而厚，尾、四肢也有不同大小的肉质鼓钉状突起。山瑞春季产卵，是上市的主要季节	山瑞肥嫩，质量优于甲鱼，并且含有多种氨基酸，是一种难得的滋补佳品
金龟	又称乌龟。常栖息于川泽、河湖、池沼等水区或阴湿处，分布于长江流域及山东、河北、河南、陕西、甘肃、云南、广东及广西等地	背甲与腹甲在侧面联合成完整的龟壳，背上具有 3 条纵走的棱嵴	金龟肉含有蛋白质、脂肪、碳水化合物、维生素 B_1、B_2、烟酸，具有滋补阴血，补益肝肾的作用
蛇	常有"三蛇"、"五蛇"之称。"三蛇"指眼镜蛇、金环蛇、灰鼠蛇。"五蛇"指"三蛇"加上滑鼠蛇、三索锦蛇、百花锦蛇、银环蛇、乌梢蛇等任何二种，即成五蛇。	种类繁多，是一种经济价值很高的野生动物，现已大量人工养殖，可提供丰富的蛇肉、蛇皮、蛇胆、蛇骨、蛇毒、蛇鞭等原料	蛇肉是一种高蛋白质、低脂肪的肉类，营养丰富，肉质洁白细嫩，滋味鲜美。蛇肉质含有丰富的结缔组织，质地较粗老。蛇肉味甘、咸，性平，有祛风除湿，通经络、定惊、解毒等功效

三、鱼类原料的选购

鱼类原料的品种繁多，就鱼类选购流程首先应从鱼类的生长环境、方式和品种着手筛选，确定鱼类品种后，再选择鱼类的生产时间和新鲜程度，并适当考虑鱼类适合处理方式。

1. 鱼类品种和产期的选择

鱼类原料的选购必须注意原料的品种和产期。不同品种的鱼类品质和价格差距较大，如石斑鱼、苏眉、鲥鱼、金枪鱼等名贵鱼类的品质和价格远高于一般鱼类，如四大家鱼等。相同鱼类则因产地不同，其品质和价格也有一定的差别，如老鼠斑，就分本地老鼠斑、进口老鼠斑和养殖老鼠斑，品质和价格相差较大；又如鲥鱼，海产与长江下游产的鲥鱼品质和价格不可同日而语。同一品种同一产地鱼类，则注重对鱼类产期的选择，大多数鱼类都具有一定的产期，即品质优良时期，如清明刀鱼、端午鲥鱼、六月黄鳝、立秋鲈鱼等。此外，还应该注意鱼类原料的相似品种的区别以及同一种类鱼类的不同品种之间的区别。如青鱼和草鱼极为相似，容易混淆，因此掌握它们的主要区别才能准确选购：体色，青鱼较乌黑，草鱼较褐黄；其次是嘴部不同，青鱼嘴部发尖，草鱼则较圆。又如带鱼我国有四种，即带鱼、小带鱼、沙带鱼和中华拟窄颅带鱼。选购带鱼时应鉴别品种，带鱼又叫牙带、刀鱼、鳞刀鱼，体侧扁，呈带状，尾细长如鞭，口大，下颌突出，牙发达而尖锐，无腹鳍，臀鳍也不明显，背鳍从头后端至尾梢前端占鱼身整个背部，体表光滑，鳞片退化成表面银膜（俗称带鱼鳞），故全身银白；小带鱼的侧线呈直线，在胸鳍上方不弯曲,腹鳍呈小片状,个体小;沙带鱼的臀鳍第一鳍棘相当发达,个体小;中华拟窄颅带鱼的头部背面侧扁,高锐突起。鱼类品种选择具体见表7-3。

表7-3 鱼类原料品种特点

学 名	俗 称	产地及产期	特 征	品质及处理
扁头哈那鲨	哈那鲨、花七鳃鲨、六鳃鲨	我国产于东海和黄海,每年夏秋两季生产	体延长,前部较粗大,唇部细狭,一般体长2～3米,头宽扁,尾狭长,口大,上颌长于下颌,下颌每侧有6个牙,牙扁并呈梳状,鳃孔7个	鲨鱼肉质粗糙有韧性,味较差。加工前应先去皮或去沙(盾鳞),切成块状,放于80℃～90℃热水中烫过,再用清水浸半小时,以脱氨味
鳐鱼	鳃孔腹位的板鳃鱼类的通称	我国沿海均产	体多呈平扁形、圆形、斜方性或菱形;尾延长或呈鞭状;口腹位,鳃孔五个;背鳍二个,胸鳍扩大,臀鳍消失,尾鳍小	鳐鱼的食用应新鲜,加工之前应进行脱氨处理,腥味较大,多放些醋、酒、姜等去腥料
大黄鱼	大黄花鱼、黄瓜鱼、大王鱼、石首鱼、大鲜等	主要产地为浙江的舟山群岛海区及福建沿海。每年的产期为4～6月,9月也有少量生产。4～6月生产的大黄鱼大多为越冬和春季产卵的	大黄鱼肉质细嫩,为典型的蒜瓣型肉	味道鲜美,刺少,品质上等,可干烧、红烧、干煎、糖醋、熘、熏、清蒸及氽汤等,通常以糖醋质嫩味佳,清蒸味鲜
小黄鱼	黄花鱼、小黄花、小鲜等	我国以山东青岛附近产量最高,以河口出产的质量最好。每年3～5月为春汛,产量最高;9～12月称秋汛,产量较少	小黄鱼肉质较大黄鱼细嫩,肉为蒜瓣型,刺少味鲜	其食法同于大黄鱼
鮸鱼	敏子、敏鱼	主要产于广东、福建、浙江、江苏沿海,每年3～4月份质量最好	鮸鱼头尖,颏部有四孔,背鳍两个相连,中央有深缺刻,色为棕色,腹部灰白,背鳍上缘为黑色,鳍条中间有一纵行黑色条纹,胸鳍边缘为黑灰色	鮸鱼约2.5千克以内,为一种上等鱼类。其食法同于大黄鱼

（续表）

学　名	俗　称	产地及产期	特　征	品质及处理
白姑鱼	白米子、白口、白姑子	主要分布于东海、渤海及黄海，产量不高。白姑鱼产期为每年的5～6月和10～11月	体背淡灰色，两侧与腹面为银白色，鳃盖上部有一黑斑，背鳍鳍条有一白色纵带，边缘为黑色	其肉多而厚，肉质白而细嫩，清香而味鲜，品质较好。适合于焦溜、红烧、清炖及煎等加工
鲈鱼	花鲈，鲈板、花寨、鲈子等	以辽宁省的大东沟，河北省的山海关和北塘，山东省的羊角沟等处产量较高，质量较好。其品质以立秋后为最好	体近纺锤形而侧扁，口大而倾斜，下颌长于上颌，背厚鳞小，呈青灰色，体侧及背鳍棘部散布黑色斑点	鲈鱼肉多呈蒜瓣肉，刺少，味鲜美。可用来炖汤、红烧、炸、煎、糖醋或制鱼丸等
锐斗拟石斑	老鼠斑	以广东沿海北部湾产量最大，质量最好，产期为每年4～7月	全身色泽鲜艳，并全身散满黑色圆斑，背鳍、尾鳍、腹鳍、胸鳍及头部也布有黑斑；身圆背厚，头部尖而突出，两眼稍向外突起，形如鼠头，故而得名	老鼠斑食味甜美嫩滑，富含胶质，为石斑鱼中的珍品
赤点石斑鱼	红斑		全身呈砾砂红色，有隐约可见的星点或斑纹，身形饱满	肉质爽滑，鱼皮富含胶质，品质较好
青石斑鱼	青斑		全身布满黑色或棕色小点，体侧有4～5暗褐色横带	其肉质一般，为市场上常见品种
云纹石斑鱼	油斑		侧线完全，体则6条暗棕色斑带，除第1条和第2条横带斜向头部外，其余各带皆自背方伸向腹缘，各带下方分叉，体侧和各鳍均无斑点	其肉质一般，为市场上常见品种
六带石斑鱼	黄斑、黄汀		身底色灰而带黄，身上有6条褐色直纹，鱼头有黄色斑点，背鳍、尾鳍、胸鳍及腹鳍边缘均有鲜明的黄色	品质较一般

（续表）

学　名	俗　称	产地及产期	特　征	品质及处理
指印石斑鱼	花斑、花头梅	以广东沿海北部湾产量最大,质量最好,产期为每年 4～7 月	全身布满深紫色的龟裂纹斑点,背鳍也有同样斑点,但胸鳍、臀鳍则斑点很少,眼瞳呈金黄色泽	品质较一般
鳃棘鲈	星斑,分为东星和西星		东星,产于东沙群岛附近,色泽有红、蓝、棕多种,但星点细。西星产于西沙群岛,身上布满许多粗大的斑点,鱼色泽也有红、蓝、棕几种色泽	东星斑鱼皮薄而嫩滑,肉质较佳。西星斑其皮厚而肉粗韧,肉味较淡,适宜炒食
蓝鳍石斑鱼	瓜子斑		身上布满极为幼细的碎散星点,颜色有全身浅啡色和浅蓝色两种,腹缘流水线形,全体形如瓜子	体态丰满,品质较好
纵带石斑鱼	梭罗斑		身体修长呈线条形,外表布满浅红色的幼星点	品质较好
鲥鱼	曹白鱼、力鱼、白力鱼、鲞鱼、响鱼、快鱼、白鳞鱼、火鳞鱼等	我国南北沿海都有生产。广东沿海产期约在 3～5 月,江浙沿海 4～7 月,江苏东部、山东半岛、辽宁等沿海产期集中在 5～6 月	体形侧扁而薄,鳞薄大而易脱落,腹部棱鳞强,臀鳍基底长,腹鳍且很小,背鳍后缘与臀鳍前缘垂直相交。全身银白色,尾巴呈叉形	肉白细嫩,鳞片含脂肪较多,是品质较高的鱼类
太平洋鲱鱼	青条鱼、青鱼	冷水性鱼类,是世界性经济鱼类	口端位,眼中等大,有脂眼睑。鳞大而薄,易脱落,无侧线。背鳍始端在腹鳍始点的前方,尾鳍深叉型。背鳍蓝黑色,腹侧银白色	肉质鲜嫩味美,适合于烧、焖、炸、蒸等方法处理。鲱鱼的鱼子,俗称"青鱼子",味鲜香美,为名贵原料
鲻鱼	白眼、乌鲻、乌头	主要分布在沿海各大江河口区。每年 10 月至第二年 12 月为重要产期	下颌中间有一突起,上颌中间具一凹陷,眼睑发达,背鳍 2 个,臀鳍条 8 根	鲻鱼肉质细嫩,鲜食,以红烧、清炖为佳;鱼子可制鱼子酱

（续表）

学　名	俗　称	产地及产期	特　征	品质及处理
梭鱼	梭鲻、斋鱼、红眼	南至中国南海北部湾沿岸，以渤海黄海居多。广东南部沿海9～11月，长江以南4～5月，长江以北4～6月	眼睑不发达，眼小红色；背鳍二个，臀鳍鳍条9根，尾鳍浅叉形，背部深灰色，腹部白色，体侧上方有数条暗色纵条纹	梭鱼肉质细嫩，鲜食，以红烧、清炖为佳
鲳鱼	平鱼、镜鱼、白鲳、银鲳等	以河北和秦皇岛出产的品质最佳，其产量为每年5～6月和9～10月，以5～6月为盛产期	其特征是背鳍和臀鳍的前端显著延长，后缘鳍条短，无腹鳍，尾鳍叉形，下叶长于上叶	其含脂肪较多，故肉质细嫩鲜美，并且肉厚刺少，食用品质良好。鲳鱼适合于红烧、干烧、干炸、清蒸等，以清蒸、红烧味最佳
乌鲳鱼	黑鲳	以南海产量为大，东海次之，黄渤海较少。每年4～6月份上市量较高	主要特点是尾柄处扩大呈棱鳞状，形成一侧嵴。背鳍和臀鳍同形，前端稍延长，布鳞片。胸鳍长镰刀状，腹鳍无，尾鳍叉形。体色为乌黑	其食用品质同于银鲳鱼
牙鲆	扁口、左口、地鱼、牙鳎、比目鱼、牙片等	在我国南北各海均有分布，为黄渤海区食用经济鱼类	主要特点是尾柄短而高，左右对称。有眼侧为栉鳞，无眼侧为圆鳞。左右侧线同样发达，在胸鳍上方有一弓状弯曲	为名贵的品种，肉味细嫩、洁白，全身只有一根大刺，肉质鲜美，其营养价值也颇高。适于红烧、烤、清炖、油炸、煎、剔肉等
舌鳎鱼	牛舌、龙力、左口	主要分布在我国南北各沿海，但产量不高。以夏季所产的鱼最为肥美，食之鲜肥而不腻	两眼位于头部左侧。背鳍、臀鳍完全与尾鳍相连，无胸鳍	舌鳎，肉质细嫩，刺少，且肉质细腻味美，适合于加料酒、酱油、葱、姜等清蒸，也可做拖面糊油炸食用，或油炸后浇上卤汁食用
鲽	鲽科鱼类的总称	主要分布于南海、东海、黄海、渤海。每年4～5月和10～12月为主要产期	共同的特点是两眼均位于头的右侧。背鳍始于头部前方，至少在上眼的上方，背鳍无棘。腹鳍的基部均短而对称	处理同于舌鳎鱼

（续表）

学　名	俗　称	产地及产期	特　征	品质及处理
条鳎	花板、花牛舌、花利、花鞋底等	主要分布于我国沿海一带，尤以东海产量最多，每年11～12月为主要产期	眼小，位于右边，被小鳞。有眼侧为淡黄褐色，无眼侧白色或稍呈黄色。背鳍、尾鳍、臀鳍连成一片，胸鳍退化而小	体小肉薄，但品质较好。其食法同半滑舌鳎
鲷鱼	加吉鱼	主要产区为南海、东海和黄海。每年8～9月为最佳食用时间	体呈长椭圆形，侧扁。体被大栉鳞或圆鳞，颊部被鳞。背鳍连续，棘强大，可折收于背沟中；臀鳍3棘，第2棘最强，尾鳍叉形，胸位腹鳍，1棘5鳍条	鲷鱼的食用适合于清蒸、烧、白灼等，常见的菜肴白灼红加吉
红笛鲷	红鱼等	春冬季是红鱼的主要生产季节，为南海主要经济鱼类，产量较高	眼间隔宽而凸起，两颌外侧为1行小圆锥齿，体被栉鳞，侧线完全明显，体红色	红笛鲷不但肉质肥美，而且极富营养。食用适于蒸、烤、烧、炒、煎等，也适宜于炒饭
鳕鱼	大口鱼、大头鱼	以黄海北部为主要产区，每年冬春季节为盛产期，但产量不高	鳕鱼，一般背鳍3个，臀鳍2个，尾截形，口大，颏部有须1条	个体较大，肉白色而为蒜瓣型，肉质细嫩，肉间无刺。适宜于蒸、炒、熘、烧、烩、烤、炸、熏等，是中西餐常用的名贵鱼肉
海鳗	门鳝、即沟、狼牙鳝、勾鱼、牙鱼等	我国东海和南海，每年7月为盛产期，质量最好	海鳗的特点是，体长而近圆筒形，身光滑无鳞，有侧线。背鳍、臀鳍和尾鳍相连，胸鳍宽大，无腹鳍，背部较暗，腹部灰白，眼较大	鲜食海鳗以红烧、清蒸、烤为佳。腌制风干的海鳗加工成鳗鲞，鱼香馥郁，肉质丰富，鲜咸合一，风味独特
金枪鱼		主要分布于太平洋、大西洋和印度洋，全年均有上市	体呈纺锤形，稍侧扁，头小，尾部长而细，肉粉红色。成鱼的二背鳍和臀鳍及其后面的小鳍	肉质柔嫩鲜美，且不受环境污染，是一种不可多得的健康美食，尤其是金枪鱼生鱼片堪称是生鱼片之中的极品

（续表）

学　名	俗　称	产地及产期	特　征	品质及处理
鲐鱼	鲐巴鱼、青花鱼、油筒鱼、鲭鲇、花池和占鲅等	主要产于黄海、东海，以山东、辽宁产量最多。每年5～6月份为旺季，芒种以后最肥	鲐鱼，体粗壮呈纺锤形，尖头尖尾，尾翅呈叉形，背上两鳍之间有较大距离，尾部上下各有5个小鳍	身上无鳞，刺少，肉红色。鲐鱼的食用，通常多以葱、姜清炖，也可红烧，还可放上盐烤着吃，其味可口，肉味良好
鲅鱼	马鲛、马胶、燕鱼等	每年5月间游近黄海，每年的4～5月和7～8月为盛产期	鲅鱼，体纺锤形而稍侧扁，鱼体较长，两个背鳍间很接近，尾部上下各有8～9个小脂鳍	鲅鱼肉多刺少，肉呈蒜瓣型，质嫩脂多，属高蛋白鱼，鱼籽更为鲜美。鲅鱼的食法与鲐鱼相同，清炖、红烧皆宜
带鱼	大刀鱼、白带鱼、裙带鱼、牙带、鳞刀鱼	我国现以山东省的青岛、烟台和河北的山海关出产为最多，每年5～6月和9～10月为捕捞的旺季	体长侧扁呈带状，尾部末端为细鞭状，下颌长于上颌，下颌具犬牙2对，闭口外露，体银白色，粉浆状细鳞	带鱼是一种肉细、刺少，脂肪性鱼。适合于红烧、清蒸、煎、焖及熏等
苏眉	须眉	主要分布于我国南海一带海域。是一种非经济鱼类，产量很少	鳞片为奶白色，鳞片边缘为黑色，形成波纹状，眼旁有2～3条黑色条纹，像须又像眉，故而得名	苏眉被誉为"鱼中极品"，其肉质洁白，味道鲜美，尤其是其头部的胶质含量很丰富，最适合清蒸食用
鬼鲉	老虎鱼	以广东、湛江和香港新界等地产量最多，每年6～7月之间为主要产期	头部面目狰狞，眼后有角凸起，背部有毒棘，尖端如针，胸鳍发达，头扁平，口宽，吻突出，色为浅褐色	老虎鱼体色褐色略带浅黄，肉质嫩滑美味，价格昂贵；适合于清蒸、制汤、煲、软炸、铁板烧等
龙头鱼	狗母鱼	我国产于南海、台湾海峡、东海及黄海南部。春季产卵，每年3～4月为主要产期	口裂长超过头长之半，背鳍11～14鳍条，具脂鳍。胸鳍尖长。体乳灰色，背部淡黄色，各鳍灰黑色	龙头鱼水分多，骨刺松软，味美，可鲜食或干制。盐干品称龙头烤
鲤鱼		以黄河上游、白洋淀所产河鲤最为著名。鲤鱼一年四季均产，但以2～3月产的最为肥美	其外形呈柳叶形，头后部稍隆起，鳞片大而紧，嘴部有须一对，背鳍前方有锯齿状硬棘	河鲤鱼，体色金黄色，胸鳍、尾鳍带有红色，肉嫩味美，品质最好。鲤鱼的食用适合于烧、炸、蒸、炖、炒、煎等

（续表）

学　名	俗　称	产地及产期	特　征	品质及处理
鲫鱼	鲋、鲫瓜、寒鲋、喜头等	广泛分布于我国各地的江河、湖泊、池塘及水库中。一年四季均有生产,以每年的2~4月与8~12月所产的鲫鱼最肥	鲫鱼,体侧扁,宽而高,腹部圆;头小,眼大,口无触须,背部色深呈灰黑色,体侧为银灰色或灰白色,背鳍和臀鳍具有硬刺	肉质鲜嫩,刺多,风味好。适合氽汤和做酥鱼,也可清蒸、红烧、干烧等
青鱼	青浑、黑浑、乌鲩、铜青、乌鲭、螺蛳青等	以湖北、河南最多,每年9~10月生产的最肥	鳞呈圆筒形,嘴部稍尖,头顶圆宽,尾部侧扁,脊部青黑色,腹部灰白,各鳍灰黑色,喉骨上有一排白状的咽喉齿	青鱼肉质白而结实,肉嫩而味鲜,肉中刺少。一般多以清蒸、烧食之,也可加工成鱼片、鱼丝、鱼米、鱼泥等,适合于炒、熘、蒸、炸、氽汤等
草鱼	白鲩、草青、鲩子等	一年四季均产,以湖南、湖北9~10月所产的最佳	体侧黑褐色,腹部白灰,胸鳍和腹鳍皆为橙黄色,背鳍和尾鳍为灰色,鳞大而圆	其肉性温,有暖胃和中、平肝去风,益肠明目的功效。一般可用于炒、烧、熘、蒸等
鲢鱼	白鲢、鲢子等	以湖北、湖南所产的为最多,最好。鲢鱼的质量以冬季生产的最好	鱼体侧扁而高,头大为体长的1/4,鳞细而紧,腹缘自胸鳍至肛门腹棱,鳍为灰白色	鲢鱼肉肥,刺多,食用一般红烧、清蒸、熏制、汤等
鳙鱼	胖头鱼、花鲢、大头鱼等	现已成为养殖的主要品种之一,以每年秋冬季节质量最好	头部大,约占体长的1/3,体侧有黑褐色或黄色花斑,腹部自胸鳍较圆,自腹鳍至肛门有腹棱,鳍为青灰色,鳞细而紧	鳙鱼营养最好的部位是其鱼头,是高档菜肴的原料,适合于烧、清蒸、拆烩、砂锅等一类菜肴
鳜鱼	桂鱼,季花鱼、鳌花鱼、花鲫等	主要分布于我国南北江河湖泊之中,是我国名贵的淡水食用鱼,一年四季均有生产,以2~3月所产的最肥嫩	鳜鱼背部隆起,口大,下颌骨向上翘,全身披细鳞,背鳍鳍棘坚硬粗壮,体两侧有淡青色云纹状块及许多不规则的斑块和斑点,鳍上有棕色斑点	鳜鱼肉质细嫩,刺少而小。味道鲜美,没有腥味,其品质能与蟹肉媲美,难分伯仲。适合于清蒸、醋熘

（续表）

学 名	俗 称	产地及产期	特 征	品质及处理
团头鲂	方鱼,武昌鱼	以湖北产的质量最好,每年的5～8月为它的主要产期	体呈菱形,体长为体高的2～2.5倍,腹部的角质棱以腹鳍至肛门,体背浓黑而带灰色,腹部银白色,鳍蓝中带红	团头鲂,骨少肉多,脂肪丰富,肉质鲜嫩,一般可炖、蒸、油焖、滑熘等
鳊鱼	鳊花,长春鳊	主要产区以湖北省为最多,安徽、黑龙江、江浙次之。现大批量人工养殖这种鱼种,每年春秋季节质量较好	体呈菱形,头小,口小,体两侧银灰色,腹部白色;胸鳍基部至肛门有明显的腹棱,鳞细而密	鳊鱼的食法,可红烧、干烧、炖、蒸,还可油焖和滑熘等,其中以清蒸鳊鱼肉质鲜嫩,风味最佳
鲌鱼	白鱼、白条鱼、大白鱼、翘咀鱼、翘头白鱼等	以太湖产的鲌鱼较为著名。鲌鱼一年四季均有生产,每年2～3月此鱼最肥,8～9月是捕捞的品质也较好	体型侧扁,头小,头后稍有隆起,体背部灰黑色,侧面及腹部白色,鳞片细而色白,嘴向上翘,为上口位	鲌鱼含有大量的蛋白质和脂肪,肉质鲜而肥,刺多而细,以清蒸最鲜美细嫩
银鱼	又名面条鱼、米丈鱼、沙钻、玉筋鱼等	主要分布于长江中下游及附属湖泊,每年秋末冬初是盛产银鱼的季节,尤以隆冬季节质量最佳	银鱼体型细长,头部上下扁平,全身无鳞光滑透明,洁白如银	肉质细嫩,滋味鲜美,可鲜食,也可晒制鱼干
鳝鱼	黄鳝,长鱼	以湖北、江浙一带为主要产区。全年都有出产,以6～7月最肥	其身长而细似蛇,头粗尾细,背呈黑褐色或黄褐色,并有斑点,腹部黄色,眼小无鳞,全身仅一根刺,一根肠子,鳍退化	鳝鱼的食用以鲜食为佳,活杀的鳝肉适宜于炒、油爆、焖、划鳝丝
鲶鱼	鲇鱼、胡子鲶、鲶巴郎	我国分布很广,南北各水域均产,并且一年四季均有生产,以9～10月最肥,质量最好	鲶鱼,头扁平,口宽大,尾部侧扁,体呈圆筒形;背鳍小,臀鳍基底较长并与尾鳍相连,尾鳍小,体无鳞,富有黏液,口角有须	鲶鱼具有刺少,肉肥嫩的特点,用以烹制菜肴颇为鲜美,可炖、蒸、烧、烤、制鱼冻等

（续表）

学　名	俗　称	产地及产期	特　征	品质及处理
乌鳢	黑鱼、乌鱼、火头鱼、斑鱼、文鱼、雷鱼、蛇头鱼	分散，没有一定产区。一年四季都有零星乌鳢上市，其质量以冬春季节为佳	全身鳞细而圆，全身灰黑，体侧有许多不规则的黑色斑纹，头侧有两条黑纵带；胸鳍、尾鳍外缘圆，背鳍、臀鳍基底较长	乌鳢肉多而白嫩，味鲜美，营养丰富，其食用可烧、熘、氽、涮、煮汤等，而以熘鱼片和煮汤最佳
长吻鮠	江团鱼、肥头鱼、鮰鱼	主要产于长江流域，每年3～4月为盛产期	全身无鳞，体被黏液，口宽，下口位，吻锥形，向前显著突出，下颌有须四对，体色一般灰色，腹白色，各鳍黑色	长吻鮠肉多刺少，肉质细嫩，味道鲜美，没有鱼腥味。可红烧、氽汤、涮、清蒸、滑炒等
黄颡鱼	黄腊丁、鱼央丝、嘎鱼、嘎牙子等	全国各主要水系的江河、湖泊、水库、池塘、稻田等均有出产。一般常年均产，4～10月份为旺季	须4对，上颌须长。体无鳞，背鳍硬刺后缘具锯齿。胸鳍硬刺比背鳍硬刺长，前后缘均具锯齿，有短脂鳍；背部黑褐色，体侧黄色	其肉质细嫩，味道鲜美，小刺，多脂。适合于红烧、炖汤
黑斑狗鱼	狗鱼、河狗、鸭鱼	黑龙江及其附属湖泊的特产，冬季为捕捞盛期	体细长，头尖。吻长，扁平如鸭嘴。口裂大，口角后延可达头长的一半。背鳍接近尾鳍，与臀鳍相对	其肉厚刺少，肉质细嫩，新鲜狗鱼可做生鱼片，也可熏制，味道均佳
鳇鱼	秦王鱼、玉版鱼等	生活于江河中下层，分布于黑龙江水系，目前大量人工养殖获得成功	体呈长梭形，头部略呈三角形，吻长而尖，口下位，须2对；鳃孔较大，左右鳃盖膜伸向腹面，彼此愈合。体侧有5纵行骨板。尾歪形，上叶长而尖	鱼肉供鲜食，适宜于多种烹调方法，如红烧、清炖、熏制等
沙塘鳢	塘鳢鱼、沙乌鳢、土婆鱼、菜花鱼	主要分布于长江流域，每年春夏是主要上市季节	体前部呈圆筒形，后部侧扁。头大，稍扁平；口上位，口裂宽大	肉质鲜嫩，鱼刺少，适合于多种烹调方法，红烧、炸、清蒸、制汤等

(续表)

学　名	俗　称	产地及产期	特　征	品质及处理
鲥鱼		主要分布于我国东海和南海,繁殖季节洄游进入江河之中,因此主要产于长江下游。以每年 4～6 月为盛产期,而以端午节前后最多,肉质也最肥美	体侧扁,口大,前口位,头及背部灰黑,并带蓝绿光泽,体被圆鳞,体侧银白,闪闪发光,头尖燕尾,臀鳍较小,肉质厚实	鲥鱼的食用以鲜品为佳,体色暗淡,肉质发红者品质较差。鲥鱼肉白细嫩,刺多而软,鳞片薄而富含脂肪,汤鲜味美,宜于清蒸
刀鲚	刀鱼、河刀鱼	刀鲚生活于海中,每年开春前后则成群游入海口,沿江而上作产卵洄游,此时是刀鲚上市的最佳时期。以镇江、扬州所产的质量最佳	体型狭长,头尖而小;体背淡绿色,体侧、腹部银白色;背鳍始于臀鳍前上方,胸鳍上具 6 游离鳍条,臀鳍鳍条96～115,上颌骨后延达胸鳍基部	早春入江的刀鲚,肉质细嫩,体肥脂多,骨刺软,食之风味最佳。可清蒸、油炸、烧等
大马哈鱼	马哈鱼、马哈鱼、鲑鱼、麻糕鱼	具有洄游习性,进入我国黑龙江、图们江等水系,乌苏里江较多。每年 9～10 月为生产旺季	体延长而侧扁,头后逐渐隆起。吻端突出,微弯,形似鸟喙。背鳍后方有一个很小的脂鳍和臀鳍相对,尾鳍浅叉形	体大肥壮,肉味鲜美,可鲜食,也可腌制、熏制、加工罐头,都有特殊风味
鲑鱼	三文鱼	主要分布于北半球	吻突出,相向弯曲似鸟喙,上颌和下颌不能吻合;鳞细小,侧线明显,胸鳍、腹鳍各一对,背鳍、臀鳍各一个,尾柄上部有一很小的脂鳍与臀鳍相对,尾鳍叉形,体为银灰色	三文鱼是一种高蛋白,低能量、低胆固醇的优质食品,所含脂肪酸能有效防止心血管疾病。适宜于生食、烧、炖、清蒸、熏、腌、炸、煎、烤等
香鱼	溪鲤	鳞小色白,肉质细嫩,在国际市场上被誉为"淡水鱼之王"。主要产于福建省南靖县境内的九龙江水域。为降河洄游型,9月上旬开始	体侧扁中等延长,头小吻尖,前端下弯成吻钩。口裂宽大。下颌前端两侧各有一圆形突起。体被细小圆鳞。体背部苍黑色,由背部向腹部逐渐趋向黄色,腹部银白色。腹鳍上方有一鲜黄色长卵形斑块	香鱼,油炸、清炖、生炒、做汤,都香美可口。油炸,体内香脂渗到体表,整条鱼呈金黄色,闻之扑鼻芬芳,吃时满口生香

（续表）

学　名	俗　称	产地及产期	特　征	品质及处理
河鳗	白鳝、青鳗、鳗鱼等	我国南北各大江河都有分布，每年7～8月产量最高，而于春冬季节最肥嫩，质量最好	体型细长，前部圆筒状，后部稍侧扁，嘴尖而扁，下颌稍长于上颌，背鳍、臀鳍和尾鳍相连，胸鳍小而圆，无腹鳍。体背部灰黑色，腹部白色	鳗鱼的食用以湖泊和溪流中所产为佳，肉嫩骨小。鳗鱼适合于红烧、清蒸、锅烧、烤等
大银鱼	面条鱼、面丈鱼、泥鱼等	在海水淡水中都有，分布自山东至浙江沿海和江河中下游及附属湖泊中。每年春季成群沿岸溯河而上，在江河下游产卵	体细长，头部上下扁平；吻尖，呈三角形，下颌长于上颌；体透明，两侧腹面各有一行黑色色素点	大银鱼的食用方法很多，炒、炸、蒸、熘、氽等皆可

2. 鱼类原料品质检验

在实践中对鱼类的品质鉴定一般采用比较直观的感官鉴定方法，对鲜活、生鲜和冷冻的鱼类进行品质鉴定。鱼类由于其组织结构比较细嫩，含水量丰富，附着较多的微生物，分解酶的适温性低，因此鱼类是一种比较容易变质的原料，因此，烹饪中常用鲜活的鱼类制作菜肴，才能保证菜肴的原汁原味。而少数生鲜和冷冻的鱼类，必须严格鉴定其新鲜度，并加以妥善保管。鱼类原料品质检验见表7-4。

表7-4　鱼类原料品质特征

分类项目	优良品质特征	劣等品质特征
活鲜	活鱼放在水中往往游在水底层，鳃盖起伏均匀在呼吸。稍次一点的活鲜鱼，常用嘴贴近水面，尾部下垂，游在水的上层	漂在水面上的鱼为即将死去的鱼
鲜鱼	鲜鱼，嘴紧闭，口内清洁无污物；鳃色鲜红、洁净、无黏液和异味；眼睛稍凸，眼珠黑白分明，眼面明亮、无白蒙；鱼体表面黏液洁净、透明，略有腥味；鱼的肉质硬实，并富有弹性，鳞片紧贴鱼身	不新鲜的鱼，嘴黏；鳃盖松弛，色由红变暗变灰；黑眼珠发浊，有白蒙，逐渐下塌；鱼身失去光泽，黏液增多，黏度较大，出现黄色，腥臭味浓；鱼体变松软，肉质缺乏弹性
冻鱼	鱼表面，质量好的冻鱼，鱼鳞完整，色泽鲜亮，肌体无残缺；眼球突起，角膜清亮；肛门完整无裂，外形紧缩不凸出	质次者鱼鳞脱落，皮色暗淡，体表不整洁，有残缺；眼球下陷，没有光泽，浑浊，并有污物。体内不新鲜胀气，导致肛门松弛、突出，甚至腐烂有破裂

四、贝类原料的选购

贝类原料作为餐饮原料使用,主要包括腹足类、瓣鳃类和头足类。贝类原料是一种底栖生物,卫生安全是选购的重点。因此,贝类原料的选购应注意原料的品种、产地、产期和新鲜度。

1. 贝类原料品种、产地和产期的选择

贝类原料分布很广,其中以腹足类分布最广、种类繁多。食用种类有海产的鲍、红螺、泥螺、蚶、牡蛎、贻贝、扇贝、江瑶、蛏、文蛤、西施舌、乌贼、章鱼、枪乌贼等;淡水产的有田螺、螺蛳、河蚌、蚬等。随着科学的发展和人民生活水平的提高,天然资源已远远不能满足市场的需求,因而食用贝类如牡蛎、蛤、蛏、蚶、栉孔扇贝、翡翠贻贝、盘大鲍、杂色鲍和文蛤等,现已经人工养殖。贝类原料品种繁多,品种之间的品质和价格差异非常大,有些品种,如淡水产的贝类原料一般适合于一些大众化餐饮使用,品质和价格比较低,但大多是一些风味食品;而一些海产贝类原料,如银蚶、鲍鱼、牡蛎、香螺等大多是一些名贵的海味品,适合于高档菜肴的制作。贝类原料的生产与产地的气候、水质有密切关系,名贵品种大多产于一些特定地区,成为这些地方的名特产品。如鲍鱼,世界上以日本、澳洲产的最为名贵;我国则以辽宁、山东和广东所产质量上乘。此外,贝类原料的品质具有一定的周期性,如春季的贻贝、立夏的田螺、秋季的蛤蜊、冬季的牡蛎等,大多具有特定的食用时期,即产期。因此,贝类原料的选购只要注重对原料的品种、产地和产期的选择,才能获得优质的贝类原料。贝类原料常见品种的特点见表7-5。

表 7-5 贝类原料品种特点

种类	品种	俗称	主要产地	产期	品质特点
螺类	田螺		产于湖泊、河流、沼泽及水田中	每年 4~5 月为盛产期,其中以立夏时节田螺的质量最好	螺壳薄而脆,整体完整,厣紧,为佳。田螺"味甘、性大寒、无毒",有清心明目等功效
	鲍	鲍鱼,耳贝、将军帽、石决明肉、九孔螺等	大连、烟台、广东等沿海都有生产。世界上许多国也有生产,如日本、美国、墨西哥等,而以日本、墨西哥生产的鲍最著名	海中捕捞鲍多在每年 6 月以后,秋季很少生产,6 月以后生产的最好	鲍肉肥细嫩,滋味极鲜美,清凉滋补,自古就是席上珍肴
	细角螺	香螺、响螺	以广东和辽宁沿海生产的香螺最为名贵,以青岛沿海产量最多	每年 5~8 月为盛产期	表面有螺旋形棱状纹路,肉质纯白,质地鲜嫩,为螺中珍品。品质以黄沙螺为上品
瓣鳃类	泥蚶	血蚶、灰蚶、银蚶、金蚶、粒蚶	泥蚶多产于山东的俚岛、石岛、青岛等地	7~9 月为蚶子的盛产期	贝壳极坚硬,卵圆形,两壳相等,相当膨胀。背部两端略呈钝角。壳顶突出,向内卷曲,位置偏于前方,两壳顶间的距离远

（续表）

种类	品种	俗　称	主要产地	产　期	品质特点
瓣鳃类	魁蚶	赤贝	主要分布于山东、辽宁沿海，以大连湾出产的最著名	7～9月为蚶子的盛产期	壳呈楔形，前端尖细，后端宽广而圆，壳长小于壳高的2倍。壳薄，紫黑色，具有光泽，生长纹细密而明显，自顶部起呈环形生长。壳内面灰白色，边缘部为蓝色，有珍珠光泽
	牡蛎	俗称"海蛎子"，简称"蚝"或"蠔"，又称"蛎黄"	我国主要产地为辽宁的大连、山东的烟台羊角沟以及广东的沙井	上市季节一般自12月到翌年的4月，而冬季质量最好	牡蛎的特点是，壳形不规则，下壳较大，附着于它物，上壳较小，掩覆如盖，无足无丝
	贻贝	又称壳菜，俗称"海红"	我国福建、浙江、山东和辽宁等均有出产	每年春季是贻贝最肥的季节，也是加工干制品淡菜的最佳时期	贻贝其外壳膨起呈三角形，表面有轮形条纹，被有黑褐色的壳皮，壳薄，两壳同形。足小，足丝为黑色发状。其肉雄的为白色，雌的为橘黄色
	缢蛏	蛏子，俗称青子	主要产于福建、山东、辽宁、江浙沿海地区，以江苏沿海生产的质量较好	每年3～8月为蛏子上市和加工蛏干的主要时期	缢蛏两壳相等，壳薄，略呈长方形，自壳顶至腹缘近中央处有一斜沟，外被黄绿色角质层，足强大，多数呈圆柱状
	竹蛏		以福建连江县出产的竹蛏最为著名	每年3～8月为竹蛏上市时间	竹蛏壳质薄脆，呈长方形，好像两枚破竹片，故得名。竹蛏个体较大，色泽蜡黄，肉质丰满，品质优良
	蛤蜊	沙蛤、沙蜊	以山东、辽宁、福建、江苏沿海为主要产地，质量较好，产量较高	每年春夏季节为其盛产期	蛤蜊，其双壳略呈圆形，壳顶稍向前方凸出，乳白色而有褐色花斑，内面白色，有许多小铰齿，腹缘也有齿列，壳长约4厘米，腹足发达。蛤蜊肉质洁白细嫩，并有分泌的乳汁
	文蛤	又称黄蛤	主要产区有辽宁省营口、山东省青岛和江苏省沿海	夏秋季节为主要上市时间	壳近圆形，壳质坚厚，表面光滑，其壳呈灰褐色，个体较大，肉质细嫩，肥美，为海贝中珍品

（续表）

种类	品种	俗　称	主要产地	产　期	品质特点
瓣鳃类	西施舌	又称贵妃蚌	主要分布于我国福建、山东、台湾等省沿海	幼蚌到成熟前后得3～4年时间，大的可达400克，小的为250克，最大壳长可达8厘米	西施舌，其壳略呈三角形或肾形，壳顶在中央前方稍有凸出，腹缘圆形，壳表面黄褐色而光亮，顶端为淡紫色，生长线细密而明显
	栉孔扇贝	扇贝	主要分布于我国山东、辽宁、广东、福建等地沿海，其中以山东烟台出产的质量最好	每年4～8月为扇贝的主要产期	栉孔扇贝，其壳扇形，壳顶两侧耳状体大小不同，前耳大，壳表面有十条放射性状主肋，主肋间尚有小肋，肋上生有棘状突起，壳一般为褐色，并有各色彩纹，比较艳丽
	日月扇贝	扇贝			日月扇贝，壳近圆形，壳顶两侧耳状体相异，左壳呈赤褐色，右壳白色有少许赤褐色斑点，左壳上有同心圆之筋纹，十分细密，右壳则无同心圆细筋纹
	江珧蛤	广东称之为带子，又称元贝、甘贝、牛角贝等	我国沿海均有生产，以南海的广东、福建、台湾等地产量较高。世界上以日本北海道和清森生产的江珧蛤质量最佳		江珧蛤，外壳巨大，有的高达30厘米，但壳质甚薄，易破碎。壳外观呈狭长三角形，后腹缘上有鳞片状连缀成由壳尖向下形成放射状肋
头足类	乌贼	俗称墨鱼、乌鱼、墨斗鱼，其干制品称蝘脯、墨斗鱼干	以浙江舟山产量最大，福建、广东次之，长江口以北至黄、渤海则产量很少	广东沿海于每年2～3月，福建为4～5月，浙江为5～6月，山东为6～7月，是生产旺期	头部腕共10条，其中8条长度相近，另2条很长称触腕，末端呈舌状。体为卵圆形，长度约为宽度的1.5倍。两侧有很狭的全缘肉鳍。生活时，体黄褐色，背部有棕紫色细斑与白斑相间的花纹，死亡以后色为乳白色
	枪乌贼	又称鱿鱼	主要产于广东的汕头、广西的北海、海南岛、福建的厦门以及台湾海峡等地。日本、朝鲜、越南也有鱿鱼生产	每年7～8月份为鱿鱼生产的旺季	鱿鱼体型细长，头部像乌贼，有8条腕，其中3条特别长，肉鳍较长，位于躯干部的后半部，左右两鳍在末端相连，彼此合并呈菱形状
	章鱼	又称八带鱼、蛸	我国东海、南海产量较高	每年3～6月为捕捞旺季	章鱼，各腕彼此相似，较体躯为大，无触腕。因其腕有8条并相同成带状，故得名八带鱼

2. 贝类原料新鲜度选择

贝类的质量优劣以是否新鲜为最重要标准。贝类原料是一种水产的底栖生物,含有大量的微生物,一旦生物体死亡后,容易变质。因此,在选择贝类原料时一般要求是贝类是鲜活的,即采购时应注重对贝类原料的鲜活程度。

鲜活贝类原料的选购,首先注意原料的活养状况,贝类均属喜寒冷的生物,有干养和水养两种,但无论采用哪种养法,都需将温度保持在 0℃ 左右。若是干养,只需用碎冰块将贝类包好存放即可;若是水养,则需不停地往水中加入冰块,同时启动制冷设备,并保持盐水浓度在 18~20° 之间。

其次,应注意各种原料的鲜活程度。如蚶,初上水的蚶,从海滩泥土中捕捞的,外壳涂满湿污泥;从沙滩捕捞的,也有湿沙沾壳。新鲜的蚶双壳往往自动开放,用手拨动它则双壳立即闭合。如外壳泥沙已干结,说明捕捞的时间较长。不新鲜的蚶,烫熟后血水不红,味不鲜美,有的还有异味。如在一盆蚶中,发现有少量有异味、臭味的蚶,说明整盆蚶不是新鲜的。大多鲜活贝类活养时,贝壳开启或螺头伸出"吐"泥沙,如发现在淡盐水中双壳闭合,就不是鲜活原料。

此外,还可以从贝类原料的外部特征判断原料的新鲜度。如牡蛎,一般都是来自市场已开壳的鲜蚝。新鲜的蚝色泽青白,光泽明亮,气味正常。不新鲜的蚝呈乳白或乳红色,没有光泽,质浮软,有异味。又如螺类,活螺的螺头会伸出壳外,螺厣随螺头而动。螺厣若在水中不动,且螺尾有白色液汁流出,说明螺已死。鲜活蛏张开壳后不断射水吐沙,拨动它则闭壳。若两壳张开,半露肌体,拨动或用手指捏住,毫无反应,说明蛏已死去。还有些品种,如薄壳(海虫间),其离开水和它所黏附的泥沙杂物之后,容易死亡。因此新鲜薄壳一般都有黏附物,如果将黏附物洗后,隔天薄壳双壳便开启(俗称开口),开口就不新鲜。

五、虾蟹类原料的选购

虾蟹类的肉质细嫩,味道鲜美,而且含有丰富的营养物质,不少品种自古被列为上等的美味佳肴。淡水虾蟹应是鲜活的原料,海产品也有活鲜和生鲜品,因此,鲜活虾蟹类原料的选购,一般从原料的品种、产地和产期着手选择;对具体品种则从原料的新鲜度着手检验原料的质量,尤其是生鲜虾蟹类原料,因为虾蟹类原料更容易变质。

1. 虾类原料选择

我国虾类资源丰富,无论是海水虾还是淡水虾都具有较高的经济价值,也是人们喜爱的食品。我国沿海产量最大的虾类是毛虾,其次是对虾。在黄海、渤海产的白虾和鹰爪虾,南海的新对虾、仿对虾、鹰爪虾、赤虾以及淡水产的沼虾,产量都很大,南海产的龙虾,也是有名的食用虾。此外如糠虾和鳞虾等,在我国沿海也有相当的产量。由于市场的需求量较大,在我国自辽东半岛至北海湾的广阔沿海地区都在进行人工养殖对虾。虾类的选择,须注意下列几点:虾的外形应完整,无碎裂或其他损伤;虾的色泽应具原来新鲜色泽,不得有因虾体失水而呈干燥状;虾头上部若呈赤白或尾部带黑点均为新鲜度差的劣货;虾体不得有硫化氢臭、氨味或其他异臭;虾体本身宜富弹性,若头部松弛则不是上等货;虾体经加热处理后头部若呈青色或其他变色,均为非新鲜者;名贵虾类最好保持虾体完整。此外,虾类选择,应注意原料的品种、产地和产期,具体见表 7-6。

表 7-6　虾类原料品种、产地和产期

名称	俗称	产　地	产　期	品　质　特　点
对虾	又名明虾、闽虾	生活于黄海、渤海区	4～6 月为春汛；9～10 月为秋汛	对虾的质量规格常以其个体大小来划分，一般三对半为 0.5 千克者称为对虾，0.5 千克多于三对者称为虾干、虾钱。我国对虾的种类较多，常见的有黄海、渤海产的东中国对虾，南海和东海产的墨吉对虾、长毛对虾、日本对虾、斑节对虾、短沟对虾、刀额新对虾等，统称为对虾
龙虾		我国主要产区位于南海和东海南部，以广东的南奥岛所产的质量最好，世界上则以澳洲及东南亚各国为主要产地	每年以夏季为盛产期	龙虾体大肉多，一般个体重约 500～1000 克，最大者可达 5 千克。肉质细嫩而洁白，味道鲜美而形态高贵，为中西高级宴筵的常用品种
海螯虾	波士顿龙虾	产于美国东北部大西洋沿岸深海湾水域，以缅因州一带为盛产地，而以波士顿为集散地	夏秋季节	波士顿龙虾身体肥短，头部生长有两只活像蟹钳的大螯钳，肉质结实而鲜美，食用价值高，是西餐中的名贵菜肴，适宜于煮食、炒食或生食
白虾	又称晃虾，迎春虾	海产的白虾分布于我国南北各沿海的近海区，以黄、渤海产量多；淡水产的分布于全国各大江河、湖泊、池塘、水库等水域中，产量也较高	白虾的盛产期在立春前后，每年 3～5 月所产白虾质量最佳	体形自然弯曲，外壳很薄，肉白，籽黄，腹部不发达。淡水白虾体色为黄白色，死后体为白色，并且皮薄而软，肉质鲜美，品质较海产白色好
虾姑	又称螳螂虾，赖尿虾、富贵虾	主要分布于我国南海和东海，以福建、浙江、广东及海南等地为主要产地	虾姑为底栖穴居虾类，分布于浅海和深海泥沙或珊瑚礁中，产量较少，是沿海虾类生产中的非经济性虾类	虾姑一般以活虾或经过冰藏的为上品，选择时以身挺肉实，无异味者为好
沼虾	青虾、河虾	主要产于江河、湖泊、池塘等水域，以河北白洋淀、江苏太湖、山东微山湖出产的最为著名	每年 4～6 月为盛产期，其质最好，尤其是立夏前后肉质最肥嫩	青虾是烹饪上经常使用的名贵原料之一，食用以活鲜为主，死的或皮壳发红者食用价值较低，甚至不能食用

（续表）

名称	俗称	产　地	产　期	品　质　特　点
螯虾	淡水龙虾	广泛分布于江南地区的江河、湖泊和池塘中	每年6月底至10月均有生产，而以7～8月产量最高，质量也较好	螯虾有坚硬而发达的外壳，幼虾颜色青绿色，成虾体色变为黄色，后逐渐又转变为深红色，较鲜艳。螯虾其肉质较粗老，有较浓的腥味和土腥味，其味没有其他虾那么鲜嫩美味
罗氏沼虾	马来西亚大虾，淡水长臂虾	原产于印度太平洋地区，生活在各种类型的淡水或咸淡水水域	1976年自日本引进我国，目前主要在南方10多个省（市、区）推广养殖，以广东发展最快	体肥大，青褐色。每节腹部有附肢1对，尾部附肢变化为尾扇。头胸部粗大，腹部起向后逐渐变细。个体大，生长快，可食部分含蛋白质20.5%

2. 蟹类原料选择

我国蟹的资源十分丰富，种类繁多，约有600种左右。如海产的梭子蟹、青蟹、蟳等都是比较重要的食用蟹。产量最大的是三疣梭子蟹，在黄海、渤海资源最为丰富。东南沿海所产的青蟹，产量最高，质量最好，是一种世界性的食用蟹。而沿海各省所产的河蟹，是我国最有名的淡水蟹，一向是市场上最受消费者欢迎的食品。蟹类原料的选择基本上与其他水产原料选择流程相似，不同品种的蟹，质量、风味以及食用方法等有一定区别；相同蟹类选择必须注意蟹的产地，如大闸蟹，阳澄湖与太湖以及其他湖泊产的大闸蟹质量有明显的差异；其次，注意原料的产期，大多蟹具有食用时间，有些是时令原料。在品种、产地、产期相同条件下，则应注意蟹的新鲜度、个体大小以及雌雄差异等基本属性，一般蟹类原料以活鲜为上品，其次为冰鲜，但必须保持蟹体完整和新鲜；个体大小一般选择个大而沉者为上品，而雌雄之分则根据时间确定，雄者多肉，雌者多黄。在实际使用中，还必须掌握具体原料品种的性质，才能较好把握蟹类原料的质量。品种性质见表7-7。

表7-7　蟹类原料品种、产地、产期

名称	俗称	产　地	产　期	品　质　特　点
三疣梭子蟹	梭子蟹	以河北、山东和浙江等地产量最高，其中以浙江所产的质量最好	每年的3～4月为最好，肉满蟹壳	梭子蟹，鲜活时背壳呈茶绿色，每年4～5月或9月要买雄蟹（又称白蟹），此时的雌蟹正逢产卵期，肌肉瘦，质味较差，至金秋十月菊花盛开时，则要拣雌蟹（又称门蟹），此时的雌蟹受精长膏，肥壮，味道鲜美
青蟹	肉蟹、膏蟹	主要产于我国浙江、福建、广东等地沿海	每年夏末秋初	驰名中外的广东膏蟹，即由幼小雌性青蟹培育而成，个体壮实，蟹黄丰满；雄蟹经过育肥后称肉蟹，出肉率高

（续表）

名称	俗称	产 地	产 期	品 质 特 点
蟳	石蟹	以南方广东、福建、江浙沿海产量较多	每年秋冬季节为主要上市时间	石蟹,雄蟹肉丰满而肥壮,肉质结实而鲜美,雌蟹蟹黄丰满而硬实,鲜香可口
椰子蟹	又称"山寄居"、"八卦蟳"	主要分布于热带和亚热带的珊瑚岛上,马来群岛、印尼、菲律宾及中国台湾地区等地均有生产	每年繁殖季节为主要产期	椰子蟹有既是"山珍"又是"海味"之美名,是一种天然的滋补品,附肢肉结实而赛过龙虾肉,蟹黄却是补益的佳品
中华绒螯蟹	河蟹,江浙一带称大闸蟹	从辽宁到福建沿海各省的淡水水系都有出产	一般是中秋节前后为捕蟹的旺期,每年农历九月至十月是吃蟹的季节,这就是俗称的"九月团十月尖"	九月寒露以后吃雌蟹,油脂满壳;十月立冬时节吃雄蟹,肉多而嫩;河蟹的食用以活鲜为主,死蟹容易腐败变质,并产生毒素,故不能食用;此外河蟹肉内常有寄生虫,故不能生吃,烹调时也应加热至成熟方可食用

第二节 加工性水产品的选购

一、鱼类制品选择

鱼类制品主要有盐腌、干制两大类,并且大多是海产鱼类。鱼类制品的生产其主要目的是为了保存,加工以后的鱼类其食用品质与鲜品有着明显的区别,尤其是盐腌或腌后风干的鱼制品,赋予鱼肉特殊的色、香、味。盐腌鱼品的质量常与食盐的质量和用量以及腌制时间有关。食盐质量的好坏,直接影响鱼制品的质量和风味,一般以含氯化钠在96%左右为理想用盐。其次是食盐的用量,一般为25%～35%。此外腌制的时间也是关键。时间过短,达不到盐腌的目的。时间过久,脱水过度,蛋白质变性程度高,脂肪组织的氧化程度过高,并产生较多的过氧化物,从而使鱼肉组织变得松散干缩,鲜香味全无,口感差并带有浓重的哈喇味,严重的不能食用。干制品常见的有淡干品和咸干品两种。淡干品的质量较好,含水量较低,较容易保管。而咸干品,因含盐分,具有吸湿作用,在贮存中较容易吸收水分,故含水量较高,贮存的时间较短,并且难于保管。干制品原料因采用晒干、风干和烘干等方法干制的,较盐腌品容易产生油烧和干缩现象。

油烧是由于受热、光线和其他因素的影响,部分脂肪渗出体表,在氧气的作用下发生氧化。油烧的鱼体表面有油斑,并有浓重的哈喇味,严重时失去其食用价值。

干缩现象是指鱼体水分失去太多而引起的。干缩后的鱼体不成形,外观难看,营养成分减少,特别是蛋白质变性较严重,肉质松散,食而无味。因此干制品在贮存过程中应注意控制贮存的温度和湿度。温度控制在20℃以下,相对湿度控制在80%以下。对多脂肪原料则注意勤检,防止油烧现象的发生,控制贮存的时间。鱼类制品的选择具体见表7-8。

表 7-8 鱼类品种特点

品种	特 性	产 地	品 质 特 点
燕窝	由雨燕科金丝燕及多种同属燕类衔食海鱼、海藻等食物经唾液初步消化后凝结所筑成的巢	主要分布于东南亚地区,我国燕窝主要产于南海诸岛,产量较少	燕窝根据其形状可分为燕盏、燕角、燕条、燕丝和燕饼等。燕盏是呈半圆凹陷兜形,似油灯盏的完整燕窝;燕角是指粘结在岩石上的两边头尾,其质地硬实,涨发时间较长;燕条、燕丝及燕饼等一般是指毛燕经加工后成条形、丝形、团形或块形的燕窝
鱼翅	由鲨鱼和鳐鱼的鳍或尾端部分经加工而成的海味品	鱼翅在我国的主要产地为广东、福建、浙江、山东及台湾等省	鲨鱼翅又因其背鳍、胸鳍、臀鳍和尾鳍皆可加工成鱼翅,并且质量各不相同,因此鲨鱼翅的品种常以鱼鳍生长部位来划分,有勾翅、脊翅、翼翅、荷包翅之分。鳐鱼翅,是由尖齿锯鳐和犁头鳐的鳍加工干制而成的鱼翅。鱼翅质量以干燥、色泽淡黄或白润、翅长、清净无骨的列为优质品
鱼肚	由大型海鱼的鳔,经漂洗加工晒干制成的海味品	主要产于我国浙江沿海,舟山群岛一带,如温州、岱山、象山等,福建沿海、广东沿海、海南岛以及广西北海等地。我国各地的鱼肚产期有所不同,每年5～10月均有生产	鱼肚的品质特点与品种有着密切的联系。依其加工所用鱼类不同,鱼肚可分为黄唇鱼肚、鲟鳇鱼肚、毛常鱼肚、黄鱼肚、鮸鱼肚、常鱼肚和鳗鱼肚等;从质量上来讲,黄唇鱼肚、鲟鳇鱼肚、毛常鱼肚和鮸鱼肚质量最好;黄鱼肚和鳗鱼肚质量稍次。鱼肚的质量以身干,体厚,片大,整齐,色泽淡黄或金黄透明者为上品
鱼皮	鲨鱼皮加工制成的	我国主要产区是福建省宁德、蒲田和龙溪,广东省的汕头和湛江,山东省的烟台和辽宁省的大连等地区	从加工部位区分,以鲨鱼腹部皮加工而成的鱼皮,片大胶厚,质量好。一般来说鱼皮的质量以皮面大,肉面洁净,色泽透明洁白,外面不脱沙,无破孔,皮色泽光润,呈灰黄、青黑或纯黑,皮厚实,无咸味者为上品。鱼皮的加工每年4～12月均有生产
鱼唇	用鲨鱼吻部周围的皮及所连软骨加工而成的名贵海味品	生产于山东和福建等沿海地区,每年农历三月至十一月均有生产	鱼唇的质量以色泽透明、唇肉少、皮质厚,骨及杂物少、干度适宜、无虫蛀者为上品;唇肉多,骨多,色泽透明度差,体软,干度不够或干燥过度,有虫蛀质变的质量较差

（续表）

品种	特　性	产　地	品质特点
鱼骨	用鲨鱼或鲟鱼之头部软骨组织经加工干制而成	主要产于辽宁、山东、浙江和福建等沿海地区，每年农历三月至五月为加工生产的主要时期	鱼骨，其形状有圆和扁。每块大者重约50～100克，小者重约5～10克；品质好的鱼骨具有色泽金黄、质地明亮或半透明、油性大、干燥柔软、无外骨等特征。色泽发红或发黑，质地不明亮，油性较小的质量较差。鱼骨色泽发红发黑的原因，主要是加工不及时，又经曝晒的结果
鱼子	鱼卵的腌制品和干制品的通称	主要产于黑龙江、四川等地	红鱼子，又称鲑鱼子，是用大马哈鱼的卵加工制成的。呈颗粒状，形似赤豆，衣膜已脱离，外表附黏液层，呈半透明状，色鲜红，故俗称"红鱼子"；黑鱼子，是用鲟鱼和鳇鱼的卵加工而成的，呈颗粒状，形似黑豆，包裹一层衣膜，外附着一层薄薄的黏液层，呈半透明状，黑褐色，故俗称"黑鱼子"；青鱼子，又称鲱鱼子，是用鲱鱼的卵加工而成的，体形较小，颜色泛青，故俗称"青鱼子"
咸鳓鱼	其制品花样很多，有糟醉鳓鱼、酶香鳓鱼、五香鳓鱼、油浸鳓鱼等	主要产于江浙沿海	咸鳓鱼的质量要求体型完整，鳞片完整，体色灰白有光，鱼肉结实，气味清香，食盐量不超过18%，以咸鲜适口为佳
咸鲐鱼	咸鲐鱼常见的品种有血片、鲐鱼片、鲐鱼滚、背开口鲐鱼滚等四种	各地沿海均有生产	咸鲐鱼的品质以原料新鲜，体型完整，刀口光滑平整，肉质坚实，体壮肥，肉质鲜红，表面花纹清晰可辨，无粘杂物，有正常盐香味，咸淡适口，盐量不超过18%为上品
鳗鲞	用海鳗经盐腌后风干而成的产品	主要产于江浙沿海	风鳗品质以个体大，肉质厚，表面干燥没有潮湿感，鱼体硬实，味道清香没有哈喇味，肉质红润为好
大黄鱼鲞	用大黄鱼经盐腌后风干而成的产品	浙江、福建和广东等省著名的鱼制品	大黄鱼鲞的品质以刀割正确，刀口平整，尾弯体圆，鱼肉紧密，肉质颜色淡黄，清洁，干燥，含盐量不超过15%为上品
比目鱼干	大部分是用比目鱼类中的鲽类鱼加工干制而成的	各地沿海均有生产	比目鱼干的品质以体型完整，肉质新鲜，有光泽，肉色白色或淡褐红色，咸淡适中，干湿均匀适中，味道清香没有异味者为上品

二、贝类制品选择

贝类制品是水产制品中的主要组成部分,其中一些干制品原料为名贵的海味品,如干鲍、干贝、蛎干、淡菜、鱿鱼干等。贝类制品大多为晒干而成的淡干品,并且多数食用前需经涨发,味道鲜美,是市场上走俏商品。贝类制品选择见表 7-9。

表 7-9　贝类制品特点

品种	特　性	产　地	品质特点
干鲍鱼	以鲜鲍肉经蒸煮晒干而成的海味品	干鲍鱼是一种世界性食品,澳洲、非洲、墨西哥、菲律宾、印尼、日本、朝鲜及我国均有生产,其中以日本生产的网鲍、禾麻、吉品和非洲干鲍最为著名,网鲍被称为干鲍极品	其品质以质地干燥、呈卵圆形的"元宝锭"状,边缘有一"花带环",中间肉凸出,个体大而厚实,味淡者为优
淡菜	由贻贝的肉经蒸煮后晒干制成的海味品	我国福建、浙江、山东和辽宁等地均有生产	淡菜形体扁圆,中间有条缝,外皮生小毛,色泽黑黄,其品质以纯干、整齐、色鲜、肉肥者为上品,在市场上销售,按大小分为四个等级;紫淡菜,体形最小,如蚕豆般大;中淡菜,其外形如同小枣般大小;大淡菜,其外形如同大枣般大小;特大淡菜,外形最大,干制品每三个约有 50 克
干贝、珧柱	以扇贝科、江珧科、海菊蛤科贝类的闭壳肌干制而成的名贵海味品	我国辽宁、山东、广东、福建和浙江等沿海均有出产	干贝一般以外形粒大饱满,形整丝细,色金黄为上品。珧柱色较白,肉较松散,外皮易开裂,有老筋,肉质较粗,品质不如干贝鲜美
蛎干	由新鲜牡蛎肉煮熟晒干或鲜晒加工而成的海味干制品	我国辽宁、山东、浙江、广东、江苏和福建等地均有生产	蛎干的质量以个大,色泽淡黄鲜明,有光泽,有香味,膏油丰满,坚挺,大小均匀,干燥味鲜者为上品
蛏干	用鲜蛏肉经过熟晒干或鲜晒干的海味干制品	主要产于我国浙江和福建等地区	蛏干的品质一般以体大肥满,颜色淡黄,个体完整,少带咸味,气味清荤,肉质干燥,无砂质、杂物者为上品
竹蛏干	鲜竹蛏肉煮熟晒干或鲜晒干而制成的海味干制品	我国南北各地均产,以福建连江县生产的竹蛏干质量最好	竹蛏干的品质以干燥、肉色蜡黄,个体大,气味清香,完整清洁者为优

（续表）

品种	特　性	产　地	品　质　特　点
螟脯鲞	由乌贼和无针乌贼剖腹加工晒干而成的海味干制品	以浙江舟山生产的质量较好	品质以个体大、肉厚、色泽蜡黄并有光泽，气味清香者为优
乌鱼蛋	由雌墨鱼的缠卵腺腌制加工而成的名贵海味品	主要产于我国山东省青岛地区	品质以饱满坚实，体表光洁、蛋层揭片完整，色泽乳白者为上品
鱿鱼干	用新鲜鰇鱼和枪乌贼晒干而成的海味品	我国主要加工产地为福建、广东和台湾等地。以广东汕头加工的尺鱿和九龙的吊片品质最佳	鱿鱼为淡干品，以体坚实，肉肥厚，呈鲜艳的浅粉色或粉黄色，气味清香，外形长，体表略现白霜者为上品。鱿鱼以鰇鱼加工制成的，体型呈长条形，个体大，品质好；以枪乌贼加工制成的鱿鱼，体型较短宽，品质稍差

三、虾蟹类制品选择

虾蟹类制品主要包括腌制品和盐干制品两大类。虾蟹类制品的加工目的，除具有方便贮存、运输及补充淡季外，更重要的是经加工以后具有的特殊风味，是鲜品所不及的，并且其品质特点及食用方法都有明显的区别。虾蟹类制品主要有虾米、虾皮、虾子、蟹黄、蟹子及腌蟹和醉蟹等。虾蟹类制品特点见表7-10。

表 7-10　虾蟹类制品特点

品种	特　性	产　地	品　质　特　点
虾米	虾米是用海产的白虾、红虾、对虾及淡水产的青虾等腌制晒干而成	在我国沿海地区均有生产	虾米的品种主要有海米、钳子米、大虾干、河米和湖米；其品质以身干，口淡，个粒大而整齐，色泽牙黄明亮，不含杂质及其他鱼杂为佳品
虾皮	小型海虾（中国毛虾）的干制品	虾皮的产地较多，我国辽宁、河北、山东、广东、浙江和福建等地均有生产	虾皮的品质以味淡、片大、味鲜，色泽金黄为优，一般以春季产的虾皮质量最好
虾子	将虾身腹部所附的虾子用水刷下，除杂物、炒熟、晒干而制成的海味干品	在我国沿海地区均有生产	虾子形如小米粒，圆形，色泽红黄，有光泽，油性大，味道鲜美。虾子以色红，有光泽、颗粒松散不粘，无杂质、新鲜为上品

（续表）

品　种	特　　性	产　　地	品 质 特 点
蟹黄	将鲜蟹经盐水煮熟、风干、去壳，取出其黄并晒至干透后的干制品	在我国沿海地区均有生产	其品种由河蟹黄和海蟹黄两种，而以河蟹黄，色红，质硬，味鲜香，质量好，海蟹黄品质稍差些。蟹黄的品质以块大，质硬实，油性足，色泽鲜艳，为橘红或深黄色，味鲜，无杂物者为上品
蟹子	用海蟹之成熟卵，经清洗、沥水晾晒过细筛而成的干制品	在我国沿海地区均有生产	蟹子的品质以色深红，形为圆粒状，身干质轻，不结团，有光泽，味清淡者为上品

第八章　果蔬类与粮食类原料的采购

餐饮业采购的果蔬类原料是常用的大宗性原料。近年来,随着消费者健康意识的提高,以及饮食习惯改变,果蔬、粮食类的消耗量有逐年增加的趋势。我国是农业大国,从南到北四季分明,适合各种果蔬类植物的生长,品种繁多。随着我国对外贸易的不断发展以及农业技术的改进,新品种和引进品种不断进入餐饮业,成为消费者普遍欢迎的食品。

第一节　蔬菜类原料的选购

蔬菜的品质主要从其感官指标上来判断。根据国家标准,蔬菜的质量取决于色泽、质地、含水量以及病虫害等情况。正常的蔬菜都有其固有的颜色。优质的蔬菜色泽鲜艳、有光泽,如叶茎类蔬菜,通常都是翠绿色的,萝卜有红、黄、青、白等色,番茄为红色,茄子为紫黑色或青白色等;次质的蔬菜虽有一定的光泽,但较优质的暗淡;劣质的蔬菜则色泽较暗,无光泽。质地是检验蔬菜品质的重要指标。优质的蔬菜质地鲜嫩、挺拔,发育充分,无黄叶,无刀伤;次质的蔬菜则梗硬,叶子较老且枯萎;劣质的蔬菜黄叶多,梗粗老,有刀伤,萎缩严重。蔬菜是一种含水量较多的原料。优质的蔬菜保持有正常的水分,表面有润泽的光亮,刀口断面会有汁液流出;劣质的蔬菜则外形干瘪,失去光泽。病虫害是指昆虫和微生物侵染蔬菜的情况。优质的蔬菜无霉烂及虫害的情况,植株饱满完整;次质的蔬菜有少量霉斑或病虫害,经挑拣后仍可食用;劣质的蔬菜严重霉烂,有很重的霉味或虫蛀、空心现象,基本失去食用价值。此外,蔬菜的品质还与存放时间有很大关系。存放时间越长,蔬菜质量就下降得越多。

一、新鲜蔬菜原料的选购

新鲜蔬菜的选购,一般需要注意以下几个方面:蔬菜品种。我国生产的蔬菜种类繁多,普遍食用的就有几十多种。随着饮食结构的不断调整,人们对菜肴的要求也愈来愈高,市场供应的蔬菜品种也越来越丰富。餐饮业蔬菜品种的发展趋势以无公害、绿色、有机蔬菜为主要特点,并选择大量的野生蔬菜和保健蔬菜;蔬菜上市时间。餐饮业普遍喜欢使用时令蔬菜,这些蔬菜的选择具有一定的季节性;此外,则注意蔬菜本身的品质,注重蔬菜的新鲜度和加工精度,以提高蔬菜的食用品质和出菜率。现从蔬菜分类角度分别说明各种蔬菜的选购特点。按照各种蔬菜的供食部位的不同,大致可分为叶菜类、茎菜类、根菜类、果菜类、花菜类和食用孢子植物类等六大类。

1. 叶菜类

叶菜类,是以植物肥嫩的叶片和叶柄为食用部位的蔬菜。这类蔬菜的品种多、用途广,其中既有生长期短的快熟菜,又有高产耐贮存的品种,还有一些品种具有调味作用,因此,叶菜类是日常膳食中不可缺少的品种,又因质地鲜嫩,色泽多样,营养丰富而受到广泛地欢迎。叶菜类蔬菜的形态多种多样,但其供食部位均为植物的叶和叶柄部分。叶菜类蔬菜按照其结构特点可分为普通叶菜类、结球叶菜类和香辛叶菜类三种类型。普通叶菜类以植物幼嫩的叶片、叶柄或嫩茎为供食部位的蔬菜,具有生长期较短,成熟快,质地鲜嫩,品种多,风味各异等特点;结球叶菜类则以结成球状的宽大叶片和肥厚的叶柄为供食部位的叶菜类,是冬春季节重要的蔬菜,有些品种具有良好的贮存性能;香辛叶菜类多为绿色蔬菜,在其叶片和叶柄中含有挥发性的化学成分,因而具有增香去腥膻的调味作用。品种包括白菜、菠菜、油菜、卷心菜、苋菜、韭菜、蒿菜、生菜、蕹菜、花菜等,主要提供胡萝卜素、维生素 C 和维生素 B_2。具体品种选择见表 8-1。

表 8-1　叶菜类原料品种特点

品种	俗　称	产地与产期	特　征	选购注意事项
大白菜	山东胶菜、黄牙菜、京白菜、绍菜、包心白等	大白菜中的早熟品种一般从 9 月份陆续上市,晚熟品种则于 11 月份大量上市。华北是大白菜的主要产区	个体较大,叶片多而呈倒卵圆形,边缘波状有齿,叶面皱缩,中肋扁平,叶片互相抱合,内叶呈黄白色或乳白色	叶片完整无腐烂叶,结球大而结实
小白菜	又叫青菜、油菜、白菜、春菜、飘儿菜	在我国南北各地均有栽植,尤以南方各省生产最多;生长快,产量高,可全年上市	不结球,叶开张,植株较矮小,叶片较肥厚光滑,叶柄明显,没有叶翼,叶片呈绿色或深绿色,叶柄为白色或淡绿至绿白色	以植株短矮,叶片较肥厚光滑,色鲜绿无黄叶烂叶者为优质小白菜
甘蓝	又名卷心菜、洋白菜、包心菜、圆白菜、椰菜	各地均有栽植,以西南、华南诸省种植面积为最大。圆头形为中熟品种,于 6 月以后上市;平头形为晚熟品种,分为 7 月和 10 月上市;尖头形为早熟品种,于 5~6 月上市	甘蓝,叶球大,叶厚,肉质短圆形,粉绿色,后期生长的叶为无柄叶,并相互抱合成叶球,内叶由于晒不到太阳呈黄白色	平头形和圆头形质量好,这两种菜的内茎即"中心柱"矮短,菜较大,菜球结得比较紧密,心叶肥嫩,出菜率高,而且菜质细嫩,质优味美。尖头形的菜中心柱高,结球疏松,出菜率低,心叶也老,口味也差
芥蓝	又为格蓝菜、白花芥蓝	华南地区秋、冬季节的主要蔬菜之一	芥蓝,茎直立,绿色,较短缩。单叶互生,卵形、椭圆形或近圆形,叶面光滑或皱缩,绿色,被有蜡粉,叶柄青绿色	芥蓝茎叶质地脆嫩,尤其是茎肉质化。选择时应挑选分支少,肉质茎粗,色泽深绿清脆者

（续表）

品种	俗　称	产地与产期	特　征	选购注意事项
蕹菜	又称通心菜、空心菜、竹节菜、藤菜	蕹菜在华南、华东地区4～11月上市,是夏季主要的绿叶蔬菜之一	蕹菜为一年生蔓性作物,蔓圆形,空心,故得名。采嫩梢供食	蕹菜一般以小叶种质量较好,质地较嫩、色鲜艳。其他品种则选择嫩梢粗短鲜嫩无根须者为好
茼蒿	又称蓬蒿、春菊、蒿子秆等	广泛分布于南北各地,春、夏、秋三季均可露地栽培上市	茼蒿,长圆形,具有深裂或波状的绿叶,叶厚多肉,分枝力强。江南一带均以叶部供食,北方则习惯以嫩茎供食	茼蒿选择大叶种,叶片大而肥厚,缺刻少而浅,嫩枝短而粗,不抽薹开花,质地柔软,纤维少,香味较浓,品质好
芫荽	又名香菜、胡荽、香荽	我国南北各地均有栽植。各地从4月到9月均有栽培	芫荽为1～2年生蔬菜,茎直立中空,有分枝,叶为羽状复叶,互生,叶柄绿色或淡紫红色,叶具有特殊香气,主要以柔嫩的茎叶供食	选择质地鲜嫩、色泽深绿,植株粗短不抽薹,香味浓郁者
苋菜	别名苋,又名葵菜、冬苋菜、红苋菜、绿苋、彩苋	苋菜适应性广,容易种植,供应期长,是春夏季蔬菜	苋菜按叶片形状可分为圆叶种和尖叶种	苋菜品质以质嫩软滑,叶圆片薄,色泽深绿者为佳
韭菜	又称起阳韭菜	分布广泛,尤以东北所产的品质较好	韭菜,叶簇生,扁平,狭线形,绿色,叶鞘合抱成假茎,花茎细长,茎绿色,花白色。韭菜的品种,依其叶的宽窄可分为宽叶和窄叶两种	脆嫩新鲜,叶片完整而不枯萎脱水
菠菜	又名菠棱、赤根菜、波斯菜等	在我国许多地方都有播种,是一种四季都有应市的绿叶蔬菜	菠菜按叶形的不同可分为尖叶菠菜和圆叶菠菜	选择完整叶片肥厚、色深绿、饱满无虫害,不抽薹为优质
莼菜	又名水葵、马蹄草、湖菜等	莼菜广生于我国黄河以南沼泽池塘,尤以江苏的太湖、苏北的高宝湖,以及浙江的湘湖、西湖等地生产最多。每年4～5月,是采摘莼菜的最佳时节,以其新芽嫩梢为最佳品。8～9月的莼菜质地较老,质量差,产量也低	莼菜叶椭圆形,叶面亮绿,叶背呈绿色,有长叶柄,状如新生小荷叶漂浮水面,故有水莲叶之称	采购时应选择尚未展开的嫩叶呈针状,完整,柔嫩而滑爽,碧绿清香的莼菜

（续表）

品种	俗　称	产地与产期	特　征	选购注意事项
荠菜	又名荠、护生草、菱角菜、三角菜、细细菜、清明草等	荠菜又是一种时令野菜，武汉有个民谣"三月三，荠菜当灵丹"	荠菜品种可分为散叶荠菜和板叶荠菜两大类。散叶荠菜，晚熟，叶小而薄，叶缘缺刻，深或全裂叶，成株有叶20片左右。板叶荠菜，早熟，叶大而厚，叶缘缺刻浅或无缺刻，成株有叶16～20片	荠菜是一种时令菜，选择荠菜首先注意时间，一般为早春为时令菜；其次选择野生荠菜，风味最佳；此外要求色泽鲜绿，植株完整，无老叶枯萎现象
叶用莴苣	又名生菜	近年来我国南北各大城市附近均有大量栽培。以南方种植更为广泛，因其成熟快，一年可栽培数次，可随时收获供应上市	叶用莴苣根据结构形状可分为散叶种和结球种两类	其品质要求整修干净，不带老帮、黄叶、烂叶，不出薹，梗白、心黄，每棵重500克以上
抱子甘蓝	又名芽甘蓝、子持甘蓝	抱子甘蓝一般为露地栽培，每年4～6月产量比较高	根据植株的高矮分为矮生和高生两种。矮生种高约50厘米，一般为早熟。高生种高约100厘米，一般为晚熟品种	其品质要求叶球个体大而结球紧密，色泽淡绿，完整无虫害和黄叶
香芹菜	又称洋芫荽、荷兰芹	在上海、北京、天津及东北地区的一些大城市郊区有些栽培	香芹菜，叶为根出叶，叶片为三回羽状复叶，浓绿色，叶缘呈锯齿状，有的平展，有的卷缩呈鸡冠状	香芹菜主要以嫩叶作菜肴的香辛调料，其嫩叶、嫩茎也可食用。其品质要求茎叶鲜嫩色泽翠绿，香味浓郁，无虫害、老叶和枯萎等现象
落葵	又名木耳菜、胭脂菜、豆腐菜、藤菜等	南方各省市普遍栽培	落葵茎肉质，光滑无毛，右旋缠绕，分枝性强。我国栽培落葵茎横切面为圆形，茎高可达3～4米。品种根据梗色泽可分为青梗落葵和红梗落葵两种	其品质要求叶片大小适中，叶片厚实色泽油绿，气味清香，无虫斑虫蛀现象
芹菜	又名药芹、薄芹、旱芹、实心芹菜等	芹菜在我国南北各地广泛栽培，以河北宣化镇、山东潍县和恒台以及河南商丘等地的产品质量更好。市场上芹菜品种按生产季节有秋芹菜和春芹菜两种	芹菜，其直根粗大，叶柄族生，叶片为二回羽状复叶，茎为短缩茎。叶色淡绿，叶柄按品种有绿、白、赤之分	其品质以梗挺直光滑，色泽青翠，叶不枯萎变黄者为佳

（续表）

品种	俗 称	产地与产期	特 征	选购注意事项
西芹	又名西洋芹菜、洋芹菜、实秆芹菜等	各大城市郊区大量栽培	西芹茎为短缩茎,叶片就着生在缩茎上,叶柄实心,其横断面直径为3～4厘米,柄内侧有腹沟	其品质以叶柄色泽深绿,心叶柄黄绿,质地脆嫩,清香,植株完整无枯萎焦黄等现象为佳
水芹菜	又称刀芹、蕲、楚葵、蜀芹、紫堇	各地均有栽培,每年6～9月为主要上市时间	水芹为多年生匍匐水生植物,复叶,圆形,绿色,以叶的大小分类	其品质以叶片完整,不枯黄,新鲜脆嫩为佳
菜心	别名菜薹、广东菜薹	菜心为小白菜的一种变种,是广东、广西等省区广泛栽培的优良品种,一年四季均可生产	菜心植株直立或半直立,茎短缩,短小。菜薹圆形、绿色。薹叶卵形或披针形,花茎下部叶柄短,上部无叶柄	菜心的食用部分为花薹,其品质以茎粗色泽鲜绿无枯黄完整者为佳
紫菜薹	别名红菜薹,红油菜薹等	紫菜薹在我国的四川成都和湖北武汉栽培广泛,在11月中旬开始抽薹,可陆续采收,直至翌年3月中旬	紫菜薹近圆形,紫红色,内部白色,高30～40厘米	紫菜薹的食用部分为花薹,其品质以色泽紫色,肉质白色,茎粗而无枯黄完整者为佳
乌塌菜	又名塌地菘、黑菜、塌棵菜等	主要分布在长江流域,为冬春两季的主要蔬菜品种之一	莲座叶,叶片椭圆至倒卵形,色浓绿,经霜后变墨绿色。叶面平滑或皱缩,叶柄长,白绿色	乌塌菜其品质以叶片肥厚,色泽墨绿,柔软脆嫩,无黄叶烂叶,植株完整为佳
苜蓿	又名草头、金花草、黄花苜蓿、南苜蓿、光风草等	苜蓿主要分布于我国中部、南部及长江流域下游,江浙一带多采其嫩苗作蔬菜	苜蓿,茎短缩,叶柄细长,分枝较多,叶片为奇数羽状复叶,薄而嫩	苜蓿为清明前后难得的时令菜,一般要求选用鲜嫩的茎叶为食用
马兰	又名马兰头、马兰菊、路边菊、红马兰、马兰青、螃蜞头草、竹节草等	马兰一般为野生蔬菜,以江苏、安徽等地为主要产区	短缩茎,色有绿、红之分,为红梗马兰和青梗马兰两种	马兰为春季的时令菜,其品质以色泽鲜绿,无黄叶枯萎,植株完整为佳

（续表）

品种	俗　称	产地与产期	特　征	选购注意事项
香椿	又称香椿头	我国出产香椿的地方比较多,以安徽太和县所产的黑油椿最为著名	香椿树一般幼树即可发芽,植株不高,小枝粗短,叶羽对生,树形整齐青翠,十分优美	香椿芽以农历清明前后采摘者为上品
马齿苋	又称长命菜、五行草、马齿龙、马齿菜、酸米菜等	马齿苋是一种广泛分布于田野和村落周围的野生蔬菜,在全国各地均有分布。多在春夏之交采摘其嫩茎叶作蔬菜	马齿苋茎直立、斜生或平卧于地上,肉质。叶倒卵圆形、匙状,先端钝,叶柄较短	马齿苋其品质以植株鲜嫩,茎叶肉质厚实,有光泽,无枯萎现象者为佳
茴香菜	又称香丝菜	我国目前北方地区栽培比较普遍,可常年供应市场	茴香菜有大茴香和小茴香两种。大茴香,叶柄较长,生长较快,春季栽培;小茴香,叶柄较短,茎直立,上部分枝,叶片为裂片丝状,光滑	茴香菜是一种具有特殊辛香味的蔬菜,品质以梗叶细小脆嫩为佳
枸杞	别名枸杞菜、枸牙子	枸杞属中多年生灌木或作一年生绿叶蔬菜栽培	多为分枝灌木,枝细长柔弱常弯曲下垂,有棘刺。叶互生或簇生于短枝上	枸杞以采摘其嫩茎叶作蔬菜,品质以早春新鲜嫩茎叶为佳,茎短完整,色绿鲜嫩
紫背天葵	别名血皮菜、观音菜、红背菜、红凤菜	四川重庆一带食用甚为广泛	紫背天葵食用的嫩茎叶质地柔软嫩滑,风味特殊,因叶背为紫色才被形象地称为紫背天葵	紫背天葵是一种野生蔬菜,其品质以植株完整,叶表面色绿,背面紫红色,无黄叶虫斑为佳

2. 茎菜类

茎菜类是以肥大的变态茎作为食用的蔬菜。大部分富含糖类(主要是淀粉)和蛋白质,胡萝卜素和矿物质。茎菜类分为嫩茎类,如竹笋、茭白;球茎类,如芋头、慈菇、荸荠等;块茎类,如土豆、甘薯等;鳞茎类,如大蒜、百合、洋葱等;根茎类,如藕、鞭笋、姜等。具体品种特点见表8-2。

表 8-2　茎菜类原料品种特点

品种	俗　称	产地与产期	特　征	选购注意事项
莴苣	又叫莴笋,茎用莴苣	莴笋在我国长江流域是3～5月淡季时的主要蔬菜之一	莴笋为1～2年生植物,叶较狭,先端尖或圆,茎粗肥大,肉质致密,纤维少,茎皮薄而多汁,形状有圆筒形、长圆锥形	其品质以茎成白绿色,肉呈淡绿色,质地细嫩、质重者为佳

（续表）

品种	俗　称	产地与产期	特　征	选购注意事项
竹笋	春笋、冬笋及鞭笋	主要分布在我国的南方各省	竹笋，锥形或圆筒形，笋基质嫩肥壮，外有笋箨紧密包裹着，呈赤褐、青绿、淡黄等色。竹笋分鲜、干两种。鲜笋，又分为冬笋、春笋、鞭笋	其品质以笋尖包叶紧密未展开，壳呈金黄色，未裂开，以手指轻扣笋肉，上无粗纤维者为佳
球茎甘蓝	又名苤蓝	分布普遍，华北一带栽培较多。每年11月至4月为球茎甘蓝的主要上市时间	球茎甘蓝，其叶似甘蓝，色浓绿，叶面平滑，有白霜	其品质以球茎底叶梗未脱落，茎肉未具纹状者为佳
芋头	又名芋艿、毛芋、芋魁	芋头是秋天的蔬菜，江南一带有中秋吃毛芋习俗	芋头球茎多为卵圆形，根据其分蘖可分为三大类型：多头芋，母芋分蘖群生，子芋甚少；大魁芋，母芋单一或少数，球茎肥大味美，生子芋少；多子芋，母芋纤维多，其味不佳，子芋多群生，黏质或粉质，其品质优良	其品质以手指轻按底部，在指甲上有白色粉质者为佳
芦笋	又名石刁柏、龙须菜	我国以福建、山东、河南、辽宁和浙江为主要产区。鳞芽一般于翌春4～5月陆续抽生为茎	嫩茎顶端由鳞片叶包裹，在土层下又白又嫩，伸出地面见光后变绿，生长到20～30厘米时即采收其嫩茎供食	其品质以茎皮绿色，尖端不腐臭，苞叶不展开，粗大细嫩为佳
茭白	又名茭瓜、菰首、菰笋等	分布全国各地，而以我国江南地区栽培较广，江苏的苏州、无锡产的茭白质量最佳。夏茭每年5～6月之间上市，秋茭每年8～9月上市	茭白花茎膨大，肉质嫩茎肥厚，白如玉，嫩如笋，滋味甜脆。其形状有纺锤形或长卵形	茭白品质以叶翠绿，不干枯，不长，不撑开，坚实，无黑斑，嫩茎肥大，肉色洁白为佳
姜	又名生姜	江南各省生姜较为普遍，以安徽、江苏、浙江、山东等地为多，质优；嫩姜5～10月上市；老姜8～12月上市	块茎肥厚，平均重100～700克，皮光滑呈微褐黄色，肉质水分多，辣味强	初生细嫩的姜称为嫩姜，待半熟后茎成淡褐色称为粉姜，待完全成熟时纤维变粗、辣味强称为老姜。选用时嫩姜可作为蔬菜食用，老姜一般用于调味

(续表)

品种	俗　称	产地与产期	特　征	选购注意事项
藕	又名荷藕、莲菜、菜藕、连根	在我国长江以南湖泊较多的低温地区多有栽培。在长江流域一带7~8月采收上市,华南一带一般由6月早藕上市开始至翌年春止	藕,茎长而肥大,由多段藕节组成,内有孔道、皮黄色	其品质以肥大,节间短,横断面稍带扁圆,肉厚,质脆嫩,孔大水分多,味清甜而有香气者为佳
荸荠	又名尾梨、乌芋、地栗、马蹄等	我国南方栽培较多,冬春季挖掘上市	球茎呈紫红色或黑紫色,有光泽,环节4~5条,具有顶芽和腋芽,肉质纯白多汁供食用。可分为水生和旱生两种	水生的荸荠呈栗色或枣红色,肉厚渣多;陆生的色黄皮薄,质地甜脆,品质优良
慈菇	又叫茨菇,剪头草、蒲铁	以浙江和广东省栽培最多最好。长江流域一带,上市供应期一般从11月至翌年2月,华南地区则12月至翌年3月上市	慈菇球茎形为扁圆形、椭圆形或卵圆形,皮色黄白或带紫	其品质以个大,皮薄有光泽,完整无腐烂者为佳
百合	又名蒜瓣薯	我国的百合尤以兰州百合最为著名;每年5~6月开始上市	其供食部分为百合的地下鳞茎,呈卵形或圆球形,由数个鳞片组合,鳞片肥厚	其品质以个大完整,鳞片肥厚,色白无枯黄腐烂者为佳
洋葱	又叫葱头、玉葱	我国各地均有栽培,秋季为主要上市时间	我国洋葱的品种从颜色来分有红、白、黄、黄褐四种,红皮产量较高,栽培的比较普遍,黄皮、黄褐、白皮则较少。从形状来分有球形、扁圆形、纺锤形	其品质以鳞片肥厚,抱合紧密,没糖心,不抽芽,不着雨水(否则发黑),不冻,不带土者为佳
草石蚕	又名螺丝菜、宝塔菜、地蚕、甘露子等	以江苏省栽培较多。秋冬季节是其主要上市时间	其先端数节的节间膨大,形成中间粗,两端尖的蚕蛹状白色半透明的块茎	其品质以个体大而完整,外皮深褐色,肉白,质地鲜嫩无腐烂虫蛀者为佳

3. 根菜类

根菜类是以变态的肥大根部作为食用的蔬菜。根茎类均富含糖类,可分为直根类,如萝卜、胡萝卜等;块根类,如山药。具体见表8-3。

表8-3　根菜类原料品种特点

品种	俗　称	产地与产期	特　征	选购注意事项
萝卜	又名菜菔	全国各地均有栽培,在北方是秋季蔬菜植栽的主要品种	市场上常见的品种有小红水萝卜、白萝卜、青萝卜、变萝卜、清水萝卜、大臀红萝卜等。不同品种之间的差异很大,供熟食的萝卜主要有白萝卜和各种变萝卜	其品质以重约0.5千克以上,水分足,没糠心、黑心、花心以及出薹等现象者为佳
胡萝卜	又名红萝卜、黄萝卜、丁香萝卜、金笋、红根等	以山东、浙江、江苏、湖北和云南等地栽培的品种最好,是冬春季节上市的主要品种	长圆锥形胡萝卜,肉质根细长,肩部粗大,根先端钝圆;长圆柱形胡萝卜,肉质根细长,先端尖,味甜;短圆锥形胡萝卜,肉质肥厚,较甜,宜生食	其品种以表皮光滑艳丽,色呈橙红,不分叉、不断裂、不具伤痕,水分足,有重量感者为佳
芜菁	又称蔓菁、圆根、诸葛菜等	主要分布于华北、西北及华东江浙一带	肉质根属萝卜型,外形呈球形、扁圆形、距圆形或圆锥形,皮多为白色,也有上部绿色或紫色,下部白色	其品质以表皮光滑,水分足,无伤痕、无断裂,肉质柔嫩致密,味似萝卜,无辣味而稍带甜味者为佳
辣根	又称西洋山菜	在青岛、上海郊区栽培较早,其他城市郊区也有少量栽培	辣根的根呈长圆柱形,须根四列,外皮厚而粗糙,呈黄白色;根肉外部白色,中间淡黄,具辣味	其品质以表皮完整,无断裂、无伤痕、新鲜者为佳
牛蒡	又称大力子、蝙蝠刺等	我国的东北到西南均有野生牛蒡分布。每年2～4月为上市时间	根长圆柱形,长60～100厘米,直径3～4厘米,外皮粗糙,暗黑色或淡黄色;肉质灰白色,容易产生空心	其品质以长度60厘米以上,直径2厘米以上,表皮呈淡褐色,光滑均匀,细嫩不粗糙,不长须根,肉质柔软,根头平削者为佳

4. 果菜类

果菜类是以果实和种子作为食用的蔬菜。果蔬类可分为茄果如番茄、茄子、辣椒等;瓜类如黄瓜、冬瓜、瓠瓜、丝瓜等;荚果类如毛豆、扁豆、刀豆、豇豆等。果菜类大部分含有丰富的蛋白质和淀粉,但辣椒中含有丰富的胡萝卜素和维生素C。番茄、南瓜、西瓜等含胡萝卜素和维生素C也较多,尤其是西红柿。具体见表8-4。

表 8-4　果菜类原料品种特点

品种	俗　称	产地与产期	特　征	选购注意事项
番茄	又叫西红柿	全国各地均有栽培,以春季栽培为主,夏秋季节大量上市	番茄的品种,按其色泽不同,可分为红色西红柿,粉色西红柿和黄色番茄三种	其品质以粉色番茄,果粉红色,近圆球形,脐小,果面光滑,果型完整匀称,果皮亮丽无虫蛀者为佳
茄子	又名落苏	现南北各地大量栽种,是我国人民夏秋时节常食用的大众蔬菜之一	常见的品种按其形状不同可分为圆茄、灯泡茄、线茄	其品质以外形完整,没虫咬,色泽紫红有光泽,成熟度适中
青椒	又名柿子椒	我国各地均有栽培,以西南、西北地区以及湖南,江西等省种植尤为广泛,每年于 6～9 月为主要上市时间	青椒色泽黑绿发亮,肉厚,形似灯笼,也叫灯笼椒	其品质以形状完整,果皮有光泽,肉质轻、脆嫩,无虫咬或萎缩现象
黄瓜	又名胡瓜、王瓜、青瓜	我国南北各省均有栽培,尤以北京的黄瓜最为著名,是夏、秋两季供应市场的重要瓜菜	市场上的黄瓜依其形状可分刺黄瓜、刺鞭黄瓜、鞭黄瓜、短黄瓜和小黄瓜五个类型,前三个品种都是大形黄瓜,一般成熟期较晚;后两种都是小黄瓜,其成熟期一般较早	其品质以大小均匀,条直,带刺,后把小,无大肚,色鲜绿,带白霜,内质酥、脆,皮薄瓜瓤小为佳
冬瓜	又名枕瓜、白瓜、白冬瓜	我国南、北各地均有栽植,尤以广东、台湾栽植最多。冬瓜一般从 5～8 月均有大量上市	冬瓜体硕大,长圆或近球形,表皮呈青绿、灰绿、深绿或白色,表面披白粉,皮厚肉白,肉质爽脆	其品质以瓜皮绿、薄、细嫩、瘦长、肉厚、瓤小者为佳
丝瓜	又名天罗、布瓜	我国的华东、西南、华中各省栽培较普遍,是夏季的主要蔬菜之一	有棱种,嫩瓜为棍棒形,有明显的棱角,一般有 8～10 条棱,色浓绿,而无毛茸,瓜肉较厚,纤维少,品质良佳。无棱种,瓜形细长,为长棒形,瓜表面较粗糙,无棱角,色青绿,有纵行色带,密生毛茸且有白粉状物,质柔软,果肉厚,品质佳	其品质以形状平直,果体完整,瓜纹明显,水分足新鲜为佳

（续表）

品种	俗　称	产地与产期	特　征	选购注意事项
苦瓜	又名癞瓜、锦荔枝、癞葡萄等	华南地区和西南地区栽培较普遍。在长江流域一带从 6 月开始上市直至 9 月，华南地区则为 9～10 月采收上市	长形种，果为纺锤形，两端尖，长约 16～26 厘米。瓜的表面多瘤皱。外皮初为绿色，后转为赤黄色，嫩瓜的瓜肉较薄。短形种，蔓较短，叶柄亦短，叶片裂缺较深，先端锐圆，如花瓣状	其品质以果粒大，形状平直，无虫咬，外皮洁白有光泽者为佳
佛手瓜	又名洋丝瓜、合掌瓜、芒果南瓜、菜肴梨等	以云南、福建、浙江等地栽培量较多。每年 5～10 月为主要上市季节	佛手瓜梨形，由大小不等的五大瓣组成，表面有 5 条纵沟，表皮粗糙有小瘤	其品质以果形大，表皮绿色或白绿色，水分足分量重，肉厚瓤小，无虫蛀者为佳
西葫芦	又名茭瓜、胶瓜	现在我国南北各大城市都有，在温室和露天栽培，也有大量从日本引进栽植的西葫芦	果梗坚硬表面有深纵沟，呈五角形，基部稍膨大，瓜表皮浅绿、花白、黑色等，老熟后瓜皮坚硬，较耐贮存	其品质以果梗完整，果皮光滑，色泽鲜艳，无虫蛀，分量重，肉厚瓤小者为佳
金丝瓜	又名搅瓜、茭瓜、金瓜等	我国上海崇明岛早在明代已有栽培，目前我国南方栽培较广泛，是夏秋季节时令蔬菜	果实卵形，初熟时黄白色，老熟后金黄色，单瓜重约 1.27～1.89 千克；果肉较厚，由许多黄色瓜丝密集环绕瓜腔而成	其品质以果实为椭圆形状，果完整，果梗坚硬，果皮、果实内部色均为金黄色，丝状物质的细密者为佳
四棱豆	又名翼豆、四稔豆、扬桃豆、翅豆、热带大豆等	主要分布于华南和西南地区；以每年夏秋季节为主要上市时间	荚果呈带棱的长条方形四面体，棱缘翼状，有疏锯齿，绿色或紫色，荚长 6～48 厘米	四棱豆，以嫩豆荚、嫩叶、嫩梢和块根供菜用。嫩豆荚选择新鲜无虫蛀完整者为佳
刀豆	又名大刀豆、关刀豆	我国各地都有栽培，以每年夏秋季节为主要上市时间	其豆荚长约 10～15 厘米，形圆柱或扁圆，色为绿色或淡绿，种子不饱满，柔软多汁	其品质以其嫩豆荚新鲜，饱满，色绿，脆嫩、完整，无虫蛀和断裂者为佳
豌豆	又称寒豆、青豆、胡豆、荷兰豆等	栽培现已遍及我国南北各地，是夏季食用的时令佳蔬	荚果月牙形，中果皮发达，荚长 6.5～8.0 厘米，宽 1.5 厘米左右，每荚含种子 5～6 粒	豆荚扁平香脆细嫩，无虫咬，完整，筋短小且细为佳

（续表）

品种	俗　称	产地与产期	特　征	选购注意事项
豇豆	又名豆角、长豇豆、带豆等	以华南地区栽培普遍。在北方于夏秋上市，长江流域一带于5～11月上市，华南地区则从4～12月均有鲜豇豆上市	豆荚呈线形，长而柔软，荚肉厚，饱满结实，颜色呈青绿、线青白或紫红色，荚末端为浅白色或紫红色	其品质以豇豆肉质肥厚，脆嫩，无虫咬完整者为佳
黄秋葵	又名秋葵、羊角豆等	在上海、北京、南京及南方一些省市地区有少量栽培。每年3～11月为主要上市时间	蒴果下粗上尖，呈羊角形，横切面为5～6棱形，长约12厘米，嫩果淡绿色，果面密生茸毛，成熟后为黄色	其品质以长度约10厘米以上，嫩果淡绿色，脆嫩，表面绒毛完整无虫咬者为佳

5.花菜类

花菜类是以菜的花部器官作为食用部位的蔬菜。其种类不多，常见的有花椰菜、西兰花、黄花菜、韭菜花及菊花菜等。花菜类含有丰富的维生素C和蛋白质。具体见表8-5。

表8-5　花菜类原料品种特点

品种	俗　称	产地与产期	特　征	选购注意事项
花椰菜	又叫菜花、花甘蓝、花菜	以两广、四川、福建、浙江一带栽培较多。在长江沿岸和华南地区，一般10月左右上市	花椰菜，叶长椭圆形，绿色，绒球状的花枝顶呈团粒状，族拥成球状，花球结实，洁白	其品质以个大而厚，花粒小，结球坚实，色洁白者为佳
西兰花	又称绿花菜、茎椰菜	我国南北各大城市都有栽培，一年四季都有上市	其茎是由许多小花枝组成，主茎顶端有较松散的花球，花茎之间也疏散，色泽翠绿	其品质以花球鲜绿、紧密、不枯黄，茎部不空心者为佳
黄花菜	又名金针菜、萱草	现浙江、江西、湖南、云南等地均有栽培，以云南产者为最佳。一般在每年7～8月上市，产量较高	分为大叶、小叶种，有的以黄蕊、黑蕊或红花、黄花来分类	其品质以花苞紧密，花瓣青绿色或黄绿色为新鲜者为佳
朝鲜蓟	又称洋蓟、法国百合、荷花百合等	我国上海、云南等地有栽培，每年6～7月为上市季节	多分枝，在6～7月间枝端产生肥嫩花蕾，以主茎花蕾最大，称为"王蕾"	其品质以花蕾呈球形，个大约500克。花托较嫩，肉质鳞片大而排列紧密，色泽鲜绿，有香味者为佳

（续表）

品种	俗　称	产地与产期	特　征	选购注意事项
食用菊	又称甘菊、臭菊	以江苏、浙江、江西、四川等地为主要产区，每年9～10月为主要采收期	食用菊的花聚生为头状花序，单生或数个集生于花枝顶端	食用菊主要以花瓣供食用，其品质以黄绿色的新鲜花瓣为佳

6. 食用孢子植物原料类

食用孢子植物原料类是指食用蕨类、食用地衣、食用真菌、食用藻类等孢子植物为蔬菜的原料。常见的品种有蕨菜、石耳、木耳、银耳、香菇、草菇、海带、紫菜等。具体见表8-6。

表8-6　食用孢子植物原料类品种特点

品种	俗　称	产地与产期	特　征	选购注意事项
蕨菜	又叫龙头草、如意草、拳头菜	我国长江以南及山东、陕西、甘肃等地均有栽培。每年3～4月以幼嫩叶芽供食用的野生蔬菜	卷曲状如小儿拳，长则开展如凤尾，其根紫色，根皮内有白粉	其品质以春日来临之际，蕨菜萌芽，叶芽卷曲，色泽碧绿，质地鲜嫩者为佳
石耳	又称石木耳、石菇、岩耳、石壁花、石茸等	以江西庐山产的为佳品。一年四季均产	石耳的叶体厚膜质，呈厚圆片状，直径5～10厘米，大的可达30厘米	其品质以片厚实而大，色泽黑而完整，含杂质少者为佳
香菇	又名冬菇、香蕈	主要产地是浙江、福建、江西、安徽。每年立冬到来年清明节为香菇的主要生产季节	香菇的品种按生产季节来分，可分为冬菇、春菇和秋菇	其品质以香味浓，肉厚实，菇面平滑，个头大，完整均匀，菇身干燥，色泽黄褐或黑褐，菇柄短而粗壮，无焦味霉蛀和碎屑者为佳
蘑菇	学名称双孢蘑菇，也有称白蘑菇、洋蘑菇	主要集中在南方各省，以福建省最多，一年四季皆有生产	双孢蘑菇外形似伞，菇面平滑，边缘内卷并与菇柄之菌环相连，质地变老时分离而露出黑色的菌褶	其品质以个体大而均匀，色白，菌褶不外露，肉厚鲜嫩，菌柄短而粗者为佳
金针菇	又名金钱菇、冬菇	我国野生金针菇分布广泛，从黑龙江到广东，自福建到四川均可采集到。1～12月均有生产	柄上部白色，下为黄褐色，密生	其品质以色泽淡黄色，质地鲜嫩，大小均匀者为佳

（续表）

品种	俗　称	产地与产期	特　征	选购注意事项
草菇	又称包脚菇，兰花菇	主要产区是广东省、广西壮族自治区、福建省和江西省的南部等地。一年四季均可生产	其形状如鸡蛋，一般呈灰黑或黑白色，外被菌苞包裹着，当菌柄伸长，菌苞裂开，形成伞形状的菌体，菌苞仍留在菌柄基部	其品质以色灰白，不裂开，不开伞，菌蛋结实肥厚，外形端正，干爽无腐烂霉变，质地紧密，无黏液，清香无异味，无杂物者为佳
口蘑	我国内蒙古自然生长的蘑菇的总称	口蘑多野生于肥沃草原和山坡含腐殖质较多的土地中。集中产于每年5～9月之间	其质量好坏主要取决于自然气候和雨水的多少	其品质以体形适中，菌伞直径3.3厘米左右，体质轻、肉厚，伞面凸起，边缘完整紧卷，蘑柄粗短的为佳
竹荪	又称僧竺蕈、竹参	主要产于我国西南山区和云南昭通地区。夏季，天然生于砍伐过的竹林之中	顶部是浓绿的帽状菌盖，中间部位是雪白的柱状菌柄，基部为粉红色的蛋形菌托，在菌柄顶端有一圈细致洁白的网状菌裙	其品质一般以色白无斑者为佳，黄色者次之，黑色者差也
松口蘑	又称松茸、真松茸，松菇、鸡丝菌、青岗菌、老鹰菌等，其学名为厚环粘盖牛肝菌	主要产于我国吉林、黑龙江、云南、四川等省。每年秋季是主要上市时间	其菌盖平展，中央稍凸起，菌肉白色或淡黄色，菌柄柱状，外被有褐色绵毛状残片，上端长有菌环	其品质以新鲜的为上品，干货风味稍逊色
羊肚菌	又称羊肚蘑，素羊肚	产量最高的是云南省丽江地区和四川省。每年春、秋季节为上市时间	其菌伞为不规则圆形、长圆形或圆锥形，表面被不规则的网状棱纹所分割，形成许多凹陷的蜂窝眼，内部中空，质地很脆，其形状酷似翻转的羊肚	其品质以个体均匀，不破、无杂质、身干，不霉者为佳
平菇	又称为天花蕈、天花菜或天花	我国除青海、西藏、宁夏之外，其余省市几乎都有。每年春、秋季节都有野生的平菇上市	菌肉白色而厚，菌柄侧生，短或无，内实白色	其品质以菇伞肥厚、大，具有香味，伞柄少者为佳
猴头菌	又名猴头菇	我国的吉林省、黑龙江省、河南省南阳地区和西南地区都有出产。每年6～9月为生产季节	体近圆形，新鲜体洁白，渐变为黄色，基部狭窄，上部膨大，菌头有针状肉刺，须刺朝上，干后成淡黄色，外形很像金丝猴的头部	其品质以个体均匀，色鲜黄，质嫩，须刺完整，无虫蛀和无杂质者为佳

（续表）

品种	俗称	产地与产期	特征	选购注意事项
木耳	又称黑木耳、黑菜	以湖北、东北三省产量最大，每年 3～5 月生产的称春耳、6～8 月生产的称伏耳、9～10 月生产的称秋耳	形成初期状似小杯，渐成扁平、圆形，成熟后边缘上卷，中凹，多皱曲，有脉纹	其品质以色泽黑亮、身干肉厚、胀发性好、朵大质嫩、稍有白霜、无杂质、无碎渣、无霉烂者为佳
银耳	又名白木耳	以四川通江银耳和福建漳州雪耳最著名。每年 7 月上旬至 10 月下旬结耳，以 8 月上旬前后为上市旺季	外形为菊花状或鸡冠状，质柔软，呈半透明体，有弹性	其品质以干燥、朵形盈大。体轻色乳白、胀发性好，胶质稠厚为佳
黄耳	又名桂花耳、金耳	主要产于云南省丽江地区，每年 4～6 月为黄耳的生产季节	黄耳的成品为块状，水发后形似桂花，故名桂花耳	其品质以朵大，色金黄、无黑块，无树皮杂质，无虫蛀者为佳
冬虫夏草	又称虫草、冬虫草	主要分布于西藏、青海、四川、贵州、云南等省，每年夏季采收	腹足 8 对，腹中央 4 对明显突出，菌座与虫体相连，长约为 6～12 厘米，虫体长约为 3～6 厘米	其品质以色泽亮泽，个体肥满，断面黄白色，菌座短小，味香者为佳
紫菜	又名索菜、紫英	我国主要产区是山东省的青岛、烟台、福建省的宁德、蒲田等地区，每年冬季是加工生产干品的主要季节	藻体呈紫色、褐绿色、褐黄色薄膜状，生长于浅海潮间带的岩石上	其品质以色泽油润发亮，深紫色，质嫩，气味鲜香，无杂质，干燥而质轻者为佳
海带	又叫昆布、纶布、江白菜等	主要产区是山东省、辽宁省、浙江省、福建省，春秋两季均宜加工生产	色褐色，革质，一般长约 2～4 米，最长者可达 7 米，生长于水温较低的海中	其品质以叶宽厚，色浓黑，质干燥，无砂土，无枯黄叶者为佳
发菜	又名龙须菜，头发菜、江篱等	主要分布于我国西北部的宁夏、陕西、甘肃、青海等地。每年春秋两季为加工生产季节	藻体细长，呈墨绿色的毛发状，因而得名	其品质以质地清脆幼嫩，丝长完整，杂质少，滋味鲜爽，有清香味者为佳。

二、蔬菜制品的选购

蔬菜制品是以新鲜的蔬菜为原料经干制、腌制、酱制、浸渍、泡制等方法加工后的产品。蔬菜制品的品种较多,按其加工方法可分为干菜类、腌酱菜类、蔬菜蜜饯、蔬菜罐头、速冻蔬菜等几大类。具体品种特点见表8-7。

1. 干菜类

干菜类,包括一切蔬菜和菌藻类的脱水制品,分腌干菜和淡干菜两大类:腌干菜,是以腌渍的蔬菜经晒干或烘干而成的蔬菜制品。大宗腌干菜有梅干菜、笋干菜、腌扁尖,萝卜干、茄干等;淡干菜,是以新鲜蔬菜经晒干、烤干、烘干而成的蔬菜制品,身干,味淡,大宗淡干菜有笋干、金针菜、苔干菜、香菇、木耳、银耳、紫菜、海带、海白菜、发菜等。

2. 腌菜类

腌菜类是新鲜蔬菜经盐腌加工而成的制品。它是利用盐的渗透作用,微生物的发酵作用以及糖类、蛋白质的分解和其他生化作用,使产品具备特有的色、香、味和脆嫩的特殊品质。腌菜类按照腌制加工的特点不同可分为三类:依其干湿程度可分为湿腌菜、干腌菜、半干腌菜。

湿腌菜,即咸菜,带有盐卤,咸味重,可长期存放或作酱菜的原料,如咸雪里蕻等。

干腌菜,可将蔬菜盐腌后,再经干燥制成产品。

半干腌菜,腌菜与盐卤分开,并有轻微的乳酸发酵,腌制时加入多种辅料,产品柔嫩,风味特异。如四川榨菜、北京冬菜、四川宜宾芽菜、萧山萝卜干等;以乳酸发酵为主的腌菜,又名渍酸菜。产品具有鲜美的酸味,菜质细嫩,适于鲜食,也可炒食。但因含水量大,含盐量少而不耐存放,如四川泡菜,北方酸白菜等。

3. 酱菜类

酱菜类是新鲜蔬菜先行腌制而后再以黄酱、甜面酱、豆瓣酱或酱油酱制的产品。酱菜的质量主要决定于菜料和酱制过程。用来酱制的蔬菜,应当色泽鲜艳,质地脆嫩,外形苗壮丰满,大小一致,无病虫害等。酱菜按照制品的滋味特点可分为三类:咸味酱菜,以黄酱制成,味较咸,主要品种有大酱萝卜、小酱萝卜、酱柿子椒、八宝菜等;甜味酱菜,以甜面酱制成,味淡咸而甜,主要品种有甜酱黑菜,甜酱八宝菜,酱包瓜、甜酱甘露等;其他味酱菜,产品较多,风味质量各异。其中有糖醋渍制品,如糖蒜、醋蒜等;酱油渍制品,如北京辣菜、甜辣丝、辣酱芥等;虾油渍制品,如虾油小菜,虾油黄瓜等。此外,尚有五香料制品,如五香干芥、五香熟芥、糖熟芥等。

4. 蔬菜罐头

蔬菜罐头是将完整或切块的新鲜蔬菜经预处理、装罐、排气、密封、杀菌等处理后制成的成品。其特点是耐贮藏,便于运输。其常见品种包括清水笋、清水马蹄、菜豆、金针菜、蘑菇、石刁柏罐头等。

5. 速冻蔬菜

速冻蔬菜是将整体或切分后的新鲜蔬菜经快速冻结后的一种加工菜。其特点是耐贮存,解冻后品质和风味接近于新鲜蔬菜。常见品种包括速冻菜豆、甜玉米、土豆、豌豆、洋葱、蒜薹等。

表 8-7　蔬菜制品原料品种特点

品种	产　地	特　征	选购注意事项
笋干	主要产于浙江、福建、安徽、江西、湖南等南方诸省,其中以浙江产量最多,质量最好。每年春季至夏季均可加工生产	采自山中新鲜竹笋,经蒸煮和烘焙晒干制成	笋干的品种常见的有乌笋干、白笋干、红笋干、石笋干和广笋干等。其中以乌笋干和白笋干产量最高。白笋干色呈黄白,乌笋干为烟黑色,有特殊的烟熏香味
玉兰片	主要产于福建、湖南、湖北、江西、浙江等地,每年冬季为主要生产季节	以未露土的幼嫩冬笋的笋尖,经蒸煮、切片、熏磺、焙干等精细加工而成的一种名贵笋干	玉兰片的品质要求色泽金黄或玉白,表面光洁,片身短,半透明,笋片紧密,质地嫩,无焦片和虫蛀
榨菜	四川省的名特产品,主产于四川东部长江两岸地区,以涪陵生产最早而且有名	用茎用芥菜的膨大茎(俗称菜头)腌制的半干态腌菜	榨菜的质量要求,干湿适度,咸淡适口,淘洗干净,修剪光滑,色泽鲜明,闻味鲜香,质地嫩脆
冬菜	又称酸菜,因主要在冬季生产,故而得名。冬菜主要产于我国四川、河北、天津和北京等地,其中以四川生产的最为著名	冬菜的加工是将芥菜或白菜洗净,挂在架上或摊在席上晾至菜梗皱缩,即可腌制而成	冬菜的质量要求以菜质脆嫩,又不太酸为限。阳光下晒去一部分水分,可增加冬菜风味和延长保存时间。揉盐时,加入蒜泥,即所谓的荤冬菜
芽菜	产于四川的南溪、泸州、永川。甜芽菜产于四川的宜宾,古称"叙府芽菜"	用芥菜的嫩茎划成丝腌制而成,分咸、甜两种	宜宾芽菜要求色褐黄,润泽光亮,根条均匀,气味甜香,咸淡适口,质嫩脆,无菜叶、无老梗、无怪味、无霉变。咸芽菜色青黄、润泽、根条均匀,质嫩脆,味香,咸淡适中,无老梗、无怪味、无霉变
霉干菜	浙江省特产制品	由鲜雪里蕻菜经过酵化后腌晒而成	霉干菜的生产最早始于浙江绍兴地区,故又称"绍兴霉干菜"。现慈溪、余姚和萧山等地也都有生产,品质以慈溪生产的为好。萧山部分地区用大叶雪里蕻或萝卜叶加工,品质较差,特别是萝卜叶加工的,质粗糙,属下品
腌雪里蕻	国内大部分地区都有腌制雪里蕻作配菜调味使用	雪里蕻的加工,先经晾晒去掉部分水分,再经加盐腌制,入坛封口,让其自然发酵,一般2～3月即可食用,新鲜腌菜大多于春夏上市	新鲜的腌雪里蕻色青绿,具有香味和鲜味,咸度适口,质地脆嫩,无根须、老梗、污物等

（续表）

品 种	产 地	特 征	选购注意事项
泡菜、泡姜	在西南、中南地区食用的较多，几乎家家有泡菜坛腌制	泡制的工艺基本相同，大白菜、芥菜、卷心菜、萝卜、莴苣、豇豆、黄瓜、青椒、菜苔等菜类都可以做泡菜的原料，其他配料为精盐、辣椒、花椒、茴香、香醋	泡菜质量要求色泽纯正，质地嫩脆，具有鲜、酸、辣、香、咸等独特风味。泡姜要求具有本品固有的辣味和经腌制后的香气，咸淡适口，无异味，无杂质，体质不软为佳

第二节　果品类原料的选购

果品是一个总称，它包括鲜果、干果、野果、瓜类及其加工制品。我国的果品种类很多，一年四季都有不同的品种上市供应，其中以夏、秋两季的果品种类最多。果实品质是一个综合性状概念，包括四个方面：果品品质，包括果个、果形、着色、损伤程度、光洁度、病虫害、成熟度、农药残留、贮运性等。优质商品果应是果个整齐、果形端正、着色度高而一致，并经洗果、打蜡、分级、包装工序，果实亮丽动人、整齐、包装精美。食用品质，包括糖、酸含量、脆度、芳香、成熟度、果皮厚薄、质地、汁液等。要求甜酸适度、松脆多汁、肉细芳香、果心小等。营养品质，包括脂肪、碳水化合物、蛋白质、纤维素、维生素C、矿物质、芳香物质等的含量。要求营养成分高，不含有毒物质。加工品质，包括质地、酸度、芳香及有关的化学、物理、生理等加工特性。要求糖酸含量高，果实出汁率高，颜色好，有香味等。

一、鲜果类的选购

1. 仁果类

仁果是由子房和花托愈合在一起发育形成的果实，属于一种假果。其果核中有数粒种子，内含种仁，故称仁果。如苹果、梨、海棠、山楂等。代表品种的选购见表8-8。

2. 核果类

核果，外果皮薄，中果皮肉质化，内果皮全部由石细胞组成，特别坚硬，核内有种子，故称核果。如桃子、李子、杏子、樱桃、梅子、枣子、橄榄、杨梅和扁桃等。代表品种的选购见表8-8。

3. 浆果类

浆果外果皮薄，中果皮和内果皮都肉质化，柔软或多汁液，果实成熟后肉质呈糯糊状而富有浆汁，故称浆果。如葡萄、草莓、猕猴桃、柿子、无花果、龙眼和荔枝等。代表品种的选购见表8-8。

4. 柑橘类

柑橘类是芸香科植物柑橘类果实的特称。它是由中轴胎座的子房发育而来，外果皮革质且具有油囊，中果皮比较疏松，内果皮成为多个肉质瓤瓣，每瓣外被薄膜，内侧生长许多肉质多汁的小瓤囊。如橘子、甜橙、柑子、柚子、柠檬、佛手、金橘和香橼等。代表品种的选购见表8-8。

5. 瓠果类

瓠果类是葫芦科植物果实的特称。其外果皮是由子房和花托一起形成的,属于假果一类。瓠果中果实和内果皮均肉质化,而且胎座也发达,如西瓜,食用的主要部位就是肉质化的胎座。代表品种的选购见表8-8。

6. 坚果类

坚果类果实的外层包有坚硬的皮壳,故称坚果。可食部分为果仁。如核桃、板栗、榛子、山核桃、椰子、香榧、银杏和松子等。代表品种的选购见表8-8。

7. 聚复果类

聚复果类果实的果汁柔嫩多汁,味甜酸适口。如菠萝、菠萝蜜和面包果等。代表品种的选购见表8-8。

8. 荔枝类

这类果实的形态特征介于浆果和坚果之间,外有果壳,较硬不能食用,食用部位为假种皮。品种包括荔枝、龙眼等。代表品种的选购见表8-8。

表 8-8　果类原料品种特点

品种	特征	选购注意事项
富士苹果	果侧面浑圆,果皮鲜艳粉红色	一般选择看起来坚实、颜色鲜明且表皮没有脱水现象的即可。要避免选择有碰伤、萎缩或肉有斑点的
蛇果	原产美国,呈红色,呈长形	
莲雾	又名洋蒲桃、爪哇蒲桃,原产马来半岛,17世纪传入台湾。莲雾果实呈钟形,果色美丽夺目,果肉呈海绵质,略有苹果香味	选择有重量感,有光泽,萼片间距离越大成熟度越高。莲雾只适合购买后立即食用,不适合携带
鸭梨	果顶宽大,皮淡绿色	选购时要注意果实坚实但不可太硬,并避免买到皮皱皱的、或皮上有斑点的果实
库尔勒香梨	呈鹅黄色,皮薄核小,水多质嫩,甜而有强烈的芬芳气味	
歙县雪梨	徽州地区歙县的名产,故又名“徽梨”,由于果皮色白,又名“雪梨”	
水晶梨	个头较大,拿在手里有一种下坠的感觉,深黄色	
山楂	果实近球形,直径约1.5厘米,红色,有淡褐色斑,味酸甜	品种以个大、肉酸者为佳
木瓜	果形似甜瓜类中的黄金瓜,椭圆形,嫩时青黄色,成熟后转橘黄色,以立秋前后采收的质量最佳	品质要求果形对称饱满,果皮深黄色无斑点,品种纯正,香气浓郁的为上品
水蜜桃	果形圆,初熟时为绿色,顶艳红,果肉多汁柔软,肉核难分离,水分足,甜味度高	选择果实坚实并稍微柔软的,同样别选绿色、太硬的不熟果实,或是太软过熟的桃子;食用时可选用成熟度高水蜜桃,风味最佳

（续表）

品种	特　征	选购注意事项
大樱桃	山东名果，产于烟台地区。其特点是个大色艳，味甜香，是国际市场上的珍品	选购时应注意颜色呈深红色、表面圆胖、茎梗新鲜的；避免看起来暗沉、凋萎、干瘪或有坑洞的
李子	果重30～60克，成熟果呈红紫色，果肉有深红色和黄色两种，味酸甜	选购时要求果皮完整，肉结实有弹性，具光泽有香气
杏子	杏的果实呈圆、长圆或扁圆，果皮多为金黄色，向阳部有红晕和斑点，果肉暗黄色，味甜多汁，初夏成熟	选购时要求果实色泽金黄，香气扑鼻，果肉鲜甜，糯软多汁
杨梅	果实为核果，球形，外果皮由多数囊状体密生而成，多汁，呈紫黑色、暗红色、白色或淡红色，核坚硬	选购时应注意杨梅的可食部分，要求肉柱圆钝的汁多，柔软可口，风味好。并注意成熟度不宜过高，防止腐烂
芒果	果实按形态来分，有圆形、椭圆形、心形、肾形和细长形等。色泽有金黄、橘黄和红黄等。味道有甘甜和酸涩两种	选购时应注意外皮橘黄到红色，没黑斑纹，并有点软的果实，具有特有的芒果香味；避免选择未熟过硬或过熟、过软的芒果
大枣	枣的品种很多，著名的品种有金丝小枣，果实小，含糖量多，主要产于山东乐陵、河北沧县、北京密云等地	选购时以表面有光泽，外表呈紫红色，有浅浅的、极少的皱纹者为优质
龙眼葡萄	果实的向阳面呈琥珀色，向阴面呈黄绿色，果粉多，果瓜薄，果肉柔软多汁，味甜酸，有一种极轻微的清香	选购时可试吃最下面一颗，因为最下面一颗是最不甜的，如果该颗很甜，就表示整串葡萄品质都很好。要注意挑选颜色浓、果粒丰润、紧连着梗子的，并避免凋萎、软塌、梗子变褐或容易掉粒的
巨峰葡萄	果穗中，暗紫色，甜酸，有草莓香叶，汁多。果粒特大，品质好	
红提	原产美国、智利，类似葡萄。呈深红色，果形一致，大小均匀，整挂无散粒；手感较硬，口感脆甜，有一种纤维质的感觉，皮比较薄，皮和肉很难分开	选择果粒大饱满，色泽紫红，皮薄梗硬不易脱落者为佳
紫晶草莓	果形大，单果重9～10克，形为楔形，顶端平，基部广而厚，纵扁，果实饱满，表面凹凸不平，且有纵纹，近基部尤显，紫红色，有光泽而不甚鲜艳，种子黄色，果肉白色，近果皮紫红色，汁液较多，较耐贮藏，风味好	选购时要注意果实是否坚实、鲜红，并紧连梗子。要避免大块掉色或种子（草莓上白色一点一点的东西）丛生的果实。避免选择萎缩、有霉点的草莓

（续表）

品种	特　征	选购注意事项
猕猴桃	果实呈卵圆形或长圆形,一般重 30～50 克,大者可达 100 克以上。果皮褐绿色或棕褐色,果面常带有棕褐色茸毛	品质以无毛类型品质最上,软毛类型居中,硬毛类型次之。还有就是取决于品种的良莠。完熟的果实柔软多汁,甜酸爽口,带有清香
奇异果	原产新西兰,大小均匀,表皮黄中泛青,口感略带酸甜	同猕猴桃最大区别在于,奇异果需硬时吃味道才好,而猕猴桃则必须熟透了才好吃
香蕉	我国习惯上将它们分为香蕉、大蕉和粉蕉(包括龙牙蕉)三类	选购时要求果肉饱满,果皮棱角圆滑,尾端自然圆润。若要马上吃,可选择黄皮带有一些褐色斑点的芝麻蕉;若要过几天才吃,就要选颜色较黄绿的
柑	果形较大,而近于球形,皮呈橙黄色,皮质粗厚,不易剥开,橘络较多,汁多味甜,核为白色,种仁为绿色	选择时要注意坚实、斤两重(表示多汁)、触感平滑、表皮看起来亮亮的柑橘,而避免选择太轻(没有汁)、过硬、粗糙和像海绵般外皮的果实
橘	果形较小而扁,皮呈朱红色或橙黄色,皮质细薄,容易剥开,果心不充实,橘络较少,核尖细	选择时要求颜色深黄或橘色、并有亮丽光泽的(表示新鲜、成熟)。避免苍黄(太老)、绿色(太涩)或皮上有孔的果实
甜橙	果形中等,呈圆形或长圆形,皮稍厚而光滑,皮肉结合较紧,难以剥离,果心充实,核和种仁均呈白色,汁多,味酸甜可口	选择时以皮软心硬,有重量感者为佳
美国甜橙	原产美国、澳大利亚,个头较大,表皮粗糙。水分充足、脆甜,但纤维较粗,不细腻	
柚	果形较大,呈圆形或梨形,皮质粗厚(可达 1 厘米),皮肉难分离,成熟时呈黄色或橙色,肉质有白色和粉红色两种,核大而多,汁少味酸甜,有时稍带苦味	选择时要求果实坚实、紧致结实的。通常轻微的变色或表皮刮伤,并不会影响到风味,但要避免看起来暗沉或颜色不足的
柠檬	个头中等,呈椭圆形,两端突起如乳状,皮肉难剥离,皮色鲜黄	选择时应注意选择果粒坚实、颜色浓厚有光泽,并有芳香气味的。要避免选择有霉点、洞孔或颜色暗沉、呈深黄色的

（续表）

品　种	特　征	选购注意事项
西瓜	一般瓜形大,呈圆形或椭圆形,皮色有浓绿、绿白色或绿中夹蛇纹的,其瓜瓤是胎座发育而成,多汁而味甜,鲜红、淡红、黄色或白色,有瓜子或无瓜子	成熟的瓜会发出"嗡嗡"的声音;未成熟的瓜则是"当当"的响声;而过熟的瓜则是"扑扑"的声音。另观外表:成熟的瓜弹性好,易被指甲划破,瓜皮薄,脐部凹陷较深;过熟的瓜则无弹性;将瓜置于水中,飘浮起来的是熟瓜
哈密瓜	按成熟期不同,分早熟、中熟和晚熟三个品种。早熟品种皮薄肉细,香味浓郁。中熟品种甜脆多汁,肉厚细腻,清香爽口。晚熟品种瓜肉呈淡青色,贮存后肉质由脆硬逐渐变得绵软多汁,甜爽而醇香	选择时一看瓜型,椭圆形或橄榄形的,色泽鲜艳的为成熟度好的瓜;二嗅瓜香,一般有香味的,成熟度适中,无香味或香味淡薄的,则成熟度差;三摸瓜身,瓜身坚实微软,成熟度适中,太硬的则不太熟,太软的成熟度过高;四看瓢色,瓢为浅绿色的吃时发脆,金黄色的发绵,白色的柔软多汁
菠萝	果实呈椭圆形,外皮较厚,有鳞片覆盖;果肉成熟后柔软多汁,稍有纤维,味甜酸适口,有特殊的芳香味	选择以外形圆胖、果实坚实且较重、有浓郁果香的果实为佳。避免购买表皮暗沉、碰伤、干瘪或有腐败气味的菠萝
龙眼	果实中等,壳坚肉厚,核小味甜	果实容易腐烂,选购时注意成熟度。当果实由坚实变为软而有弹性感;果面由粗糙转为薄而光滑;果核由白色变为黑褐(某些品种为红褐);果肉生青味消失,代之以由淡变甜等表明龙眼果实已经成熟
荔枝	其果实较大,呈卵圆形;皮色嫣红,略带绿;龟裂片细密,片锋较尖;肉厚乳白,清甜多汁	荔枝以色泽鲜艳,只大均匀,肉厚质嫩,汁多味甜,富有香气,种核较小的果实为上品。选择果皮通红、果肉丰厚、果核已变成漆褐色,并具有荔枝香甜的风味、无"乌壳"(霜霉病果)的果实,以8~9成熟为好
莲子	粒大壳薄肉厚,坚实而饱满,表皮红中透白,属于上品	选择以果肉丰满,粒大质重,衣薄色白,坚固坚韧者为佳
杏仁	杏仁经过嫁接的家杏和山杏的杏仁大部分是甜杏仁;果心形,外皮褐色,肉白色	选择以果形完整,无黑斑,虫蛀,质地脆硬者为佳
核桃	核桃有棉仁核桃和夹仁核桃两种。棉仁核桃质量最好,其特点是色纯、皮薄、仁满、内隔少。夹仁核桃的特点是色泽较暗,皮厚,仁瘦、内隔多,这种核桃不易剥仁,剔出的仁多半是破碎的	选择时以果壳淡黄,壳薄不开裂,仁满内隔少者为佳。大小不均,壳色暗,壳白但用手掂却极轻的为次品

（续表）

品种	特　征	选购注意事项
腰果	外形近似花生米,呈腰形,一头大,一头尖,色淡黄,质脆味香甜	选择时以果粒大而饱满,质地硬实,色泽淡黄,完整,无斑点和虫蛀等者为佳
榛子	坚果形为近球形,果实圆而稍尖	选择时要求颗粒大,果仁肥实,身干,空、坏只不超过20%
白果	银杏科植物银杏的子,果核狭长而尖,滋味香甜,果身较干	选择以果大、光亮饱满、洁白坚实和无破烂发霉者为佳
栗子	霜降前成熟上市的品种称为热水栗,其特点是颜色浅,肉质松,水分多,味较淡,不耐贮存。霜降后成熟上市的品种称冷水栗,皮色较深,肉质较紧密,水分减少,甜味增强,较耐贮存	选择以果实饱满,颗粒均匀,果壳老结,色泽鲜艳,无蛀口,无闷烂,肉质细腻及甜味浓厚,富有糯性的栗子为佳;手感不潮湿,在水中不下沉者为优质栗
松子	东北松子,颗粒最大,仁肉肥满,含油量70%,品质最好;西南松子颗粒较小,壳薄,仁肉饱满,含油量40%~50%,但空瘪粒较多;西北松子颗粒最小,仁肉少,含油量40%,壳厚	选择以色泽淡黄,颗粒完整,质地脆饱满,干燥无虫蛀者为佳

二、果品制品原料的选购

果品制品是指将鲜果制成果坯后干制、取汁或用糖煮制或糖渍而得的制品。其中加入高浓度的糖制成的制品,由于糖多甜味重,又称之为"糖制果品",如果脯、蜜饯和果酱等。果品制品多种多样,基本上都是由鲜果加工制成。按照加工方法的不同,常分为果干类、果脯蜜饯类、果酱类、果汁类和糖水渍品。代表品种特点见表8-9。

表 8-9　果品制品原料品种特点

品种	特　征	选购注意事项
桂圆	桂圆干是鲜龙眼经过焙制的干果,焙制得法,外壳完整而不破碎,这种桂圆干耐贮存,桂圆肉是鲜龙眼晒干、去壳和去核而成的产品	桂圆干的品质特点是肉厚、爽脆、香甜。成品以粒圆、壳薄、粉多、色姜黄、肉厚、核小及味清甜者为佳。桂圆肉以广西玉林产的,果大汁多,果肉纯白,呈半透明状,俗称冰糖肉,质量最佳
荔枝干	新鲜荔枝果实经焙制而成	荔枝干以色鲜,肉厚、壳薄、核小、味清甜为佳品

（续表）

品种	特　征	选购注意事项
白葡萄干	经过自然风干,不见阳光,因此,能保持原来的色、香、味	无核白葡萄干分为绿和黄两种。黄色葡萄干的特点是质软,口味较甜,但在保管中易霉烂。绿色葡萄干的特点是质硬,味不甚甜,但不易烂,好保管
红枣	用鲜枣经晒制法制成的干枣	红枣因品种不同,其大小也有差别。以皮嫩、肉厚、核小、清甜者为佳
乌枣	色泽乌黑油亮,外皮纹多而细,皮薄肉肥粒大核小,油分大,滋味甜蜜,柔韧耐嚼,并有独特的熏制香味	乌枣的等级,是按枣子的大小、色泽及好坏分为三级。一级品每千克 130～170 个,二级品为 200 个,三级品为 230 个
果脯	果蔬原料经糖制、干燥后,制成棕色或金黄色半透明的表面比较干燥、不粘手的产品	果脯以个体完整,色泽自然半透明,表面干燥不粘手者为佳
糖衣果脯	与果脯最大的不同是产品外面裹包了一层细小结晶的砂糖糖衣	
普通蜜饯	表面附着一薄层似蜜的浓糖汁,成半干性状态	蜜饯以个体完整,甜味度适中,色泽鲜艳,有透明感为佳
带汁蜜饯	将这种蜜饯放在浓糖液中保存,一起装瓶出售	

第三节　粮食类原料的选购

粮食类原料可以分为谷物、豆类、薯类及其制品。我国常用粮食二十余种,谷物类有稻子、小麦、燕麦、大麦、黑麦、荞麦、玉米、谷子和高粱等;豆类包括大豆、绿豆、蚕豆和豌豆等;薯类则包括白薯、山药和土豆等。餐饮业中使用的粮食类原料主要用于主食产品的生产和作为菜肴加工的辅料,常见的品种主要包括谷类原料及其制品、豆制品和淀粉制品等。

一、谷物类原料的选购

谷物类原料大多为加工性原料,其选购时须从原料加工后的品质鉴定着手,一般要求颗粒粮食要保持坚实,均匀完整,没有发霉,无杂质异物等;大米选购应选择品种、产地、时间以及加工精度;粉类原料要求粉质干爽,色略带淡黄色,并且无杂质异物;包装产品应注意生产厂家和日期;发酵制品,须保持松软适度的品质等。

　1. 大米的选购

稻米的品质,一般以稻米的粒形、新鲜度及腹白为检查指标。优质的稻米粒形整齐均匀,碎米和爆腰米含量少,未成熟米粒、虫蚀米粒、病斑粒和其他杂质占的比例很少,甚至没有。其次稻米的新鲜度是衡量稻米品质的重要标志。新鲜的稻米有光泽,米糠少,虫害和杂质少,米粒完整,有透明感,味道清香。煮成的米饭,黏性好,润滑而有光泽,饭香扑鼻。陈米则因贮存时间较长,品质下降,颜色发暗,米粒透明感差,米糠和杂质多。并且常因气候条件的变化,容易发生受潮、发霉、出虫等现象。陈米一般缺乏清香味,胀发性高,煮成米饭黏性小,口感较差。

再次,稻米的腹白,即稻米粒上呈乳白色不透明的部分,带有腹白的米粒吸水率低,出饭率低,易出碎米,蛋白质较少。因此米粒腹白是衡量稻米品质的另一个重要标准。具腹白的米粒比例越高其品质越差,优质稻米透明度高,腹白米粒比例低。此外,在选购稻米时则应注重大米的品种和规格。不同品种的大米因种子、生产气候、土壤和管理的不同,大米的品质有着明显的区别,具体见表8-10大米代表品种特点。大米的规格,则按国家相应的规定标准,对大米的各种理化指标有明确的规定,并对相应的规格分成多个等级,选购时注意其等级和标志。如表8-11无公害大米的质量标准。

表8-10　大米品种特点

品种	产　　地	品　质　特　点
齐眉米	广东省的三水、番禺、增城等县,尤以南海和东莞出产的最佳	米质坚实,出米率高,碎米少,色泽油白,透明光亮,煮粥焖饭味香宜人,入口清香,嫩润绵软,素有"米王"之称
精小站	主要分布于天津市郊区小站和宁河县等地	米粒外形椭圆,色白光润,米粒饱满,油性大,米质坚半透明,品质优,是我国稻米中著名的粳米品种
黑米	产于陕西洋县	外皮墨黑,质地细密。煮食味道醇香,用其煮粥,黝黑晶莹,药味淡醇,为米中珍品,有"黑珍珠"之美称
香米	源口香米,产于湖南江永县,是湖南稻中绝品	米粒外形椭圆,色白光润,米粒饱满,油性大,具有浓郁香味,品质优
紫米	仅产于云南思茅和西双版纳地区	紫米有皮紫内白非糯性和表里皆紫糯性两种。米粒细长,表皮呈紫色,俗称"紫珍珠",素有"米中极品"之称
蒸谷米	稻谷经过热水浸泡(一般水温为74℃~76℃),再经蒸煮,干燥后碾制而成的米称为蒸谷米	米粒质坚实,碎米率低,出米率高。色、香、味和营养成分,能够充分渗透米的表层进胚乳,而且大米的胚芽完整无缺,具有营养全面,米粒整齐,久放不易霉变,煮饭不混汤,口感好,并且易消化等特点
精制米	挑选的优质稻谷。在碾磨加工时,利用碾磨时产生的高温,注入水,通过机械动作充分扩散、汽化,使米粒表层淀粉受到汽化膨胀,近似糊化,形成角质薄膜,达到洁净、光滑、明亮、晶莹的外观色泽	米粒形瘦细短、淀粉组织微密、角质粒很多、透明度高、白嫩细洁、光亮透明、清香溶口、易于消化

表 8-11　无公害大米质量标准

品种	水分(%)	杂质(%)	不完善粒(%)	黄粒米(%)	色泽、口味、气味
粳米	≤11.5	≤0.3	≤5.0	≤0.5	正常
籼米	≤14.5	≤0.3	≤5.0	≤0.5	正常

2. 面粉的选购

面粉,根据原料品种的区别,可以包括小麦面粉、玉米面粉、燕麦粉和荞麦粉等。面粉的质量一般以加工精度来衡量,选购时应注意面粉质地细腻程度和精度;此外,对包装面粉应保持包装完整,粉质无发霉、潮湿、色泽乳白、无杂质等特点。其代表品种特点见表 8-12、表 8-13。

表 8-12　小麦粉质量标准

等级	加工精度	灰分(%)(以干物计)	粗细度(%)	面筋质(%)(以干物计)	含砂量(%)	磁性金属(克/千克)	水分(%)	脂肪酸值(以湿基计)	气味、口味
特制一等	按实物标准样品对照	≤0.70	全部通过CB36号筛,留存在CB42号筛的不超过10.0%	≥26.0	≤0.02	≤0.003	14.0	≤80	正常
特制二等	按实物标准样品对照	≤0.85	全部通过CB30号筛,留存在CB36号筛的不超过10.0%	≥25.0	≤0.02	≤0.003	14.0	≤80	正常
标准粉	按实物标准样品对照	≤1.10	全部通过CQ20号筛,留存在CB30号筛的不超过20.0%	≥24.0	≤0.02	≤0.003	13.5	≤80	正常
普通粉	按实物标准样品对照	≤1.40	全部通过CQ20号筛	≥22.0	≤0.02	≤0.003	13.5	≤80	正常

表 8-13　玉米粉质量标准

等级	皮胚含量	粗细度（％）	含砂量（％）	磁性金属物（克/千克）	水分（％）		脂肪酸值（以湿基计）	气味、口味
					11月1日至次年3月末	4月1日至10月末		
精制玉米粉	≤2.0	全部通过CQ10号筛	≤0.02	≤0.003	≤18.0	≤14.5	≤80	正常
普通玉米粉	≤5.0	全部通过CQ10号筛	≤0.03	≤0.003	≤18.0	≤14.5	≤80	正常

二、豆类原料的选购

　　餐饮业食品的生产除鲜嫩豆类作为蔬菜使用外，直接使用豆类原料的生产食品的产品所占比例比较少。近年来，随着人们饮食习惯的改善以及对生活质量要求的提高，餐饮业对主食产品的开发更加重视。豆类原料作为绿色食品和保健原料逐步被大家重视，尤其是在特色小吃、保健粥和各种炖品中常使用豆类以及其加工制品。豆类植物不仅为人类提供了淀粉，而且还提供了比禾谷类作物更丰富、更优质的蛋白质和大量的油脂。豆类原料一般从豆类的品种、规格、新鲜度以及品质鉴定等方面进行选购。在此以豆类原料品种为代表说明其品质特点。见表 8-14。

表 8-14　豆类品种特点

品种	主要产地	特　征	使用特点
大豆	主要产区有黑龙江、河南、山东、吉林、辽宁、安徽、河北、江苏、湖北等省	又称黄豆，有"豆中之王"美誉。根据大豆种皮的颜色可分为黄大豆、青大豆、黑大豆和其他色大豆四大类	以大豆为原料生产的副食品至少有一百多种，其中豆腐、豆腐皮、豆浆、豆腐干等豆制品，是日常不可缺少的副食品
绿豆	主要产区集中在华北及黄河平原地区	绿豆按生产季节可分为春播绿豆和夏播绿豆	绿豆为夏令时节的极好消暑保健食品，制成绿豆稀饭、绿豆汤、绿豆糕等食品。此外，也是副食品生产的重要原料，如绿豆芽、绿豆粉丝、绿豆淀粉等
小豆	黑龙江、吉林、辽宁、河北、河南、山东、安徽、江苏等省都是小豆的主要产区	又名赤豆、赤小豆、红豆等。根据其纯度分为纯小豆、杂小豆两类。纯小豆是指各色小豆互混限度总量为10％以下。杂小豆则超过10％的互混限度及混入其他如菜豆、豇豆、绿豆等豆类	粒稍大而鲜红、淡红者供食用。颗粒紧小，褐紫色的小豆一般入药为好。小豆蛋白质的氨基酸组成与绿豆相似，因此常与小米或大米配合使用，不但可使粥、饭等营养更加丰富

（续表）

品种	主要产地	特　征	使用特点
蚕豆	我国各地都有大面积栽培，产量居世界首位	又称胡豆、佛豆等。种子的大小是蚕豆商品分类的依据。大粒蚕豆平均长度在 18.6 毫米以上，中粒蚕豆平均长度在 15.4～18.5 毫米之间，小粒蚕豆平均长度在 15.0 毫米以下	蚕豆既可做粮食，也可做蔬菜。蚕豆可炒、煮、炸；煮烂捣成泥，可做馅心糕点；用水发芽后做菜，味道鲜美，嫩蚕豆可作新鲜蔬菜食用，既可为主料，又可作辅料，咸甜皆宜

三、粮食类制品的选购

粮食制品是将原粮经加工后制成的制品，主要包括谷制品、豆制品和淀粉制品。谷制品主要分为面制品和米制品两大类。面制品主要有挂面、通心粉、面筋等。米制品品种繁多，主要有米粉、年糕、米线、锅巴、糍粑、米豆腐等。

豆制品是以大豆等原料加工而成的各种制品或半制品。豆制品的种类很多，可分为豆浆和豆浆制品，即用未凝固的豆浆制成，包括豆浆、豆腐皮、腐竹等；豆腐制品，即用点卤凝固的豆腐脑制成，包括豆腐、豆干、百叶、冻豆腐、油豆腐等；豆芽，由绿豆或黄豆发芽而成的再制品，包括黄豆芽、绿豆芽等。

淀粉制品主要指从粮食类原料中提取出的淀粉经干制而成的食品，主要品种有粉丝、粉皮和用作调辅料的芡粉。

1. 谷制品的选购

谷制品的品种主要包括米粉、米线、面筋等。具体品种特点见表 8-15。

（1）米粉，指大米经过加工磨碎而成的粉末状制品。米粉根据所用的原料不同，主要分为籼米粉、粳米粉和糯米粉。籼米粉，一般用于制糕点、指粉条、粉卷。质地松软滑爽；粳米粉，一般用于制作各种糕点或与糯米粉掺和使用。糯米粉，使用广泛，可单独使用，也可与其他米粉混合使用，制作糕团和船点，质地柔软细腻，富有黏性。

（2）米线，又称米粉丝、米粉、粉干等，是以大米为原料，经过洗米、浸泡、磨浆、搅拌、蒸粉、压条、干燥等一系列工序制成的粉丝状米制品。

（3）面筋，又称百搭菜和面根，将小麦面粉加水和成面团，在水中揉洗除去可溶性物质、淀粉和麸皮，最后得到一种浅灰色、柔软而有弹性、不溶于水的胶状物，即为面筋。

（4）薏苡，也称药玉米、薏仁米、水玉米、川谷等。薏苡原产于南亚，由越南传入我国，远在周代就有栽培。我国栽培的薏苡可分两大类。一类果实椭圆形，外壳无珐琅质，果皮青白色，胚乳白并为糯性的称为薏苡。另一类果实球形，外壳为坚硬的，富有光泽的珐琅质，果皮有青、黑、褐、黄等色，胚乳为粳性的称为川谷或薏提子。薏苡在我国各地都有零星栽培，其中河南、河北、湖北、陕西等省为主要产区。薏苡的壳很厚，去壳后的薏苡仁呈乳白色，称为薏米。

表 8-15　谷制品品种特点

品种	特　　性	品　质　特　点
米粉	可分为干磨粉、湿磨粉和水磨粉。干磨粉,是将各种大米不加水,直接用干燥的大米磨制而成。有的用生米磨成,称干磨生米粉,常用于制作坯皮;有的用炒熟米磨制,称为干磨熟米粉,常用于制作陷心或粉蒸菜。湿磨粉,将大米用冷水浸泡,使其充分吸收水分,然后捞出晾至半干,再磨制成粉	干磨粉的品质要求是粉质干燥,吸水性强,易于保存,使用方便;但粉质较粗,色泽较次。湿磨粉的品质要求是粉质较细,吃口软滑,色泽洁白,品质好,但贮存性较差
米线	生产米线最宜用含直链淀粉 15％ 左右的特等米或加工精度高的籼米	米线的品质要求是韧性好,不易断条。米线的名产主要有福建兴化粉、桐口粉干、广东沙河粉、江西石城粉等
面筋	面筋的主要成分是小麦面粉中的不溶于水的麦谷蛋白和麦醇溶蛋白,占干重的 85％ 以上,这两种蛋白质形成面筋的结构骨架,在其结构间隙含有少量淀粉、脂肪等。面筋,将生面筋制成块状或条状,用沸水煮熟制成	品质要求是色泽灰白,有弹性
素肠	将生面筋捏成扁平长条,缠绕在筷子上,沸水煮熟后抽出筷子,成型后为管状的熟面筋	品质要求是质地、色泽均同水面筋
烤麸	将大块生面筋盛入容器内,保温让其自然发酵成泡,但发酵时间不宜过长,以免变质,然后用高温蒸制成大块饼状	品质要求是色橙黄,松软而有弹性,质地多孔,呈海绵状
油面筋	将生面筋吸干水分,按每 1 千克面筋加入 300 克面粉拌和,揉至面粉全部融入面筋中且外观光亮为止,摘成小团块,放入六成热油中油炸成圆球状	品质要求是色泽金黄,中间多孔而酥脆,重量轻,体积大。油面筋为无锡的传统特产
薏米	薏米长约 4 毫米,宽约 3 毫米,侧面有一纵沟	

2. 豆制品的选购

豆制品主要有豆腐及其制品、豆浆和豆芽等。具体品种特点见表 8-16。

（1）豆腐,大豆的一种再制品原料,是大豆经选豆、浸泡、磨浆、加水、过滤、煮沸、点制排水凝固而成的制品。豆腐在我国各地均有生产,品种较多,就其质地老嫩可分为南豆腐和北豆腐两大类型。

（2）豆腐干,将点制好的豆腐脑放在布包内,用木板压榨而成的半成品。豆腐干在南方有大块的,一般大小为 6 厘米左右见方。

（3）腐竹,也称"豆腐皮",是加工豆腐或豆浆的副产品,全国各地均有生产。腐竹一般是由豆浆经过煮沸、微火煮,从锅中挑皮、捋直,烘干而成产品。

（4）油皮,豆浆经过煮沸,微火煮烤,用秫秸秆将皮从中间粘起,成双层半圆形,经过烘干而成的一种脱水豆制品。

（5）豆腐乳，先用大豆制成豆腐干白坯，经人工接入毛霉菌的菌种发酵、搓毛和腌制之后，加入用黄酒、红曲、面膏、香料、砂糖磨制的汤料，再经发酵制成的豆制品。

（6）豆芽，将豆类经泡发，膨胀而发生的芽，统称为豆芽。豆芽可以看做是一种豆类的再制品，但与豆制品有着本质上区别，从原料的生物性质来看应归入蔬菜类。

表 8-16　豆制品特点

品种	特　　性	品质特点
豆腐	豆腐的质地差异与用碱有关，其点碱一种是选用盐卤即氧化镁做凝固剂，还有一种是用石膏即硫酸钙滤液做凝固剂。由于使用不同的凝固剂，所以点制出的豆腐质地有老有嫩	以盐卤点制而成的豆腐质地较老，含水分约85%左右，色乳白，味略苦，又称"北豆腐"。以石膏滤液点制而成的豆腐质地较嫩，含水分约90%左右，色雪白，味略甜，又称"南豆腐"。随豆腐的加工工艺的改进，豆腐的品种也越来越多，有液体豆腐、内酯豆腐、维生素强化豆腐等，选购时应注重品牌、厂家、产期等
豆腐干	豆腐干含水量少，质地较结实有韧性	质量好的豆腐干色泽正常，味道芳香，手感干爽，质地有韧性，可随意加工成片、丁、块、丝等
腐竹	腐竹是豆浆中的蛋白和脂肪凝聚而成，因此具有食味香甜、营养丰富的特点	腐竹是一种脱水的干制豆制品，在市场售销中一般可分为三个等级，其品质以颜色浅麦黄，有较亮的光泽，蜂孔均匀，外形整齐者为上品
油皮	油皮的组成成分基本上与腐竹相似，具有皮薄透明，软滑油亮等特点	品质以皮薄透明，半圆而不破，色黄有光泽，柔软不黏，表面光滑者为上品
豆腐乳	腐乳按其外观颜色可分为红色、白色和青色的三个品种。按风味分，腐乳又有南味和北味之别。北方腐乳多为红色，南方的多为青白色。红色腐乳有虾子、火腿、玫瑰、香菇等品种，青白腐乳有五香、桂花、甜辣等品种	腐乳品质以色泽鲜艳，有特殊的乳香味，酒香气浓郁，质地软嫩而细腻，味浓而鲜者为上品
豆芽	豆芽可以用绿豆，黄豆等豆类制成，营养丰富，质地脆嫩，清凉爽口	豆芽品质要求以无任何化学药剂进行涨发的有机食品或无公害食品，含有丰富的水分，质地脆嫩者为上品

3. 淀粉制品的选购

淀粉及其制品的品种主要有淀粉、粉丝、粉皮、西米等。具体品种特点见表8-17。

（1）淀粉，又称生粉、澄粉。大量存在于植物之中，如麦、米、玉米、薯类、干果、豆类等，这些原料经处理、浸泡、破碎、过筛、分离、洗涤、干燥后制成淀粉。淀粉有马铃薯淀粉、玉米淀粉、甘薯淀粉、小麦淀粉、绿豆淀粉等，因加工所用的原料不同，不同淀粉的性质有很大差异，有的吸水性好，有的黏性强，故其制品的特点也有差别。

（2）粉丝，又称线粉、索粉、粉条等，是以豆类或薯类等粮食的淀粉，经提粉、打糊、漏粉、冷却、漂白、晒粉等几道工序制成的线状制品。

（3）粉皮又称拉皮，是以豆类或薯类的淀粉利用糊化、老化的原理制成的片状制品。与粉丝的制作原理相同，只是在成型上有差别。粉皮一般以绿豆淀粉和蚕豆淀粉加工而成，将表面抹上植物油的金属浅盘浮在开水锅内，适量倒入用冷水调成的淀粉薄浆，旋转盘子使粉浆匀布盘底，熟后成形取出即成。

（4）西米，又称西谷米，是用淀粉经冲浆、轧丸、烘干制而成的颗粒状淀粉制品。我国的西米多用木薯淀粉、小麦淀粉加工而成。

表8-17　淀粉及其制品特点

品种		特　性	品　质　特　点
淀粉	小麦淀粉	其糊化淀粉的黏度较低，膨胀力低，糊化温度为62℃～83℃，糊化淀粉较为稳定	勾芡，引其膨胀力低，使用量相对增加；上浆、挂糊，因其黏度较低，一般配以蛋清、面粉使用，利用其含有的蛋白质防止淀粉脱浆、脱糊
	玉米淀粉	其黏度、膨胀力较小麦淀粉稍高，糊化淀粉的稳定性较差	勾芡效果较小麦淀粉差，容易稀化，大多用于上浆、挂糊，使用与小麦淀粉相似
	马铃薯淀粉	其黏度、膨胀力较小麦淀粉、玉米淀粉高，但稳定性差	勾芡时，水淀粉浓度稍低，淋入时间于成菜之时，迅速起锅，否则易稀化。因其黏度较高，用于上浆、挂糊的效果较好
	木薯淀粉	其黏度、膨胀力较马铃薯淀粉低，较小麦、玉米淀粉高，但其稳定性较差	使用与马铃薯淀粉相似
	绿豆淀粉	其黏度低、稳定性能好	大量用于勾芡和点心制作，但其黏度较低，可利用添加糯米粉来增加黏度
	甘薯淀粉	其黏度较高，膨胀力较低，稳定性能好	常用于上浆、挂糊、拍粉等加工中
	藕粉、葛粉	分别以莲的根、葛藤的块根为原料经粉碎、漂洗、沉淀后分离出的淀粉，黏度低，膨胀力较好，透明有香味	其品质以质地洁白、细嫩、爽滑可口、有芳香味者为佳

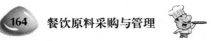

（续表）

品种	特　性	品质特点
粉丝	粉丝按使用的淀粉原料不同分为豆粉丝、薯粉丝和混合粉丝三大类；按水分含量多少又可分为湿粉丝和干粉丝两大类	粉丝以绿豆粉丝质量最好，其品质以粉丝细长而均匀、光亮透明、韧性强、不断条者为上品。蚕豆粉丝韧性较差，成品的颜色和条形均不及绿豆粉丝。甘薯粉丝则粗细不均，色灰暗不透明，涨性大，烧煮后易软烂。混合粉丝是用蚕豆、甘薯、玉米的淀粉混合加工而成，色泽稍白，有韧性，但涨性大，煮后易软烂，质量不及绿豆粉丝和蚕豆粉丝
粉皮	粉皮外形有圆形和方形。制成后未经干制的称为水粉皮，多在产地销售；经过干制的称为干粉皮	粉皮以绿豆粉制成的较好，而以薯粉制成的较差。干粉皮以片薄平整、色泽亮中透绿、质地干燥、韧性较强、久煮不化者为佳
西米	西米有粉粒大、小两种类型，常分别称之为大西米、小西米。大西米形如黄豆，小西米形如高粱米	西米的质量以大小均匀、色泽白净、耐烧煮、制熟后透明度高、不黏糊者为佳

第九章　调味品与食用油的采购

餐饮业中使用的调味原料品种繁多,从调味厚料的概念而言,凡是对菜点生产起到突出口味,改善菜点外观,增进色泽等特性的原材料,统称为调味原料。因此,调味原料包括一些具有调味功效的新鲜调味蔬菜,如葱、姜、蒜、芹、辣椒、韭菜等;也包括经过加工制成的调味料,如干姜、八角、桂皮、小茴香等;也包括经过发酵制成的调味品,如酱油、醋、酱、酸菜、腐乳等;也包括工业生产加工的制品,如糖、盐、蜂蜜、味精以及各种复合味调味料等。各种调味料所含有的化学成分分别具有增香去异味、缓冲、提鲜、增色等作用,并且通过各种调味料的组合,调制成不同的味型,从而丰富了菜肴的滋味。

第一节　咸味调味料的选购

咸味的呈味物质主要是一些盐类化合物,其中以氯化钠、碘化钠的咸味最为纯真。咸味可增加菜肴风味,有增鲜、增甜、解腻、开胃等调味作用,并且与其他调料形成各种风味味型。咸味调料的主要品种有食盐、酱油、酱等。

一、食盐的选购

食盐按其加工精度可分为大盐、加工盐和精盐三种。食盐按其来源的不同,还可分为海盐、井盐、池盐、岩盐等。按其组织成分还可分为普通食盐、低钠盐、加锌盐、加碘盐等品种。选购从商品角度而言,在外观上应保持晶体颗粒干爽,晶亮,无任何杂质和异味等现象出现,咸味适中,不含苦涩味。此外还应注意商标、生产日期、包装、企业和卫生安全标签等信息。具体见表9-1。

表9-1　食盐品种特点

品种	特　性	品质特点
大盐	利用自然风力和阳光晒制,使海水蒸发到饱和溶液,氯化钠结晶析出。质量高的大盐,氯化钠含量可达94%左右。一般适用于腌菜、腌肉和腌鱼等	优质食盐质量要求是色泽洁白,结晶细小,疏松,咸味纯正,无苦涩味,无潮解、干缩和结块等现象
加工盐	以大盐磨制而成的产品,盐粒较细,易溶化,适合于一般调味之用	

（续表）

品种	特　　性	品　质　特　点
精盐	精盐即为再制盐,是大盐溶化成卤水,经过除杂处理后,再经蒸发而结晶的产品。再制盐呈细粉状,色泽洁白,适合于作调料	优质食盐质量要求是色泽洁白,结晶细小,疏松,咸味纯正,无苦涩味,无潮解、干缩和结块等现象
低钠盐	低钠盐是由钠、钾、镁等主要元素组成,其主要成分的比例为氯化钠 65%,氯化钾 25%,氯化镁 10%。低钠盐中的钠与钾的摩尔比为 1：1,镁与钾的摩尔比为 1：4,从营养角度而言是较合理的配比	
加碘盐	在食盐中添加碘酸钾或碘化钾和稳定剂混合而成的一种营养盐	

二、酱油的选购

酱油是一种以大豆、小麦、食盐、水等原料,经过制曲和发酵,在微生物分泌的各种酶作用下,酿造而成的液体状调味料。酱油不仅是一种很好的调味料,而且也是一种具有营养价值的副食品,优质酱油的滋味鲜美、醇厚、五味调和。酱油的种类按生产工艺的不同,可分为天然发酵酱油、人工发酵酱油和化学酱油三类。天然发酵酱油是以黄豆、黑豆或豆饼为原料,煮熟后做成酱坯,利用空气中的微生物进行发酵制成,具有风味独特、味厚鲜美、质量极佳等特点;人工发酵酱油是由人工培养曲种,加温发酵生产的产品,具有营养成分高,色、香、味等品质标准高,售价低等特点,是目前市场上销量最大的酱油品种;化学酱油是用麸皮、米糠、芝麻饼、豆饼等为原料,加盐酸水解原料中的蛋白质,再用纯碱中和,过滤,并加入酱色而成的酱油。这种酱油氨基酸含量高,味道也鲜美,但缺少酿造酱油所特有的风味。酱油的选购从商品角度而言,在外观上应保持无沉淀物或发霉等现象出现,色泽透明澄清,稠度适中,气味芳香,不含有任何杂质。将酱油倒入碗中,用筷子搅拌,优质酱油会起泡,颜色呈枇杷黄,且黄泡不立即消失;中等酱油颜色呈薄赤色而起泡;劣质酱油浮泡满碗,颜色赤黑。此外还应注意商标、生产日期、包装、企业和卫生安全标签等信息。具体品种特点见表 9-2。

表 9-2　酱油品种特点

品种	特　　性	品　质　特　点
生抽王	以黄豆、面粉为原料采用传统天然发酵工艺酿造而成	其品质以色泽红褐、氨基酸含量较高、鲜味浓、酱香和脂香纯正者为上品
辣酱油	以辣椒、生姜、丁香、砂糖、红枣、鲜果以及上等药材为原料,经过高温浸泡熬煎、过滤而成。其产品色泽红润、汇辣、鲜、香、甜、酸为一体	辣酱油的品质除了香味和酸度适当外,还必须有一定的浓稠度以及应该有一定的沉淀物。其虽无酱香味,但具有鲜味,辣中有酸,酸中有甜的特点

（续表）

品种	特　性	品 质 特 点
虾子酱油	以本色酱油加新鲜虾子、白糖、高粱酒、生姜等原料，经加热煮沸，至虾子上浮后出锅冷却而成	其品质以色泽浅褐色，鲜美并具海鲜品的风味者为佳
蘑菇酱油	以本色酱油，加新鲜蘑菇，白糖、味精等原料，同时加热混合，至蘑菇向上浮即停止加热出锅冷却而成	其品质以色泽深褐色，味鲜美者为佳
鱼露	以海产的小杂鱼、小杂虾等为基本原料，经腌渍而成的一种澄清液，味咸而带有浓厚的鱼虾荤味的汁咸味调味	其品质以色泽棕红，体态澄清，具有浓厚海味，味鲜，无沉淀者为佳

三、酱的选购

酱是以豆类和粮食为主要原料，利用米曲霉为主要发酵微生物，经过一段时间发酵后制成的。酱的品种随着制造工艺的发展以及各地的口味不同，所采用的原料各有差异。我国南方的四川、两湖、两广、云贵等地都有吃辣的习惯，因而辣酱很盛行。酱的品种在各地方有许多花色酱，选购从商品角度而言，在外观上应保持酱固有的色泽和芳香味，不含有任何杂质。此外还应注意商标、生产日期、包装、企业和卫生安全标签等信息。具体见表9-3。

表 9-3　酱品种的特点

品种	特　性	品 质 特 点
黄酱	以黄豆、面粉、食盐等，经发酵制成，有甜香味，颜色棕褐，不易生蛆。黄酱品种可分为两大类，黄干酱和黄稀酱	黄干酱质量特点是色红黄，有光泽，有甜香味，不苦、不咸、不带辣味，不酸、不变黑，用手掰开后有白茬，内红、结实，可炸酱做馅，炒菜等。黄稀酱特点是色呈深杏黄色，有光泽，有浓郁的酱香味和鲜味，咸淡适口
甜面酱	以面粉制成饼，经蒸、发酵、粉碎后，加食盐用沸水熔化冷却而成的酱，由于滋味咸中带甜而得名	品质以色金红，有光泽，咸味适口，有甜香味者为佳
蚕豆辣酱	以蚕豆、红辣椒、花椒、面粉、食盐等经发酵、晒露而成的酱	品质以色泽红亮油润，豆瓣鲜辣酥软，味鲜回甜，略有辣味及香油味者为佳
桂林酱	俗称蒜头豆豉辣椒酱，是用豆酱、豆豉、大蒜、野山椒、红糖、食油等原料精制而成，是广西桂林特产	品质以其酱稠、辣味浓烈者为佳
柱候酱	以黄豆、面粉，附加蒜肉、生抽、白糖、食油、八角粉等煮制研磨而成	品质以香气浓郁，味道调和，咸甜适口者为佳

（续表）

品种	特　性	品质特点
沙茶酱	以虾米、香葱、海产鱼、花生仁、白糖、酱油、食盐、蒜粉、辣椒粉、芥末粉、五香粉、茴香粉、沙姜粉、肉桂粉、香草粉、芫荽子粉、芝麻酱和植物油等,混合后放在中小火上慢慢熬炼而成	品质以色红褐或棕褐,香辣协调,味美适口者为佳
八珍酱	以豆酱、酸梅、八角粉、酱油、豆豉、白糖、蒜肉等调料,经煮制研磨而成	品质以浅褐色,有浓郁的酱香气,味鲜美,入口时咸,回味微甜者为佳
香酱	以面酱、蒜肉、苏姜、芝麻、沙姜等原料,采用科学方法配置而成	品质以色泽呈红褐色,有光泽,有酱香气,味甜而鲜美者为佳
豉油膏	以黄豆或黑豆作原料,经过蒸煮发酵、萃取加盐、蒸发浓缩等工艺过程制成	品质以具有豉油的色香味和独有的浓香和极为鲜美的味道者为佳
海鲜酱	以黄豆、面粉经酿制,加红糖、白醋、酸梅、蒜肉等经破碎高温蒸煮研磨而成	品质以色泽枣红,甜为主,略带酸味,味道鲜美者为佳
咖喱肉酱	以猪蹄肉、猪油、豆酱、酱油、咖喱、葱头、五香粉、辣椒酱、食糖和味精等煎煮而成的酱	品质以色泽棕红,辣油澄清,咖喱味浓郁,具有辣、鲜、甜、香、咸等味者为佳
辣椒酱	以鲜辣椒、食盐、食用红色素等加水文火煮制而成的酱	品质以色泽红润,辣椒鲜嫩,味鲜辣纯正者为佳
花生酱	以花生仁经炒制,去皮,重复磨制而成的酱	品质以酱体细腻,油亮,具有浓郁的花生味者为佳
芝麻酱	以白芝麻经炒制,重复磨制而成的酱	品质以酱体细腻,油亮,具有浓郁的芝麻味者为佳

第二节　甜味调味料的选购

　　甜味调味料是菜肴生产中常用的调味料,具有使菜肴甘美可口,调和滋味,同时使菜肴浓厚并上色,催人食欲的功能。此外,甜味还具有缓和辣味的刺激感,增加咸味的鲜醇等。常见的甜味调味料主要有食糖、麦芽糖、蜂蜜和各种果酱等。具体见表9-4。

表 9-4　甜味调味料品种特点

品种		特 性	品 质 特 点
食糖	红糖	在生产过程中没有把糖蜜分离,里面所含杂质较多,故呈红色。其结晶细而软黏,色泽深浅不一,有红、黄、紫、黑等数种	品质以鲜艳、松燥无块状的为佳
	白砂糖	制糖过程中,经分蜜、提净、脱色等工序,故其含水分、杂质、还原糖很低,不易吸水返潮,容易保管。按晶粒大小又分为粗砂、中砂和细砂三种	品质以晶粒整齐、均匀、松散、干燥、水溶液味甜,不带杂味,光亮洁白者为佳
	绵白糖	将白砂糖磨碎后加入转化糖浆制成	品质以色泽洁白,颗粒细,质地绵软,味甜不带杂味,入口即化者为佳
	赤砂糖	由于不经过洗蜜工序,表面附着的糖蜜较多,不仅还原糖含量高,而且非糖的成分,如色素、胶质等含量较高	品质以晶粒整齐均匀,味甜而带有糖蜜味,不带杂味,色泽赤褐或黄褐色者为佳
	冰糖	以砂糖溶化成液体,经过烧制,除去杂质,然后蒸发水分,使其在 40℃ 左右条件下进行自然结晶而成	冰糖的色泽有无色、黄色之分,品质以无色透明的冰糖为佳
	方糖	将优质白糖磨细后,经润湿、压制和干燥而制成的产品	品质以洁白、纯净、卫生,在温水中能迅速溶化者为佳
麦芽糖		淀粉在淀粉水解酶的作用下所产生的中间产物,因麦芽中含此糖量较高而得名	品质以色泽红亮,黏稠,味甜无杂味者为佳
蜂蜜		由蜜蜂酿制经加工而制成的淡黄色至红黄色的黏性半透明糖浆	品种以紫云英蜂蜜品质最佳。色泽浅黄透亮,不浑浊的质量为好

第三节　酸味调味料的选购

酸味调味料大多来自于植物性原料及其酿造品,如天然的酸味物质山楂、柠檬酸、苹果酸以及酿造的醋。现用于菜肴生产的酸味调味料主要有食醋、柠檬和番茄酱等。选购从商品角度而言,在外观上应保持色泽淡黄或深黄,澄清有酸味,不含任何杂质,稠度适中,气味芳香。此外还应注意商标、生产日期、包装、企业和卫生安全标签等信息。具体见表 9-5。

表 9-5　酸味调味料品种特点

品种		特　性	品 质 特 点
食醋	米醋	以黄米、高粱为原料,经发酵成熟的白醋坯直接过淋的一种产品	品质以色泽黄褐,有芳香味者为佳
	熏醋	原料与米醋相同,以熏坯和白坯各半,加入适量的花椒和大料,再经过淋的食醋即为熏醋	品质以色泽深,具有特殊的熏制风味者为佳
	糖醋	主要原料是饴糖,加曲和水进行发酵而成	品质以色泽较浅,口味纯正清爽者为佳
柠檬汁		以柠檬经榨取过滤后的汁液	品质以色泽浅黄,味纯酸,具有浓郁的果香味者为佳
番茄酱		以新鲜番茄为原料,经洗净去皮、去籽,切成小块,然后加热使其软化,后经磨细,最后加糖经浓缩而成	品质以色泽鲜红,酱汁滋润,质地均匀细腻,酸味适中,并带有番茄所特有的风味者为佳
番茄沙司		主要由番茄酱、砂糖、饴糖、洋葱、红辣椒粉、生姜粉、冰醋酸、色素等原料配制而成	品质以红褐色,酱状体质细腻,味酸甜而微有香辣味者为佳

第四节　鲜味调味料的选购

鲜味是体现菜肴滋味的一种十分重要的基本味,也是增添菜肴滋味使人产生强烈食欲的关键,还有滋补身体、增进健康等作用。现用于菜肴生产的鲜味调味料主要有味精、鸡精、牛精等。对味精的选购,一般以无咸味、苦味,有冰凉感,带鱼腥味;味鲜美,且能速溶于水中者为佳。此外,应注意产品的包装、重量、色泽和气味,以及生产企业、商标、生产时间等。具体见表 9-6。

表 9-6　鲜味调味料品种特点

品种	特　性	品 质 特 点
普通味精	味精大部分是由淀粉发酵法制成的。味精的主要成分是谷氨酸钠,不含蛋白质。在味精的包装上标都有 99%,90%,80%,70% 等谷氨酸钠的含量标记。谷氨酸钠含量的高低,决定着味精的质量	品质以无色至白色的结晶或结晶性粉末,味道鲜美,谷氨酸钠含量达99%以上,有鱼肉的荤味者为佳

（续表）

品种	特 性	品质特点
特鲜味精	由呈鲜味特强的肌苷酸钠或鸟苷酸钠与普通味精混合而制成。其品质主要根据肌苷酸钠、鸟苷酸钠与普通味精的配比确定	1.5％鸟苷酸钠与98.5％普通味精混合而成的特鲜味精
		1％肌苷酸钠、1％鸟苷酸钠与98％普通味精混合而成的特鲜味精
		2.5％肌苷酸钠、2.5％鸟苷酸钠与95％普通味精混合而成的特鲜味精
		8％核苷酸钠与92％普通味精混合而成的特鲜味精
		8％核苷酸钠，4％柠檬酸钠与80％普通味精混合而成的特鲜味精
		0.5％肌苷酸钠，5％鸟苷酸钠与94.5％普通味精混合而成的特鲜味精
复合味精	由调味香料和各种呈味作用的调味料配制而成的混合型鲜味调味料。按其风味可分为牛肉味（即简称牛精）、鸡肉味（即简称鸡精）、猪肉味（即简称猪精）。按其形状也可分为粉状、酱状和块状等品种	鸡精，味精10％，肌苷酸钠和鸟苷酸钠0.3％，食盐61％，特鲜酱油3.2％，姜粉0.8％，大蒜粉0.1％，胡椒粉1.2％，丁香粉1.2％，鲜辣粉1.2％，鸡肉蛋白3.8％，水解蛋白2％，玉米淀粉6.6％
		牛精，水解植物蛋白44.7％，牛肉浸出粉4.4％，酵母浸出粉4.4％，牛脂3.3％，食盐20.1％，大蒜粉7.2％，糖13.1％，芹菜粉1.3％，辣椒粉0.66％，肌苷酸钠0.05％

第五节 辣味调味料的选购

辣味是刺激性最强的一种，并带有辛香味。以辣味调料生产的菜肴别具一格，我国川菜、湘菜等使用较广泛，并且名扬海外，它的调味料主要有辣椒及制品、胡椒、芥末、咖喱粉、生姜等。辣味调味料的选购，首先注意原料本身的特性，如选购辣椒面，其红色常作为鉴定辣椒面品质的标志，所以伪劣产品常用其他红色素假冒。在选购时，可用舌头舔感到牙涩，则表明里面是放了红砖粉末；也可将其倒在白纸上，用手揉搓，如手上留有红色，则表明其中掺有色素；还可取少量辣椒粉放入25％的盐水中，如水被染成红色，也表明其中掺有色素。并且这些原料通常是经过加工包装销售的产品，在选购时一般要求选用包装良好的商品，并注意品名、成分、重量、容量、生产企业、生产日期和保质期等信息。具体见表9-7。

表 9-7　辣味调味料的特点

品种	特性		品质特点
辣椒	干辣椒	用鲜红辣椒晾晒而成	品质以色紫红鲜艳,油润有光泽,果大完整,皮薄肉厚,身干籽少,辣香浓郁,无霉烂虫蛀为佳
	辣椒面	将老熟了的尖头辣椒经日晒或烘烤成为干辣椒制品以后,再配以少量桂皮(不超过1‰)混合磨制成粉末状而成的辣味调料	品质以色泽红艳,质地细腻,并具有油性者为佳
	泡辣椒	选用色泽红艳的鲜品辣椒,连同整治干净的活鲫鱼一起装入坛内,添加食盐、红糖、白糖、花椒、老姜和适量冷开水,浸泡数天后而成的辣味调料	品质以色泽红亮,滋润柔软,肉厚籽少,香辣味美,兼带咸鲜,椒体完整无霉烂者为佳
胡椒	热带植物胡椒科常绿攀缘性灌木胡椒的果实。干制胡椒又分黑与白两种。黑胡椒为尚未成熟的,干燥后外皮皱缩变成黑色。白胡椒则是由种仁饱满、已经成熟的果实,经去皮加工后而成,干燥后呈白色		品质以白胡椒及其加工制品的质量较高,适用范围较广。胡椒粉以色泽淡黄,干燥,具有浓郁的芳香味和强烈的辛辣味者为佳
芥末粉	十字花科植物芥菜的种子经碾磨制成的一种辣味调料。芥籽有白芥籽和黄芥籽之分,因此芥末面有深黄和淡黄两种,干燥时无臭味,润湿后则略有香气,味极刺鼻而带辛辣味		品质以色泽淡黄色,无杂味,干燥细腻者为佳
咖喱油	由咖喱粉和油熬制而成		品质以色泽金黄,口味芳香,鲜辣者为佳
辣油	其制作方法有两种,一是直接将干辣椒磨成粉末后加入一定的菜油或其他植物性油慢慢加热熬制而成。二是将干辣椒或干辣椒粉放入一定量的清水中,用小火慢慢熬煮而成。前者辣味重,后者辣味稍淡		品质以色泽红黄、澄清透亮、香辣柔和、爽口不腻者为佳
咖喱粉	用姜黄粉为主料,配以适量芳香的八角、桂皮、白呼叫、小茴香、芫荽籽、甘草、橘皮、生姜干和辣椒干等打粉制成		品质以色深黄,轻辣重香,具有色泽黄亮,芳香浓郁,不泄气、不潮结块者为佳

第六节　香味调味料的选购

香味调味料的种类繁多,性质复杂。不同香料,就其香味本身而言,有多种类型,一般认为肉桂、丁香、草果的香味是浓淡适中,八角的香味浓重。常见的香味调味料主要有小茴香、八角、丁香、桂皮、五香粉、陈皮、桂花、花椒和草果等。以上这些原料通常是经过加工包装销售的产品,在选购时一般要求选用包装良好的商品,并注意品名、成分、重量、容量、生产企业、生产日期和保质期等信息。选购散装香味料时,应注意有无异物,例如昆虫、树叶、沙土等杂质,以及以次充好,以假乱真等情况的出现。具体见表9-8。

表 9-8　香味调味料的特点

品种	特　　性	品 质 特 点
花椒	又称山椒、秦椒、巴椒、川椒,是芸香科植物花椒树的果实。其品种分大椒和小椒两种。大椒称"大红袍"、"狮子头",粒大、色红,内皮呈淡黄色,气味重,麻味重。小椒称"小红袍"、"小黄金",粒小,色红,味较香,味麻,但次于大椒。青花椒麻味适中,干花椒麻味重	品质以果实干燥,粒大而均匀,外皮色大红或淡红,椒果裂口,果内不含籽粒,香味浓,麻味足,无杂质,无腐烂者为佳
桂皮	即为桂树之皮。桂树分玉桂和菌桂两种,玉桂多作药用,菌桂皮多作调味之用。菌桂皮,又称官桂皮、紫桂皮,其形状各异,品种较多。一般有呈半槽形、圆筒形、板片状等	品质以外皮灰褐色,内皮红黄色,皮肉厚,香味浓,无虫,无霉,无白色斑点者为佳
八角	又名大料、大茴香、八月珠。八角是木兰科木本植物八角茴香的果实,经干燥后所得,形呈 6～8 角形,颜色紫褐色至浅褐色	品质以色紫褐、朵大饱满、完整不破、身干味香、无硬梗者为佳品
小茴香	又称茴香、香丝菜、怀香、野茴香、小茴、小香,是伞形科草本植物茴香的种子经干燥所得。成熟果实犹如小稻谷粒或孜然,长 5～8 毫米,宽 2 毫米,有特异芳香气,色呈灰色至深黄色,并稍带甜味	品质以粒大饱满、色黄绿、鲜亮、气味香、无梗、无杂质和无土者为佳
丁香	采集丁香树的花蕾经干燥后所得。其未开放的花蕾名称公丁香,品质较优。也有采集其果实,名为母丁香,其质量较差。形呈短棒状,长约 1.5～2 厘米,上端近圆球形,大如豌豆,四花瓣抱拢而成,下端花柄圆柱形,有皱纹,棕黄色或紫棕色	品质以油性大,香味浓郁,有光泽者为佳
草果	又称草果仁、草李子,为姜科植物草果实的干制品。形长圆形或长钝角三棱形,长 3～4 厘米,直径 1.5～2.5 厘米。外皮棕褐色,有突起的纵棱和相对形成的纵沟纹。质地坚硬,破开后见白色种仁	品质以个大饱满、质地干燥、表面为红棕色为佳

（续表）

品种	特 性	品 质 特 点
肉豆蔻	又名肉果、玉果，为肉豆蔻科长绿乔木肉豆蔻的成熟干燥种仁。形呈卵圆形、球形或椭圆形，长约2～3.5厘米，宽2厘米左右。外表灰棕色或棕色，质地粗糙，有网状沟纹	品质以果实饱满，个大坚实，香味浓郁，无霉变者为佳
草豆蔻	姜科多年生草本植物草豆蔻的种子。草豆蔻呈圆形或椭圆形，直径约1.5～2.5厘米，表面灰白色或灰棕色，中间由白色隔膜分成瓣，每瓣有数十粒种子	品质以果实饱满，个大坚实，芳香，并有苦、辣味，无霉变者为佳
砂仁	姜科植物砂仁的果实加工而成。朔果长卵圆形，紫红色，干后褐色。种子多角形，黑褐色	品质以尝之涩口，闻之有香味者为佳
山奈	由姜科植物山奈的根状茎加工而成，出售的为其干制切片，其味芳香	品质以色白多粉，气香浓，味辣为佳
白芷	又称香白芷、香芷，由伞形科草本植物兴安白芷、川白芷、杭白芷的根加工而成。将白芷的直根部挖出，拣去杂质，洗净，晒干切片后作调料使用	品质以干燥、油性大，气味芳香浓烈而略带苦味者为佳
桂花	木樨树的花朵	其品种可分为金桂、银桂、丹桂、四季桂等，品质以前三种桂花香气浓郁，质量较好
月桂叶	其品种有两种，一种是樟科月桂树的干叶片；另一种为樟科天竺桂的干叶片	品质以叶片完整，表面深绿有光泽，背面色稍淡，干燥无虫蛀，芳香味浓郁者为佳
陈皮	又称橘子皮，为芸香科植物常绿乔木福橘、朱橘、蜜橘等多种橘柑的果皮，经干燥处理后所得的干性果皮	品质以色正光亮，香气纯正，身干无霉者为佳
香糟	谷类发酵制成黄酒或米酒后所剩余下来的渣滓即为糟，经过一定的加工而形成香糟。香糟分为红糟和白糟两种，红糟是福建省的特产；白糟，产于杭州、绍兴	红糟是以糯米作发酵原料的，添加5%的红曲米，以隔年陈糟最好，含酒精量较低，约20%，质量以色泽鲜红，具有浓郁的酒香味者为佳；色黑，香气低者次之。白糟是用小麦和糯米发酵而成，含酒精量26%～30%。新货色白，香味不浓，陈货色黄甚至微红，香味浓郁，所以新货不及陈货好
五香粉	以桂皮、八角，配以花椒、小茴香、芫荽籽、橘皮、甘草等芳香植物的干制品经碾磨成粉末后混合而形成的综合型香味调料	品质以色泽呈褐黄色，具有五种不同风味的香味，食之味香带微辣，干爽不结块者为佳

第七节 食用油的选购

食用油脂的来源非常广泛,品种繁多。烹饪中常根据其来源分为植物油、动物油和再造油三大类。植物油主要来自于植物的种子、果皮、果肉以及某些谷物种子的胚芽和麸糠中油脂经加工精炼而成。植物油脂主要有大豆油、花生油、棉籽油、芝麻油、菜油、葵花籽油、玉米油、麦胚油、米糠油、可可脂、豆蔻脂、椰子油、橄榄油等。动物油主要来源于陆上和水中动物的脂肪组织及陆上动物的乳汁中的油脂经提炼而成的。陆生动物脂主要有猪油、牛油、羊油、鸡油、鸭油和乳油等;鱼油主要有鲳鱼油、鳕鱼油和鲱鱼油等;鱼肝油主要有鳕鱼肝油、鲛鱼肝油和马面鱼肝油等;海产品油脂主要有鲸油、海豹油和海豚油等。再制油是指以各种油脂按烹饪加工上的需要而进行精炼、氢化、酸化的油脂,一般由各种油脂混合而成,最终以良好的性能适应各种烹饪加工的需求和消费者的需要。再制油主要有人造奶油、氢化油、起酥油、酸奶油、涂层特殊油、代可可脂、夹心特殊油脂及糖果特殊油脂等。食用油脂的选购首先应该注意油质特征,保持油脂澄清、无沉淀及泡沫,无异物、异味;其次注意包装,要求密封完整,无破损、无漏液、铁质容器不生锈;此外还注意产品的商标、安全标签、生产日期、保质期和生产企业信誉等信息。具体品种特点见表9-9。

表 9-9 食用油脂品种特点

分类	品种	来源与加工	特性	品质特点
植物性油脂	豆油	大豆中提取的油脂	豆油的营养价值较高,它含有大量的人体必需脂肪酸——亚油酸,约为50%～60%,此外还含有22%～30%的油酸、5%～9%的亚麻油酸、7%～10%的棕榈酸、2%～5%的硬脂酸、1%～3%的花生酸等成分	大豆油的色泽较深,毛油呈黄色,精炼过的豆油为淡黄色,有特殊的豆腥味,热稳定性较差,加热时会产生较多的泡沫
	花生油	从花生仁中提取的油脂	花生油营养价值较高,它含不饱和脂肪酸达70%～80%,其中油酸含37%左右,亚油酸38%左右。其次含有软脂酸13%,硬脂酸3.5%,花生酸6%～8%	花生油色泽淡黄、透明清亮,气味芬芳可口。花生油中因含饱和脂肪酸的量稍高,其在室温下,黏度较高,易出现浑浊现象。温度上升,浑浊便会消失。花生油易凝固,在−3℃呈乳浊状,温度过低则凝固
	菜油	从油菜、甘蓝、萝卜和芥子的种子中提取油脂,其中以油菜种子的含油量高,质量好	菜油含花生酸0.4%～1.0%,油酸14%～29%,芥酸31%～55%,亚麻酸1%～10%,此外还含有少量软脂酸和硬脂肪	油菜籽毛油,色泽深黄略带绿色,具有一种令人不愉快的气味和辣味。精炼后的菜油澄清透明,色泽淡黄并且无味。菜油因含有50%左右的芥酸,故影响其营养价值

（续表）

分类	品种	来源与加工	特 性	品 质 特 点
植物性油脂	芝麻油	从芝麻中提取的油脂	芝麻油中含脂肪酸的量分别为软脂酸 7.2%～12.3%、油酸 36.9%～50.5%、硬脂酸 2.6%～6.9%、亚油酸 36.8%～49.1%、花生酸 0.4%左右。芝麻油的消化率为 98%，并富含维生素 E，是一种非常优良的食用油脂	芝麻油按加工方法可分为大槽油和小磨香油。大槽油是用压榨法制取，不具有小磨香油特有的浓郁芳香味，但色泽澄清。小磨香油又称香油，经炒芝麻、磨糊、加开水搅拌，油水分离而制成。芝麻种子的外皮含有较多的蜡质，制油时蜡质溶于麻油中，在气温较低的季节贮存的麻油常见有乳白色沉淀析出，影响麻油的外观
	玉米油	从玉米胚中提取的油脂	玉米油，其含软脂酸为 10%、硬脂酸 2.5%～4.5%、油酸为 19%～49%、亚油酸 34%～62%、亚麻油酸 2.9%。不饱和脂肪酸占脂肪总量的 85%以上，具有特殊的营养和生理保健价值	玉米油清淡爽口，稳定性好，含有天然抗氧化剂维生素 E。玉米油中含有的叶黄素和较多的叶红素难以除去，故经精炼后的玉米油色泽较深。玉米油经低温处理脱蜡以后，品质更佳
	葵花籽油	从向日葵种子中提取的油脂	葵花籽油中的脂肪酸含有油酸 34%、亚油酸 56%、硬脂酸 4.3%、棕榈酸 5.1%	葵花籽油未精炼时呈黄而透明的琥珀色，精炼后呈清亮的淡黄色或青黄色。气味芳香，滋味纯正。葵花籽油熔点低（－18.5℃～－16℃），在零下十几摄氏度仍是澄清透明的液体
	橄榄油	从油橄榄果肉中提取的油脂	油橄榄榨油是用新鲜果为原料，其脂肪酸中含油酸为 65.8%～84.9%、亚麻酸为 0.3%～1.3%、亚油酸 3.3%～17.7%、棕榈油酸为 0.2%～1.8%、饱和脂肪酸为 11%～17.8%	橄榄油色泽淡黄，清亮透明。橄榄油中不饱和脂肪酸的含量较高，表现为黏度小，不易氧化，耐贮存，热稳定性也很高。在较低温度下贮存仍然保持着澄清透明，即使贮存几年也不会变质变味

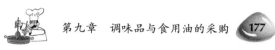

（续表）

分类	品种	来源与加工	特 性	品 质 特 点
植物性油脂	可可脂	可可豆经焙炒后，去壳成为可可豆肉，然后将可可豆肉磨成酱体。这种酱体在温热状态下具有液体的流动性，冷却后则凝固成块状，称其为可可液块。从中提取的脂即为可可脂	可可脂中的脂肪酸以饱和脂肪酸较多，约占70%～80%左右，饱和脂肪酸主要有硬脂酸、棕榈酸等，不饱和脂肪酸以油酸为多，其次为亚油酸。由于组成中含饱和脂肪酸较多的缘故，可可脂的熔点较高，为31.8℃～33.5℃，因此常温下为固态	可可脂是一种淡黄色硬性天然植物脂肪，在常温下坚硬并有脆裂性，从液态转变为固态有明显的收缩性。可可脂的口感很好，入口容易溶化，但却没有油腻感，并具有浓郁而独特的香气
动物性油脂	猪脂	从猪的脂肪组织板油、肠油或皮下脂肪层肥膘中提炼出来	猪脂中脂肪酸主要含7.3%豆蔻酸，棕榈酸28.3%，硬脂酸11.9%、十六烯酸2.7%、油酸47.5%、亚油酸6%	猪油以鲜板油提炼出的脂质量最好，呈白色软膏状，其熔点为24℃～48℃。常温下呈固态，并且色泽纯白或淡黄
	牛脂	使用普通间接蒸汽干燥法从牛脂肪组织中提取出来的经精炼后成为食用油脂	牛脂中含有豆蔻酸3.1%、十六烯酸2.4%、棕榈酸24.9%、硬脂酸24%、亚油酸2%、油酸42%	牛脂熔点为42℃～52℃，在常温下呈黄色固态状脂。色泽较深，并有浓重的牛腥味，食用时口感不太好，人体的消化率也较低
	羊脂	从羊的脂肪组织中提取出来的脂	羊脂中含有豆蔻酸为4.6%、棕榈酸为24.6%、硬脂酸30.5%、油酸36%、亚油酸为4.3%	羊脂熔点高达44℃～55℃，在常温下也呈固态状，色泽纯白，并且具有较浓重的羊膻味
	鸡油	从鸡皮下脂肪组织和内脏周围的沉积脂肪组织中提取出来的油脂	鸡油中的脂肪酸含有较丰富的不饱和脂肪酸，其中亚油酸24.7%、亚麻油酸为1.3%	鸡油色泽浅黄至金黄，在常温下为液态或半固态，并且具有浓郁的鸡肉风味

（续表）

分类	品种	来源与加工	特性	品质特点
再制油脂	奶油	从牛乳中的乳脂肪提炼加工制成的油脂	奶油脂肪酸组分中含月桂酸2.5%、豆蔻酸11.1%、棕榈酸29%、硬脂酸9.2%、花生酸2.4%、棕榈油酸4.6%、油酸26.7%、亚油酸3.6%。并且还含有酪蛋白、乳糖、维生素A、E、D、胡萝卜素等营养成分	优质的奶油色泽透明淡黄,用刀切开,切面光滑,不出水滴、无空隙,放入口中能溶化,口感润滑不油腻,有奶油特有的芳香味
	人造奶油	又称麦淇淋,是将精炼氢化硬脂配合一定比例精炼植物油,添加乳化剂、维生素、色素和水溶性的食盐、防腐剂、香料等成分,经乳化、灭菌、急冷、捏和、结晶老化而制成	人造奶油的含水量在22%以下,含油脂量不少于75%,熔点在35℃以下,含气体量为100克中少于20毫升	优质的人造奶油必须具备良好的保形性、展延性、口溶性和营养性
	起酥油	由植物油脂氢化和精炼,配合一定比例精炼植物油,添加乳化剂,经充氮、急冷、混合搅拌熬制后,进行熟化	含有丰富饱和脂肪酸,稳定性好	优质的起酥油熔点为33℃～35℃,具有良好的起酥性、起泡性、延伸性和稳定性

第十章 食用中药物原料的采购

餐饮中使用的中药材一般用于生产保健菜肴或少量的食疗菜肴中药有 3000 种以上,为了确保药膳的保健强身、防病治病的疗效,所选用的中药首先必须保证是上等优质原料,要求药材切片中无杂质、无泥土、无霉变、无虫蛀。还要求其色不变,其形美观,气味纯正。餐饮中选用的中药通常都具有一定的补益作用,因此中药材采购以色淡,味甘、质柔软的优先选用。餐饮中常用的具有保健和食疗功效的原料主要分为补血、养阴、益气、助阳等中药材,在选购中,应注意原料的品种、品质鉴定和性质,以便保持其功效。

第一节　补血药物原料的选购

一、当归

当归为伞形科植物当归的根。当归味甘、辛,性温;入肝、心、脾经。当归入药,分为全当归、当归头、当归尾三种。当归头补血养血;全当归补血活血;当归尾活血祛瘀。常与黄芪、党参配伍用于补血治疗血虚体弱。

(1) 当归略呈圆柱形,下部有支根 3～5 条或更多,长 15～25 厘米。表面黄棕色至棕褐色,纵皱纹及横长皮孔。品质以主根粗长,油润、外皮黄棕色、断面黄白色、气味浓郁者为佳。

(2) 主根(归身),表面凹凸不平;支根(归尾)直径 0.3～1 厘米。上粗下细,多扭曲,有少数须根痕。质柔软,断面黄白色或淡黄棕色,皮部厚,有裂隙及多数棕色点状分泌腔,根部色较淡,形成层环黄棕色。有浓郁的香气。

(3) 当归头,根头(归头)纯主根,呈长圆柱形或掌状。表面棕黄色或黄褐色。断面黄白色或淡黄色,具油性,气芳香,味甘微苦。按每 1 000 克 40 支、80 支、120 支、160 支以内分为一至四等。

(4) 全归片以表面黄棕色,切面黄白色,中间有一棕褐色环纹,有油点,质柔韧,味甘微苦,香气浓厚者为佳。

二、熟地

熟地为玄参科植物地黄的根。熟地味甘,性微温;入心、肝、肾经。实践中常与当归、白芍同用,具有补血滋阴功效;与山萸肉、杜仲同用具有养肝益肾功效;与党参、酸枣仁、茯苓同用具有治疗心悸、失眠等;与当归、白芍、川芎、香附同用治疗月经不调;与阿胶、当归、白芍一起治疗崩漏;与山药、山萸肉、茯苓、泽泻、丹皮同用治疗肾阴不足、潮热遗精、盗汗头晕。

(1) 熟地为不规则的块片、碎块,大小、厚薄不一;表面乌黑色,有光泽,黏性大,不易折断,断面乌黑色,有光泽。根据加工方法不同,新鲜的称为鲜生地,清热凉血;长大晒干的称为生地,凉血滋阴;生地加工蒸熟称为熟地,专用于补血滋阴。品质以个大体重、质柔油润、断面乌黑、味甜者为佳,尤以河南怀庆产者最优。

(2)饮片呈不规则的类圆形厚片,直径 3～6 厘米,厚 2～4 厘米。切面棕黑色或乌黑色,有光泽,油润黏性,周边灰黑色或棕灰色皱缩。质柔软,坚实。气味特异。

三、白芍

白芍为毛茛科植物芍药除去外皮的根。白芍味微苦、酸,性微寒;入肝经。芍药有白芍、赤芍之分,白芍养血平肝,赤芍凉血活血。白芍具有养血敛阴,柔肝止痛,平抑肝阳的功效。实践中常与当归、熟地、川芎同用治疗妇科疾患;与柴胡、枳壳同用治疗肋痛;与甘草同用治疗腹痛;与黄连、木香同用治疗痢疾腹痛;与龙骨、牡蛎、浮小麦同用治疗自汗、盗汗;与桑叶、菊花、钩藤同用治疗肝阳亢盛、头痛、头晕。

(1)白芍呈圆柱形,平直或略弯曲,两端平截。长 5～18 厘米,直径 1～2.5 厘米。表面浅棕色或类白色,全体光滑,隐约有纵皱纹、皮孔及细根痕,偶有残存的外皮。质坚实,不易折断,断面较平坦,类白色或微红色,角质样,形成层环明显,木质部有放射状纹理。品质以根粗、坚实、粉性足、无白心和裂隙者为佳。

(2)饮片类圆形,厚约 3 毫米,表面类白色或粉红色,切面形成层环明显,有放射状纹理,质坚实,气微,味微苦、酸。

四、何首乌

何首乌为蓼科植物何首乌的块根。何首乌味苦涩,性微温;入肝、肾两经。何首乌生用润肠,解疮毒,截疟。补肝肾,益精血,润肠、解毒、截疟。并具有降低血脂作用,对血糖有先升后降的作用。实践中常与当归、白芍、鸡血藤、熟地配伍治疗血虚引起的面黄、头晕、失眠;与当归、枸杞子、菟丝子、补骨脂同用治疗肝肾不足引起腰酸、头晕、耳鸣、失眠;与当归、火麻仁同用治疗肠燥便秘;与人参、陈皮、当归、煨姜同用治疗疟疾。

(1)何首乌呈团块状或不规则纺锤形,长 6～15 厘米,直径 4～12 厘米;表面红棕色或红褐色,有浅沟,并有横长皮孔及细根痕;体重,质坚实,不易折断,断面浅黄棕色或浅红棕,显粉性,皮部有异型维管束环列,形成 4～11 个类圆形云朵状花纹,中央木质部较大,有的呈木心。品质以体重、质坚、粉性足者为佳。

(2)饮片为横切片,直径 3.5～6 厘米,厚约 2 毫米;切面棕红色,异型维管束与中心维管束均明显。

五、阿胶

阿胶为马科动物驴的皮,经过漂泡去毛后熬制而成的胶块。阿胶味甘,性平;入肺、肝、肾经。补血止血,滋阴润肺。与当归、党参、黄芪同用治疗血虚;与生地、蒲黄、藕节一起用于止血;配伍生地、白芍、牡蛎、鳖甲治疗热病伤阴、虚风内动。与麦冬、沙参、马兜铃同用治疗阴虚咳嗽。

(1)东阿胶,又名真阿胶,为以山东东阿县东阿井水熬制者。品质最优。品质以乌黑、断面光亮、质脆味甘、无腥气者为佳。

（2）二泉胶，以无锡二泉水熬制者。呈整齐的长方形块状，通常长约 8.5 厘米，宽约 3.7 厘米，厚约 0.7 或 1.5 厘米。表面棕黑色或乌黑色，平滑，有光泽。对光照视略透明。质坚脆易碎，断面棕黑色或乌黑色，平滑，有光泽。

六、鸡血藤

鸡血藤为豆科植物密花豆或香花崖豆藤的茎藤。鸡血藤味苦、甘，性温；入肝肾经。鸡血藤来源复杂，以云南所产质量较好。具有补血行血，舒筋活络的功效。实践中常与熟地、当归、川芎同用治疗血虚引起的月经不调；与当归、川芎、丹参、海风藤等同用治疗血虚淤滞引起的关节酸痛、中风肢麻；与黄芪、大枣等同用治疗放射性白血球减少。

（1）鸡血藤呈扁圆柱形，通常切成椭圆形、长矩圆形或不规则的斜切片，厚 0.3～1 厘米。栓皮灰棕色，有的可见灰白色斑块，栓皮脱落处显红棕色。切面木质部红棕色或棕色，导管孔多数；韧皮部有树脂状分泌物呈红棕色至黑棕色，与木部相同排列呈 3～8 个偏心性半圆形环；髓部小，偏向一侧。质坚硬，难折断，折断面呈不整齐的裂片状。品质以条粗、环多、树脂状分泌物多者为佳。

（2）饮片呈椭圆形或不规则碎片。表面木部淡棕色至棕色，有多数小孔；棕褐色的树脂状分泌物与木质部相间排列呈 3～8 个偏心性半圆形环，髓部偏向一侧。

第二节　养阴药物原料的选购

一、沙参

沙参为伞形科植物珊瑚菜（北沙参）或枯枝科植物杏叶沙参、轮叶沙参（南沙参）的根。沙参味甘、微苦，性微寒；入肺、胃两经，具有清肺养阴、益胃生津。北沙参形细长、质坚密；而南沙参形粗大、质较疏松，作用较北沙参弱。实践中常与川贝母、麦冬同用治疗肺虚热咳、少痰声哑；与麦冬、生地、石斛同用治疗热病伤津、舌绛口渴。

（1）沙参呈细长圆柱形，偶有分枝，长 15～45 厘米，直径 0.4～1.2 厘米；顶端常留有棕黄色根茎残基，上端稍细，中部略粗，下部渐细；表面淡黄白色，粗糙，偶有残存外皮，全体有细纵皱纹褐纵沟，并有棕黄色点状细根痕；质脆，易折断；断面白色粉性。品质：以枝条细长、圆柱形、均匀、质坚、外皮色白者为佳。

（2）饮片为 3～5 毫米厚的段片，外表淡黄白色，切面有黄心，中心具网纹，半透明。

二、麦冬

麦冬为百合科植物沿阶草的块根。产于浙江笕桥者称笕麦冬；指粗大盈寸的称寸麦冬。麦冬味甘、微苦，性寒；入心、肺、胃经。养阴清热，养胃生津。实践中常与石斛、天冬、生地等同用治疗阴虚内热，胃阴耗伤，津少口渴；与沙参、天冬、仙鹤草、川贝等同用治疗肺虚热咳嗽、咯血；配伍人参、五味子治疗虚脱汗出、心动过速等。

（1）麦冬呈纺锤形，两端略尖，长 1.5～3 厘米，直径 3～6 毫米；表面黄白色或淡黄色，有细皱纹；质柔韧，断面黄白色，半透明，中柱细小。品质以身干、个肥大、黄白色、半透明、质柔、有香气、嚼之发黏为佳。

（2）饮片为横切的厚片或碎段，切面角质、半透明状，中央有白色木心。

三、天冬

天冬为百合科植物天门冬的块根。川天冬，又名川天门冬，为产于云南、贵州而集散于重庆、宜宾者品质最优。湖天冬，又名湖天门冬，为产于湖南、湖北者，品质亦优。温天冬，又名温天门冬，为产于浙江温州、平阳者，品质较差。天冬味甘、苦，性大寒；入肺、肾两经。天冬与麦冬养阴功效相似，但天冬润肠、滋肾，多用于肾阴亏损、潮热遗精。而麦冬润肺、养胃、清心，多用于胃阴不足、心烦燥渴。养阴生津，润肠止咳。实践中常与麦冬、沙参、生地同用治疗肺虚有热、干咳少痰、咯血；配伍石斛、生地、麦冬等治疗热病伤阴、津少口渴、阴虚内热。

天冬干燥的块根呈长圆纺锤形，中部肥满，两端渐细而钝，长6～20厘米，中部直径0.5～2厘米。表面黄白色或浅黄棕色，呈油润半透明状，有时有细纵纹或纵沟，偶有未除净的黄棕色外皮。干透者质坚硬而脆，未干透者质柔软，有黏性，断面蜡质样，黄白色，半透明，中间有不透明白心。臭微，味甘微苦。品质以肥满、致密、黄白色、半透明、干燥无须者为佳。条瘦长、色黄褐、不明亮者质次。

四、石斛

石斛为兰科植物石斛的茎。石斛味甘，性微寒；入肺、胃、肾经，滋阴清热，养胃生津。主要产于四川、贵州、云南等地。因品种和加工不同，有金钗石斛、铁皮石斛、霍山石斛等。石斛中以枫斗价格最贵，多采用霍山石斛、铁皮石斛特制成螺旋形或弹簧形，养胃生津之功甚佳。实践中常与麦冬、沙参、生地等同用治疗阴虚津伤、口干燥渴以及胃阴不足、舌绛少津；与生地、白薇、地骨皮、麦冬同用治疗阴虚有低热；与牛膝、杜仲、山萸肉、山药、桑寄生同用治疗肾阴亏损、腰膝软弱。

铁皮石斛形如茎螺旋状或弹簧状，一般2～4个旋纹。拉长后长3.5～8厘米，直径2～3毫米，表面金黄色，具细而密的纵皱纹。质坚，易折断，断面平坦。无臭，味淡，嚼之有黏性。干品品质以色金黄、有光泽、质柔韧者为佳。

五、玄参

玄参为玄参科植物玄参的根。玄参味苦、咸，性寒；入肺、胃、肾经。清热滋阴，泻火解毒。实践中常与犀角、生地、麦冬、连翘心、知母、石膏等同用治疗温病邪入营血，或内陷心包，而高热神昏、烦渴、谵语、发斑、发疹；配伍麦冬、桔梗、甘草治疗阴虚火旺、咽喉肿痛；与生地、石决明、夏枯草、青箱子同用治疗阴虚火旺而目赤。

（1）玄参呈纺锤形或长条形。表面灰褐色，有纵纹及抽沟。质坚韧。断面黑褐色或黄褐色。品质以根条粗壮、皮细薄、肉肥厚、体重、质坚实、断面乌黑色、柔润者为佳。

（2）饮片为2～4毫米的厚片，断面乌黑色，有光泽，无裂隙，有焦糖气。

六、玉竹

玉竹为双子叶植物药百合科植物玉竹的根茎。玉竹味甘，性平；入肺、胃经。味甘多脂、质柔而润，但养阴清热作用较弱。养胃生津，滋阴生津。实践中常与沙参、麦冬、天冬同用治疗肺胃燥热;与葱白、豆豉、薄荷、桔梗同用治疗素体阴虚、感冒发热咳嗽;与党参配合,能改善心脏缺血。还能降低血糖作用。

玉竹干燥根茎,呈细长圆柱形或略扁,多不分枝,长5~15厘米,直径0.5~1厘米,表面淡黄色或淡黄棕色,半透明,稍粗糙,有细纵皱纹,节明显,呈稍隆起的波状环,节问长度多数在1厘米以下,节上有多数不规则散在的细根痕,较大的根痕呈疣状突起,有时可见圆盘状的地上茎痕迹。干燥者质坚硬,角质样而脆,受潮则变柔软。品质以根茎粗长、肉厚光润、色黄白、无干姜皮、干燥、不泛油者为佳。

七、枸杞子

枸杞子又名枸杞,产于宁夏、甘肃、青海、新疆等地的枸杞,又称"西枸杞"和"宁夏枸杞";产于内蒙古、河北等地的枸杞,又称为"血枸杞"。枸杞子味甘,性平,入肝、肾、肺经,有滋补肝肾、益精明目、和血润燥、泽肤悦颜,培元乌发等功效,是提高男女性功能的健康良药。可用于治疗肝肾阴虚、头晕目眩、视物昏花、遗精阳痿、面色暗黄、须发枯黄、腰膝酸软、阴虚劳嗽、老人消渴等症。实践中常与巴戟天、肉苁蓉、潼蒺藜同用治疗肾虚遗精;与菊花、地黄、山萸肉配伍治疗头晕目昏;单用或配伍黄芪、生地、麦冬、山药治疗糖尿病。与知母、贝母、麦冬、沙参同用治疗阴虚劳咳。

(1)西枸杞,根据粒大、糖质足、肉厚、籽少、味甜,又分为一至五等,一等西枸杞,椭圆形或长卵圆形,果皮鲜红,紫色或红色,糖质多,质软滋润,味甜。无油果、杂质、虫蛀、霉变。每50克370粒以内。

(2)血枸杞,根据颗粒大小、皮厚薄、糖质多少等,分为一至三等。一等枸杞呈纺锤形,略扁。果皮鲜红色或深红色,果肉柔软,味甜微酸;无油果、黑果、杂质、虫蛀、霉变。每50克600粒以内。

枸杞子品质均以粒大、色红、肉厚、质柔润、籽少、味甜者为佳。

八、女贞子

女贞子为木犀科植物女贞的成熟果实。女贞子味甘、微苦涩,性平;入肝肾两经。女贞叶具有清热利咽,用于治疗咽喉肿痛。女贞子具有补肾滋阴,养肝明目的功效。在实践中常与桑葚子、旱莲草同用治疗肝肾阴亏、头晕耳鸣、眼目昏糊、头发早白;与枸杞子、熟地、茯苓、泽泻、丹皮、山药、山萸肉同用治疗中心视网膜炎、老年白内障;女贞子浸酒(1 000克配以1 000毫升米酒)用于治疗失眠。

女贞子,椭圆形或倒卵圆形,长6~8.5毫米,直径3.5~5.5毫米;表面灰黑色或黑紫色,皱缩不平,外果皮薄,中果皮稍疏松,内果皮木质,黄棕色,内有种子1~2枚。种子略呈肾形,两端尖,紫黑色;断面类白色,油性。一般按形状分为猪腰女贞(瘦型女贞)和豆豉女贞(胖型女贞)两种规格。猪腰女贞,呈肾形或椭圆形,果皮紧贴不浮离;豆豉女贞,呈椭圆形,果较松泡,果皮常浮离。品质以粒大、饱满、质坚实、色灰黑者为佳。

九、百合

百合为百合科植物百合的肉质鳞片。味甘,性微寒;入心、肺两经。百合的种类较多,早在明代《本草纲目》就记载百合、山药、卷丹3种;目前入药有8种。百合具有润肺止咳,宁心安神,有止咳平喘、止血等作用。在实践中常与麦冬、沙参、贝母、甘草同用治疗肺燥或肺热咳嗽;与知母、地黄同用治疗热病后余热未清;与蛤粉、白芨、百部配伍治疗咳嗽、咯血。

药用百合有家种与野生之分,家种的鳞片阔而薄,味不甚苦;野生的鳞片小而厚,味较苦。干燥的鳞叶,呈长椭圆形,披针形或长三角形,长约2~4厘米,宽约0.5~1.5厘米,肉质肥厚,中心较厚,边缘薄而成波状,或向内卷曲,表面乳白色或淡黄棕色,光滑细腻,略有光泽,瓣内有数条平行纵走的白色维管束。质坚硬而稍脆,折断面较平整,黄白色似蜡样。气微,味微苦。品质均以个大、肉厚、质坚、色白、粉性足者为佳。

十、龟板

龟板为龟科动物龟的腹甲。杀死后取腹甲,洗净晒干的称为"血板";煮死后取出的腹甲,称为"烫板"。龟板味咸、甘,性平;入心、肝、肾经。龟板具有滋阴潜阳,益肾健骨的功效,具有清热镇静及补血作用。在实践中常与地黄、知母、黄柏同用治疗阴虚发热;与牡蛎、鳖甲、白芍、生地同用治疗阴虚阳亢;与阿胶、鸡子黄同用治疗阴虚动风;与牛膝、锁阳、虎骨、当归、芍药等同用治疗筋骨不健。配合地黄、旱莲草治疗血热所致的崩漏;与龙骨、石菖蒲、远志等同用治疗心悸怔忡、失眠健忘。

干燥的腹甲,略呈板片状,长方椭圆形,肋鳞板附于两侧,略呈翼状。长10~20厘米,宽7~10厘米,厚约5毫米,外表面黄棕色至棕色,有时具紫棕色纹理,内表面黄白色至灰白色。由12块腹鳞甲相对嵌合而成,嵌合处呈锯齿状缝,前端较宽,略呈圆形或截形,后端较狭且内陷,呈V形缺刻,两侧的肋板由4对肋鳞甲合成,在其两端往往留有1块残缘鳞甲。品质以血板、块大、完整、洁净无腐肉者为佳。

十一、鳖甲

鳖甲为鳖科动物鳖的背甲。鳖甲味咸,性微寒;入肝、肾、脾经。生鳖甲,滋阴潜阳;炙鳖甲,软坚散结;鳖甲胶,鳖甲熬制而成,功效能补肾滋阴。鳖甲具有滋阴潜阳,散结消痞功效。实践中常与青蒿、地骨皮同用治疗阴虚潮热、盗汗;与龟板、牡蛎、白芍、阿胶同用治疗阴虚阳亢动风;与阿胶、当归炭、艾叶、白芍同用治疗月经过多、崩漏;与黄芪、白术、白芍、当归、首乌等同用治疗慢性疟疾。

鳖甲呈椭圆形或卵圆形,背面隆起,长10~15厘米,宽9~14厘米;外表面黑褐色或墨绿色,略有光泽,具细网状皱纹及灰黄色或灰白色斑点,中间有1条纵棱,两侧各有左右对称的横凹纹8条,外皮脱落后,可见锯齿状嵌接缝;内表面类白色,中部有脱起的脊椎骨,颈骨向内卷曲,两侧各有肋骨8条,伸出边缘;质硬。品质一般以个大、甲厚、无残肉者为佳。

十二、冬虫夏草

冬虫夏草为麦角菌科植物冬虫夏草菌寄生于蝙蝠蛾科昆虫绿蝙蝠蛾幼虫体上的子座与幼虫体。味甘,性温;入肺、肾两经。滋肺补肾,止血化痰。实践中常与沙参、麦冬、生地等配伍治疗虚劳咯血;与枸杞子、山萸肉、淮山药等同用治疗阳痿遗精;单用作补品,对病后体虚、头昏、纳呆、自汗、贫血等具有疗效。

冬虫夏草,虫体似蚕,长3~5厘米,直径3~8毫米。外表土黄色至黄棕色,环纹明显,近头部环纹较细,共有20~30条环纹;全身有足8对,近头部3对,中部4对,近尾部1对,以中部 4 对最为明显。头部黄红色,尾如蚕尾。质脆,易折断。子座单一,基部常将虫头包被,长 4～8 厘米,直径约 3 毫米;表面有细纵皱纹,顶部稍膨大。质柔韧,折断面纤维状,黄白色,多中空。

按产地分为四川虫草、青海虫草和西藏虫草。

(1) 四川虫草,虫体较细,大小不均匀,表面色泽较暗,呈黄褐色。子座较长。

(2) 青海虫草,虫体较粗,表面色泽金黄,子座较短。

(3) 西藏虫草,虫体较粗,形如蚕,表面色泽金黄,子座较短,棒状。

冬虫夏草品质以完整、虫体丰满肥大、外色金黄、内色白、子座短者为佳。

十三、灵芝

灵芝,为担子菌纲,多孔菌目、多孔菌科灵芝菌植物的子实体。别名灵芝草、红芝、万生、灵芝菌等,是一种珍贵的真菌类药物。紫芝味甘,性温;赤芝味苦,性平;黑芝味咸,性平;青芝味酸,性平。入心、肝、肾、肺、肾经。滋补强壮,镇静止咳,健脑益胃,消炎利尿。身体虚弱,抵抗力低下,神经衰弱,失眠多梦,慢性支气管炎,久咳哮喘,并有很好的美容作用。

(1) 灵芝(赤芝):外形呈伞状,菌盖肾形、半圆形、近圆形,直径 10～18 厘米,厚 1～2 厘米,皮壳坚硬,黄褐色至红褐色,有光泽,具环状棱纹褐辐射状皱纹,边缘薄而平截,常稍向内卷。菌肉白色至淡棕色。菌柄圆柱形,侧生,少偏生,长 7～15 厘米,直径 1～3.5 厘米,红褐色至紫褐色,光亮。孢子细小,黄褐色,气微香,味苦涩。

(2) 紫芝:皮亮紫黑色,有漆样光泽。菌肉锈褐色。菌柄长 17～23 厘米。

(3) 栽培灵芝:子实体较粗壮,肥厚,直径 12～22 厘米,厚 1.5～4 厘米,皮亮,外常被有大量粉尘样的黄褐色孢子。

灵芝品质一般均以个大、菌盖厚、完整、色紫红、有漆样光泽者为佳。

第三节 益气药物原料的选购

一、人参

人参为双子叶植物药五加科植物人参的根。人参味甘微苦,性温。大补元气,滋补强壮,生津止渴,宁神益智,健脾养胃。用于身体虚弱及久病后气血不足,神疲少气;脾胃不足,食少纳呆,泄泻呕吐;肺虚咳喘,失眠自汗,冠心病,血压高或低血压,糖尿病等。人参因加工方法不同而分为白参、红参、党参三大类商品。其功效也略有差异,红参性温,补气中带有刚健之性,能振奋阳气,适用于元气虚弱,回阳救逆;白参不温不燥,既补气又生津。适用于扶正祛邪,生津止渴;党参,药性最为平和,药力稍逊,适用于健脾益肺。

(1) 野山参,又名野山人参、野参、山参、吉林野参,为野生之人参;野山参中生长数十年乃至数百年者称为老人参,品质最优。野山参以生长年久、浆足、芦长、体丰满、纹细而成螺旋形、须带珍珠疙瘩、坚韧、不易断者为佳。

(2) 圆参,为人工栽培之人参。芦头较短,芦碗较少;参体多顺长,横纹较疏浅,不连续,皮粗而松脆;参腿多上下粗细不均,珍珠点不明显。

(3) 红参,又名生蒸参。为园参经刷洗、笼蒸等加工后,晒干或烘干而成者。以身长、体圆、无抽沟、红棕色、微透明者为佳。

(4) 生晒参，又名生晒人参。为人参趁鲜洗净，略晒，用硫磺熏过，再晒干者。以外表灰黄色、断面白色、无破痕者为佳。

(5) 白参，又名白人参。为移山参或较粗大的园参洗净并刮去表面粗皮，在糖水中浸润，然后晒干而成。以个大、色白、皮老而细、纹深、长芦、长须、无破痕、不返糖者为佳。

(6) 白糖参，又名糖参。为个体瘦缩、浆汁不足的多种鲜参，经过扎孔、浸糖、烤干等多种工序加工而成。以主根上部有横纹、芦长、皮紧、色淡黄白色为佳。

二、党参

党参为桔梗科植物党参的根。山西省的长治市、长子、屯留、壶关、潞城、黎城、襄垣、平顺一带是我国党参的最早发源地，因地古称上党郡，故有党参之名。唐时，上党郡改为潞州，故又称为潞党参。党参味甘、性平，具有补脾胃，益气血，生津液止渴功效。党参历来均是药膳的常用原料，如党参、山药、玉竹、果杞、苡仁、莲子与鸡、鸭、猪、羊、牛肉煮食，既是美味佳肴，又能强身健体，美容保健。妇女产后气血两亏，身体虚弱，用党参、当归煮鸡蛋服用，可促进机体早日康复。

(1) 潞党参，呈长圆柱形，稍弯曲，长 10～35 厘米，直径 0.4～2 厘米；表面黄棕色至灰棕色，根头部有多数疣状突起的茎痕及芽，每个茎痕的顶端呈凹下的圆点状；野生品的根头下有致密的横环纹，达全长的 1/2，栽培品横纹少或无；全体有纵皱纹及散在的横长皮孔，支根断落处常有黑褐色胶状物；质稍硬或略带韧性，断面稍平坦，有裂隙或放射状纹理，皮部淡黄白色至淡棕色，木部淡黄色；有特殊香气，味微甜。

(2) 素花党参(西党)，主要产于甘肃岷县、文县，四川南坪、松潘，陕西汉中、安康等地。表面黄白色至灰黄色，根头下有致密的横环纹达全长的 1/2 以上；断面裂隙较多，皮部灰白色至淡棕色，木部淡黄色。

(3) 川党，主要产于四川南坪，湖北恩施、利川及陕西等地。表面灰黄色至淡棕色，有明显不规则的纵沟；质较软而结实，断面裂隙较少，皮部黄白色，木部淡黄色。

党参品质一般均以粗长、皮松肉紧、狮头盘头较大、横纹多、味香甜、嚼之无渣者为佳。

三、太子参

太子参为石竹科植物异叶假繁缕的块根。太子参，味甘、微苦，性平；入肺、脾经，具有补气，生阴液功效，可用于治疗气虚所致的自汗、气短、食欲不振；也可治疗气阴不足所致的干咳、气短、乏力、咽干等病症。

干燥块根呈细长条形或长纺锤形，长约 2～6 厘米，直径约 3～6 毫米左右，表面黄白色，半透明，有细皱纹及凹下的须根痕，根头钝圆，其上常有残存的茎痕，下端渐细如鼠尾。质脆易折断，断面黄白色而亮，直接晒干的断面为白色，有粉性，气微。

太子参品质以粗壮肥润、色黄白、干燥无须根者为佳。

四、黄芪

黄芪为豆科植物内蒙古黄芪、膜荚黄芪植物的根。黄芪味甘，性微温；入脾、肺两经。黄芪具有补气升阳、固表止汗、托创生肌、利水退肿；降低血压，增强心脏收缩力，改善皮肤血液循环;补气养血,治疗气血两虚之症;补气益脏,治疗气虚的心悸、肺气虚的呼吸微弱、声低、气短;治疗脾胃气虚的消化不良、腹泻、消瘦,并有强心、保肝作用。

(1) 膜荚黄芪,呈长条圆柱形,多单枝,顺直或扭曲,长 30～90 厘米,直径 1～3.5 厘米,芦茎切口处正圆形,中央常有枯空,呈黑褐色的洞,习称"空头"。表面灰褐色,有纵纹及稀疏须根痕。质坚实,体重,不易折断,断面纤维性显粉性,皮部稍松,菊花心明显,习称"皮松肉紧"。气香,味甜,嚼之有豆腥味。

(2) 蒙古黄芪,呈长条圆柱形,根茎上有茎基残痕,野生品中央空头较深或无。表面灰黄色或黄白色,较光滑。质较柔软而韧,断面纤维性,皮部松软,淡黄白色,木部黄色,"菊花心"明显。有较浓的豆腥味,味微甜。

黄芪品质以条长而粗、皱纹少、肉色黄白、质坚韧而绵、粉性足、味甜、无空心者为佳。

五、黄精

黄精为百合科植物黄精的根茎。黄精味甘、性平,入脾、肺两经,具有补气养阴,健脾,润肺,益肾。补脾润肺,有降血糖及降血压的作用,能防止动脉粥样硬化;还具有显著抗结核作用以及抑制痢疾杆菌、金黄色葡萄球菌等。黄精还能延长细胞寿命。使用时一般与党参、白术用于脾胃虚弱;配合沙参、天冬、麦冬等用于肺虚燥咳,与山药、黄芪、天花粉等用于治疗糖尿病。

(1) 大黄精,呈肥厚肉质的结节块状,结节长可达 10 厘米以上,宽 3～6 厘米,厚 2～3 厘米;表面淡黄色至黄棕色,具环节,有皱纹及须根痕,结节上侧茎痕呈圆盘状,中部突出;质硬而韧,不易折断,断面角质,淡黄色至黄棕色;气微,味甜,嚼之有黏性。

(2) 鸡头黄精,呈结节状弯柱形,长 3～10 厘米,直径 0.5～1.5 厘米;结节长 2～4 厘米,略呈圆锥形,常有分枝;表面黄白色或灰黄色,半透明,有纵皱纹,茎痕圆形,直径 0.5～0.8 厘米。

(3) 姜形黄精,呈长条结节状,长短不等,常数个块状结节相连。表面灰黄色或黄褐色,粗糙,结节上侧有突出的圆盘茎痕,直径 0.8～1.5 厘米。

黄精品质以块大、肥大、色黄、断面透明者为佳。

六、白术

白术为菊科植物白术的根茎。浙江产者又称"浙白术",为著名的浙八味之一。习惯认为浙江于潜产者质量最佳,习称"于术"。湖南平江产者,质量亦优,称为"平术"。白术味甘,性温,入脾胃经。具有健脾燥热,补益人体,增强正气。补中益气,治疗气虚自汗及脾胃气虚所致的腹胀、食少、便溏,脾虚有湿所致的泄泻、水肿、胀满。具有降血糖,抑制某些癌细胞生长的作用。强壮和提高机体免疫功能作用,具有一定的抗菌消炎作用。生白术燥热、利水作用较好;炒白术补脾;焦白术健脾止泻。

白术,主根茎为不规则的肥厚团块,长 10～13 厘米,直径 1.5～7 厘米;表面灰黄色或灰棕色,有瘤状突起及断续的纵皱纹和沟纹,并有须根痕,顶端有残留茎基和牙痕;质坚硬,不易折断,断面不平坦,黄白色至淡棕色,有棕黄色小油点散在;烘干者断面角质样,色较深或有裂隙;气清香,嚼之略带黏性。

白术品质以个大、质坚实、断面色黄白、气香浓者为佳。

七、五味子

五味子属木兰科植物五味子的果实。五味子味甘、酸,性温,入肺、心、肾经,具有能补益五脏,强壮身体作用。用于体质虚弱的补养和抗衰老;养心安神,补益心气,用于气虚所致的心悸,具有强心作用和调整血压作用,还能养神敛神,治疗心虚所致的失眠、健忘等症;补气益肺,治疗肺气虚咳喘;补肾益精,用于治疗肾虚精少、遗精、尿频、五更泻、瞳孔散大等症;养肝,治疗肝阴不足的肋痛;还具有一定抗癌作用。

五味子,外形呈不规则的球形或扁球形,直径 5～8 毫米。表面紫红色、暗红色或黑红色,皱缩,油润,有的表面出现"白霜"。果肉柔软。种子 1～2 粒,肾形,棕黄色,有光泽,种皮薄而脆。果肉气微,味酸;种子破碎后有香气。

五味子品质一般以色紫红、肉厚、柔润光泽、气味浓者为佳。

八、甘草

甘草为豆科植物甘草的根及根茎。甘草性平,味甘;入心、肺、脾、胃经。生甘草,泻火解毒;炙甘草用于补中益气。甘草具有补中益气,泻火解毒,润肺止咳,缓急止痛,缓和药性的功效。常与党参、白术、茯苓配伍治疗脾胃虚弱。与阿胶、生地、麦冬、人参、桂枝配伍治疗心血不足,心阳不振。生甘草与银花、连翘用于治疗泻火解毒、治疗痈肿痛。与牛蒡子、桔梗用于治疗咽喉肿痛。与桂枝、芍药、生姜、饴糖配伍治疗中焦虚寒,脘腹冷痛。甘草还有缓和药性,调和百药的作用。

(1)内蒙古甘草,呈圆柱形,长 25～100 厘米,直径 0.6～3.5 厘米;带皮的甘草红棕色、棕色或灰棕色,具显著的沟纹、皱纹及稀疏的细根痕,两端切成平齐;质坚而重,断面纤维性,黄白色,有粉性,有一明显的环纹和菊花心,有裂隙;微具特异的香气,味甜而特殊。根茎形状与根相似,横切面中央有髓。

(2)新疆甘草,木质粗壮,有的有分枝,外皮粗糙,多灰棕色或灰褐色;质坚硬,木质纤维多,粉性小。根茎不定芽多而粗大,断面韧皮部及木质部的射线细胞多皱缩而形成裂隙。欧甘草;质地较坚实,有分枝,外皮不粗糙,多为灰棕色,皮孔细而不明显。断面韧皮部射线平直,裂隙较少。

甘草品质以外皮细紧、色红棕、质坚实、断面黄白色、粉性足、味甜者为佳。

九、山药

山药,又称淮山药,为薯蓣科植物的块根。山药味甘、性平。具健脾胃、补益肺肾、益精的功效。主治痨咳、泄泻久痢、遗精带下、脾虚、气虚、喘促、病后虚弱。药性平和,不寒不燥,是平补三焦的好药。

(1)淮山药,颜色白,粉性足,质地实,切面细腻光滑,久煮不化为佳。

(2)毛山药,冬季植株枯萎后采挖,除去地上部分,切去根头,洗净,去掉外皮及须根,用硫磺熏后,晒干而成。

(3)光山药,选择肥大顺直的毛山药,置清水中浸泡至无干心,闷透,用硫磺熏后,切齐两端,用木板搓成圆柱状,晒干,打光。

(4)山药片,除去杂质,大小分开,浸泡至三四成干,捞出,闷透,切厚片,及时干燥而成。

山药品质以条粗、质坚实、粉性足、色洁白者为佳。

第四节　助阳药物原料的选购

一、鹿茸

鹿茸,鹿科动物梅花鹿或马鹿的尚未骨化的幼角。味甘、咸,性温。实践中,肾阳不足、精衰血少及骨软行迟,可单味服用或配合熟地、山萸肉、菟丝子、肉苁蓉、巴戟天等;肾阳不足、阳痿早泄,可配合人参、熟地、枸杞子、阳起石、仙茅等;虚寒崩漏,可与乌贼骨、蒲黄、炮姜炭、黄芪、白术同用。

（1）锯茸,为锯下的雄鹿幼角。幼小雄鹿从第三年开始锯茸。每年可采收一二次。第一次在清明后 45～50 天采收,习称"头茬茸"。第二次在立秋前后采收,称"二茬茸"。

（2）砍茸,为连同脑盖骨一起砍下的鹿茸。

（3）初生茸,又名初生茸角。为圆柱形或圆锥形的无分岔的幼小鹿茸。

（4）大挺,习称鹿茸的主干为"大挺"。

（5）二杠茸,习称具有 1 个侧枝的花鹿茸为"二杠茸"。

（6）单门,习称具有 1 个侧枝的马鹿茸为"单门"。

（7）莲花茸,习称具有 2 个侧枝的马鹿茸为"莲花茸"。

（8）三岔茸,习称具有 2 个侧枝的花鹿茸和具有 3 个侧枝的马鹿茸为"三岔茸"。

（9）四岔茸,习称具有 4 个侧枝的马鹿茸为"四岔茸",均以粗壮饱满、质嫩油润者为佳。

（10）鹿茸片为原药燎去茸毛,刮净,内灌热酒,置火上烘烤至软,或置笼内蒸透,切片,压平晒干者。

（11）黄茸片为花鹿茸加工而成的鹿茸片。

（12）青茸片为马鹿茸加工而成的鹿茸片。

（13）鹿茸血片,又名血茸片、血片。为鹿茸顶尖部分按照鹿茸片之加工方法,切片制成者。质嫩,油润如脂,色如蜜蜡,品质最优。

（14）鹿茸粉片为鹿茸根底部分按照鹿茸片之加工方法切片制成者。质老,油润较差,色白,品质较次。

（15）鹿茸粉,将干燥的鹿茸片碾成细末即成。

梅花鹿茸品质均以粗大、挺圆、顶端丰满、质嫩。毛细、皮色红棕、油润光亮者为佳。挺细瘦、下部起筋、毛粗糙、体重者质次。马鹿茸均以茸体饱满,体轻,下部无棱线,断而蜂窝状,组织致密而呈米黄色者为佳。茸体干瘪、毛粗不全、体较重、下部起筋、断面灰红色看质次。

二、鹿鞭

鹿鞭,鹿科动物梅花鹿、马鹿的雄性生殖器及睪丸。鹿鞭味甘、咸,性温。补肾,壮阳,益精,活血。可治劳损,腰膝酸痛,肾虚耳聋,耳鸣,阳萎,宫冷不孕。

（1）鹿鞭,又名鹿肾。将雄鹿宰杀后割取阴茎及睪丸,除净残肉及油脂,固定于木板上风干即成。马鹿肾长 45～60 厘米,直径 4～5 厘米;梅花鹿肾长约 15 厘米,直径 3～4 厘米。表面棕色,有纵行的皱沟,顶端有一丛棕色的毛。中部有睪丸二枚,椭圆形,略扁。质坚韧,气微腥。

（2）鹿鞭片，又名鹿肾片。为原药洗净润透，切片晒干入药者。

（3）鹿鞭粉，将鹿鞭片用沙土炒至松泡，然后筛去沙土，碾成细粉入药者。呈长条状。鹿鞭品质以粗大、油润、无残肉及油脂、无虫蛀、干燥者为佳。

三、海龙

海龙来源于海龙科刁海龙、拟海龙、尖海龙的干燥体。海龙味咸、甘，性温。具补肾壮阳的功能，用于治肾虚阳痿、不育、精神疲惫。

（1）刁海龙，干燥全体，呈长条形而略扁，中部略粗，尾部渐细而弯曲。全长 20～40 厘米，中部直径 2～2.5 厘米。表面黄白色或灰棕色。头部前方具管状长嘴，嘴基部有深陷的眼睛 1 对。躯干部具 5 条纵棱，尾部前段具 6 条纵棱，后段具 4 条纵棱。全体有圆形突起的图案状花纹。体轻，骨质，坚硬。气微腥，味微咸。

（2）拟海龙，干燥全体（又名：海钻），呈长条形而平扁，中部略粗，尾部细而略弯，全长约 20 厘米，中部直径约 2 厘米。表面灰棕色。嘴长管状。眼大而圆。躯干部具及条纵棱，尾部前段具 6 条纵棱，后段具 4 条纵棱。全体具图案状花纹。体轻，骨质，坚硬。气味同前种。

（3）尖海龙，干燥全体（又名：小海龙），呈细长条形而极曲。全长约 15～20 厘米，直径 0.4～0.5 厘米。尾长约为躯干的 2 倍。表面背部灰褐色，腹部灰黄色。躯干部有 7 条纵棱，尾部有 4 条纵棱。骨环不甚明显。质轻而脆，易折断。气腥，味淡微咸。海龙品质均以个大、色白、体完整、干燥洁净者为佳。

四、海马

海马为海龙科动物克氏海马、大海马、斑海、小海马（海咀）的干燥体。海马味甘，性温。有补肾壮阳，调气活血的作用，用于治疗阳痿、遗精、虚喘等症。

（1）海马，为克氏海马、大海马、斑海马、日本海马的干燥全体。体呈长条形，略弯曲或卷曲，长 10～25 厘米，上部粗而扁方，直径约 2～3 厘米，下部细而方，直径约 1 厘米，尾端略尖而弯曲。头似马头，具管状长嘴，有 1 对深陷的眼睛。表面黄白色或灰棕色，略有光泽，上部具 6 棱，下部有凄棱，密生突起的横纹，边缘有齿，背部有鳍。骨质坚硬，不易折断。气微腥，味微咸。以个大、色白、体完整者为佳。主产广东、福建及台湾等地。以广东产量最大。

（2）刺海马，为刺海马的干燥全体。形与海马相似，但较小，长约 20 厘米，通体具硬刺，刺长 2～4 毫米。其他性状同上种。主产福建、广东等地。

（3）海蛆，又名小海驹、小海马。为海马的幼体。形状与海马相似而较小。

海马品质均以个大、色白、坚实、体完整、干燥洁净者为佳。

五、淫羊藿

淫羊藿，又名仙灵脾，为小蘗科植物淫羊藿的全草。淫羊藿性温，味辛。入肝、肾两经。具有补肾助阳，祛风化湿功效。实践中，阳痿早泄，可配仙茅、山萸肉、肉苁蓉；肾虚腰膝酸软，可配杜仲、巴戟天、狗脊；风湿痹痛，四肢麻木，筋骨拘挛，可与威灵仙、巴戟天、肉桂、当归、川芎配合使用。

淫羊藿干燥茎细长圆柱形，中空，长 20～30 厘米，棕色或黄色，具纵棱，无毛。叶生茎顶，多为一茎生三枝,一枝生三叶。叶片呈卵状心形,先端尖,基部心形,边缘有细刺状锯齿,上面黄绿色,光滑,下面灰绿色,中脉及细脉均突出。叶薄如纸而有弹性。有青草气,味苦。

淫羊藿品质以梗少、叶多、色黄绿、不破碎者为佳。

六、仙茅

仙茅为石蒜科植物仙茅的根茎。仙茅味辛,性热;入肾经。具有温壮肾阳,祛风除湿的功效。配合淫羊藿、巴戟天、肉苁蓉等治疗肾阳不足,阳痿精寒。配合仙灵脾、巴戟天、当归、黄柏、知母用于治疗妇女更年期高血压。配伍附子、金樱子、复盆子等治疗老年遗尿。仙茅干燥根茎为圆柱形,略弯曲,两端平,长3～10厘米,直径3～8毫米。表面棕褐色或黑褐色,粗糙,皱缩不平,有细密而不连续的横纹,并散布有不甚明显的细小圆点状皮孔。未去须根者,在根茎的一端常丛生两端细、中间粗的须根,长约3～6厘米,有极密的环状横纹,质轻而疏松,柔软而不易折断。根茎质坚脆,易折断,断面平坦,微带颗粒性(经蒸过者略呈透明角质状),皮部浅灰棕色或因糊化而呈红棕色,靠近中心处色较深。

仙茅品质以根茎粗壮、坚实、表面色黑、干燥无须根者为佳。

七、补骨脂

补骨脂为豆科植物补骨脂的成熟果实。补骨脂味辛、苦,性大温;入肾、脾两经。具有补肾壮阳,固精缩尿,温脾止泻的功效。与仙灵脾、菟丝子配合使用治疗肾阳不足、阳痿遗精;与川断、狗脊配合治疗肾虚腰酸;与五味子、吴茱萸、肉豆蔻配合治疗脾肾阳虚、泄泻。与胡桃肉、蛤蚧配合治疗虚寒气喘。

补骨脂干燥果实呈扁椭圆形或略似肾形,长3～5毫米,直径2～4毫米,厚约1.5毫米,中央微凹,表面黑棕色,粗糙,具细微网状皱纹及细密腺点,少数果实外有淡灰棕色的宿萼。果皮薄,与种皮不易分离。剥开后内有种仁1枚,具子叶2片,淡棕色至淡黄棕色,富含油脂。

补骨脂品质以粒大、色黑、饱满、坚实、无杂质者为佳。

八、巴戟天

巴戟天为茜草科植物巴戟天的根。巴戟天味辛、甘,性微温;入肾经。具有补肾助阳,祛风除湿的功效。与肉苁蓉、菟丝子配合治疗阳痿遗泄;与续断、杜仲配合治疗腰膝酸软;与附子、狗脊配合治疗寒湿痹痛。

巴戟天干燥的根呈弯曲扁圆柱形或圆柱形,长度不等,直径约1～2厘米,表面灰黄色,有粗而不深的纵皱纹及深陷的横纹,甚至皮部断裂而露出木部,形成长约1～3厘米的节,形如鸡肠,故土名"鸡肠风"。折断面不平,横切面多裂纹;皮部呈鲜明的淡紫色,木部黄棕色,皮部宽度为木部的两倍。气无,味甜而略涩。

巴戟天品质以根条粗壮、呈连珠状、肉厚、木心小、细润、色紫黑、干燥无泥沙者为佳。

九、附子

附子为毛茛科植物乌头块根。附子味大辛、性大热,有毒;入心、肾、脾经。具有回阳救逆,温补脾肾,散寒止痛,有强心作用、抗炎作用和镇静作用。配合人参、干姜、炙甘草等用于治疗四肢厥冷、脉微欲绝、阳气衰微等症;与人参、龙骨、牡蛎等同用治疗冷汗淋漓、亡阳厥逆;与肉桂、熟地、菟丝子、山萸肉等同用治疗肾阳不足、畏寒肢冷、阳痿、尿频；与党参、白术、干姜、甘草配合治疗脾阳不振、腹痛便溏；与桂枝、羌活、独活同用治疗风湿痹痛。

（1）盐附子，又名生附子、咸附子、超雄。为较大的泥附子洗净后用食用盐巴水溶液加工而成。以个大、体重、色灰黑、表面起盐霜者为佳。

（2）黑顺片，又名黑附子、顺片、黑片、黑附块、黑附片。为中等大的泥附子洗净后用食用胆巴水溶液及调色剂加工而成。以片大、均匀、皮黑褐、切面油润有光泽者为佳。

（3）白附子，又名白附片、白片、白顺片、明附片、雄片、明附片。为较小的泥附子洗净后用食用胆巴水溶液加工而成。以片大、均匀、干燥、色黄白、油润半透明者为佳。

（4）黄附片，用甘草、红花、生姜、去油牙皂等加水熬成染汁，将附片染成黄色而成。

（5）川附子，为附子产于四川者。为地道药材，产量大，品质优。

十、肉桂

肉桂为樟科植物肉桂树的树皮。肉桂味辛、甘，性大热；入肝、肾、脾经。具有温中补阳，散寒止痛的功效。具有解热、镇静及扩张血管、增强血液循环的作用，还能加强消化机能，排除积气，缓解胃肠痉挛等。与熟地、枸杞子、山茱萸同用治疗阳虚而畏寒肢冷、阳痿、尿频；与山药、白术、补骨脂、益智仁配合治疗脾肾阳虚泄泻；与附子、干姜、丁香、吴茱萸同用治疗虚寒脘腹冷痛；与党参、白术、当归、熟地同用治疗久病体弱、气衰血少。

（1）官桂，呈半槽状或圆筒形，长约 40 厘米，宽约 1.5～3 厘米，皮厚 1～3 毫米。外表面灰棕色，有细皱纹及小裂纹，皮孔椭圆形，偶有凸起横纹及灰色花斑；刮去栓皮者，表面较平滑，红棕色，通称"桂心"。内表面暗红棕色，颗粒状。质硬而脆，断面紫红色或棕红色，可见浅色石细胞群，断续成环状。气芳香，味甜辛。

（2）企边桂，呈长片状，左右两边向内卷曲，中央略向下凹，长 40～50 厘米，宽 4.5～6 厘米，厚 3～6 毫米。外表面灰棕色，内表面红棕色，用指甲刻画时则现棕色油纹。香气浓烈，其他与官桂相似。

（3）板桂，呈板片状，通常长 30～40 厘米，宽 5～12 厘米，厚约 4 毫米，两端切面较粗糙。肉桂品质均以皮细肉厚、断面紫红色、油性大、香气浓、味甜微辛、嚼之无渣者为佳。

十一、肉苁蓉

肉苁蓉为列当科植物肉苁蓉的肉质茎。肉苁蓉味甘、咸，性温；入肾、大肠经。补肾助阳，润肠通便。实践中，配合熟地、菟丝子、山茱萸治疗肾虚阳痿、遗精、早泄；与续断、杜仲、补骨脂配合治疗肾虚、腰膝冷痛、筋骨萎弱。与火麻仁、柏树子同用治疗老人及产后便秘。

（1）甜苁蓉，呈圆柱状而稍扁，一端略细，稍弯曲，长 10～30 厘米，直径 3～6 厘米。表面灰棕色或褐色，密被肥厚的肉质鳞片，呈覆瓦状排列。质坚实，微有韧性，肉质而带油性，不易折断，断面棕色，有花白点或裂隙。气微弱，味微甜。

（2）盐苁蓉，形状较不整齐，黑褐色，质较软，外面带有盐霜。断面黑色，气微，味咸。

肉苁蓉品质均以肉质、条粗长、棕褐色、柔嫩滋润者为佳。

十二、海狗肾

海狗肾来源于海狗科动物雄性海狗，带睾丸的阴茎，别名腽肭脐、海狗鞭。海狗肾味咸、性热；入肾经。具温肾壮阳，益精补髓的功能。用于虚损劳伤、阳痿遗精、早泄、腰膝酸软。与鹿茸、菟丝子、巴戟天、枸杞子配合使用治疗肾阳不足、畏寒肢冷、阳痿。与吴茱萸、甘松、陈皮、高良姜同用治疗虚冷腹痛。

海狗肾来源不一，一般所用进口海狗肾为干燥的阴茎及睾丸。阴茎里长圆枚形，先端较细，长 28～32 厘米，干缩有不规则的纵海及凹槽，有一条纵向的筋。外表黄棕色或黄色，杂有褐色斑块。后端有一长圆形、干瘪的囊状物，约 4×3 厘米，或有黄褐色毛。睾丸二枚，扁长圆形，棕褐色，半透明，各有一条细长的输精管与阴茎末端相连。输精管黄色、半透明，通常缠绕在阴茎上。副睾皱缩，附在睾丸的一侧，乳黄色。海狗肾品质以形粗长、去净肉及脂肪、质油润，干燥半透明，无腥臭、无虫蛀者为佳。

十三、蛤蚧

蛤蚧为守宫科动物蛤蚧除去内脏后的干燥体。蛤蚧味咸、性平；入肺、肾经。其药效主要在尾部，用时去头、足和鳞。补肺气，定喘咳，助肾阳，益精血。肾不纳气的久咳哮喘；肾虚阳痿、遗精。常与人参、杏仁、甘草、知母、贝母等同用治疗肺虚咳喘；与贝母、紫苑、鳖甲、皂荚仁、桑白皮同用治疗肺肾不足、虚劳咳嗽。肾虚阳痿，单用酒服，或配人参、鹿茸。蛤蚧干燥的全体，固定于竹片上而呈扁片状。头部及躯干长 10～15 厘米，尾长 10～14 厘米；腹背部宽 6～10 厘米。头大，扁长，眼大而凹陷成窟窿，眼间距下凹呈沟状。角质细齿密生于颚的边缘，无大牙。背呈灰黑色或银灰色，并有灰棕色或灰绿色的斑点，脊椎骨及两侧肋骨均呈嵴状突起，全身密布圆形、多角形而微有光泽的细鳞。四肢指、趾各 5，除第 1 指、趾外，均有爪。尾细长而结实，上粗下细，中部可见骨节，色与背部同。质坚韧，气腥，味微咸。蛤蚧品质以体大、肥壮、尾全、不破碎者为佳。

十四、紫河车

紫河车为人的胎盘。紫河车味甘、咸，性温。入心、肺、肾经。具有益气、补精、养血等功能。在实践中单独服用，用于治疗气血两亏、精血不足；与党参、黄芪、白术等同用治疗气虚、消瘦、乏力；与白术、山药、茯苓、陈皮同用治疗脾虚食少；与党参、麦冬、五味子配合治疗肺虚喘咳。

紫河车干燥的胎盘为不规则的类圆形或椭圆形碟状，直径 9～16 厘米，厚薄不一。紫红色或棕红色，有的为黄色。一面凹凸不平，有多数沟纹，为绒毛叶；一面为羊膜包被，较光滑，在中央或一侧附有脐带的残余，四周散布细血管。每具重 1～2 两。质硬脆，有腥气。紫河车品质以整齐、黄色或紫红色、洁净者为佳。

十五、沙苑子

沙苑子，又称潼蒺藜，为豆科植物扁茎黄芪的成熟种子。味甘，性温；入肾肝经。具有补肾，治疗腰痛、遗精、早泄；补肝，用于肝虚所致的目花、头晕。

沙苑子，干燥种子呈肾脏形而稍扁，长约 2 毫米，宽约 1.5 毫米，厚不足 1 毫米。表面灰褐色或绿褐色，光滑。一边微向内凹陷。在凹入处有明显的种脐。质坚硬不易破碎。子叶 2 枚淡黄色，略为椭圆形，胚根弯曲。无臭，味淡，嚼之有豆腥气。沙苑子品质以粒大饱满、大小均匀、色绿褐或灰褐、干燥无杂质者为佳。

十六、狗脊

狗脊为蚌壳蕨科植物金毛狗脊的根茎。狗脊味甘、苦,性温;入肾、肝经。具有补益肝肾、祛风湿的功效。用于肝肾虚的腰脊酸痛、腰足无力、筋骨受伤等病症。

(1)狗脊根茎,呈不规则的长块状,长8～18厘米,直径3～7厘米。外附光亮的金黄色长柔毛,上部有几个棕红色木质的叶柄,中部及下部丛生多数棕黑色细根。质坚硬,难折断。气无,味淡,微涩。品质以根茎肥大、质坚实、无空心、色黄、干燥者为佳。

(2)狗脊片呈不规则长形、圆形或长椭圆形。纵切片长约6～20厘米,宽3～5厘米;横切片直径2.5～5厘米,厚2～5毫米,边缘均不整齐。生狗脊片,表面有时有未去尽的金黄色柔毛;在近外皮约3～5毫米处,有一圈凸出的明显内皮层(纵片之圈多不连贯),表面近于深棕色,平滑,细腻,内部则为浅棕色,较粗糙,有粉性。熟狗脊片,为黑棕色或棕黄色,其他与生者相同,以片厚薄均匀、坚实无毛、不空心者为佳。

十七、西红花

西红花为鸢尾科植物番红花的干燥头。西红花味甘,性平。归心、肝经。活血祛疼,凉血解毒,通经。血滞经闭,痛经,产后疼血不化,腹痛腰痛,跌打损伤,胸肋闷痛;斑疹麻疹及温病热入血分。用于冠心病、脑血栓的防治,疗效显著。

西红花呈线形,三分枝,长约3厘米,暗红色,上部较宽而略扁平,顶端边缘显不整齐的齿状,内侧有一短裂隙,下端有时残留一小段黄色花柱。西红花品质以色红,体轻,质松软,无油润光泽,干燥后质脆易断者为佳。

十八、杜仲

杜仲为杜仲科植物杜仲的树皮。杜仲味甘、微辛,性温。具有补肝肾,强筋骨,安胎养颜等功效。适用于肝肾不足,腰膝痿软酸痛,阳痿遗精,妊娠胎动不安,高血压,并能养颜美容。可与其他药物配合使用,也可单独用杜仲煮猪尾巴服用(治肾虚腰痛),或泡酒饮用。实践中常与续断、狗脊、补骨脂、胡桃同用治疗肝肾不足、腰膝酸痛、乏力;与补骨脂、菟丝子同用治疗肾虚阳痿、小便频数;与桑寄生、白术、续断同用治疗孕妇胎动。

杜仲干燥树皮,为平坦的板片状或卷片状,大小厚薄不一,一般厚约3～10毫米,长约40～100厘米。外表面灰棕色,粗糙,有不规则纵裂槽纹及斜方形横裂皮孔,有时可见淡灰色地衣斑。杜仲品质以外表面淡棕色,较平滑;内表面光滑,暗紫色;质脆易折断,断面有银白色丝状物相连,细密,略有伸缩性者为佳。

十九、续断

续断为山萝卜科植物续断的根。续断味苦,性微温;入肝肾经。补肝肾,强筋骨,续伤折,治崩漏。实践中常与杜仲、狗脊、枸杞子等同用治疗肝肾不足、腰膝酸痛、乏力等;与杜仲、当归、阿胶、地黄、艾叶等同用治疗月经过多、妊娠胎动漏血。与地鳖虫、自然铜等配合治疗接骨疗伤。

续断干燥根呈长圆校形,向下渐细,或稍弯曲,长7～10厘米,直径1～1.5厘米。表面灰褐色或黄褐色,有扭曲的纵皱及浅沟纹,皮孔横裂,并有少数根痕。质硬而脆,易折断。断面不平坦,微带角质性,皮部褐色,宽度约为本部的一半,形成层略呈红棕色,木部淡褐色或灰绿色。维管束呈放射状排列,微显暗绿色。续断品质均以根条粗壮、质软、干燥、断面绿褐色者为佳。

二十、柏子仁

柏子仁为柏科植物侧柏的种仁。柏子仁味甘,性平,具有养心安神,润肠通便的功效,可治疗遗精、失眠、惊悸、盗汗、便秘等症。

柏子仁,呈长卵圆形至长椭圆形,亦有呈长圆锥形者,长 3～7 毫米,径 1.5～3 毫米。新鲜品淡黄色或黄白色,久置则颜色变深而呈黄棕色,并有油渗出。外面常包有薄膜质的内种皮,顶端略尖,圆三棱形,并有深褐色的点,基部钝圆,颜色较浅。断面乳白色至黄白色,胚乳较多,子叶 2 枚或更多,均含丰富的油质。气微香,味淡而有油腻感。

柏子仁品质以粒饱满、黄白色、油性大而不泛油、无皮壳杂质者为佳。

二十一、远志

远志为远志植物细叶远志的根。远志味苦、辛,性温。具有安身益智,坚壮阳道,解郁,祛痰等功效,可治疗健忘、梦遗、滑精、赤白浊等症。

远志筒呈筒状,中空,拘挛不直,长 3～12 厘米,直径 0.3～1 厘米。表面灰色,或灰黄色。全体有密而深陷的横皱纹,有些有细纵纹及细小的疙瘩状根痕。质脆易断,断面黄白色、较平坦,微有青草气。味苦微辛,有刺喉感。

远志品质以色黄、筒粗、肉厚、干燥者为佳。

二十二、知母

知母为百合科植物知母的根茎。知母味苦,性寒。具有滋阴降火,润燥滑肠的功效,用于治疗肾虚便结,遗精盗汗,阳痿等症。

（1）毛知母为带皮的干燥根茎。

（2）光知母,又名知母肉、京知母,为去皮的干燥根茎。

知母品质以身条肥大、滋润、质坚、色白、嚼之发黏者为佳。

二十三、茯苓

茯苓为多孔菌科植物茯苓的干燥菌核。茯苓味甘、淡,性平。具有益脾和胃,宁心安神,治疗小便不利、水肿,脾虚腹泻,食欲不振,脘闷、惊悸、失眠等症。

茯苓,呈球形、扁圆形或不规则的块状,大小不一,重量由数 1～5 公斤以上。表面黑褐色或棕褐色,外皮薄而粗糙,有明显隆起的皱纹,常附有泥土。体重,质坚硬,不易破开,断面不平坦,呈颗粒状或粉状,外层淡棕色或淡红色,内层全部为白色,少数为淡棕色,细腻,并可见裂隙或棕色松根与白色绒状块片嵌镶在中间。

茯苓品质以体重坚实、外皮呈褐色而略带光泽、皱纹深、断间白色细腻、粘牙力强者为佳。

第十一章 茶叶的采购

饮茶品茗是餐饮中最具生活性和艺术性的内容,茶叶也自然成为餐饮中的重要原料之一。茶叶的品质,主要与茶的品种、产地、气候条件、土壤环境、采摘时间、加工以及储藏等因素有密切关系。在实践中采购茶叶,除以茶叶品种和上市时间来判断茶叶的品质优劣外,还必须从形状、色泽、茶汤、香味等特征进行综合判断,才能选购到优质的茶叶。茶叶品种繁多,各类茶叶的品质检验指标和方法各异,因此,还应掌握有关茶叶生产和加工方面的知识。

第一节 茶叶质量检验

一、茶叶质量检验指标

茶叶的选购,需要掌握各类茶叶的等级标准和茶叶的审评、检验方法。实践中一般从五个方面,即嫩度、条索、色泽、整碎和净度进行判断。

1. 嫩度

嫩度,是决定品质的基本因素,所谓"干看外形,湿看叶底",就是指嫩度。一般嫩度好的茶叶,应符合该茶类的外形要求,如龙井具备光、扁、平、直四大外形特征。此外,还可以从茶叶有无锋苗去鉴别。锋苗好,白毫显露,表示嫩度好,加工品质高。如果原料嫩度差,加工再好,茶条也无锋苗和白毫。但是不能仅从茸毛多少来判别嫩度,因各种茶的具体要求不一样,如极好的狮峰龙井是体表无茸毛的。再者,茸毛容易假冒。芽叶嫩度以多茸毛作判断依据,只适合于毛峰、毛尖、银针等"茸毛类"茶。此外,最嫩的鲜叶,也须是一芽一叶初展,片面采摘芽心的做法是不恰当的,不应单纯为了追求嫩度而只用芽心制茶。

2. 条索

条索,各类茶具有的一定外形规格,如炒青条形、珠茶圆形、龙井扁形、红碎茶颗粒形等等。一般长条形茶,看松紧、弯直、壮瘦、圆扁、轻重;圆形茶看颗粒的松紧、匀正、轻重、空实;扁形茶看平整光滑程度和是否符合规格。一般来说,条索紧、身骨重、圆(扁形茶除外)而挺直,说明原料嫩,做工好,品质优;如果外形松、扁(扁形茶除外)、碎,并有烟、焦味,说明原料老,做工差,品质劣。

3. 色泽

色泽,与原料嫩度、加工技术有密切关系。各种茶均有一定的色泽要求,如红茶乌黑油润、绿茶翠绿、乌龙茶青褐色、黑茶黑油色等。但是无论何种茶类,好茶均要求色泽一致,光泽明亮,油润鲜活,如果色泽不一,深浅不同,暗而无光,说明原料老嫩不一,做工差,品质劣。茶叶的色泽还和茶树的产地以及季节有很大关系。如高山绿茶,色泽绿而略带黄,鲜活明亮;低山茶或平地茶色泽深绿有光。制茶过程中,由于技术不当,也往往使色泽劣变。选购时,应根据具体购买的茶类来判断。比如龙井,最好的狮峰龙井,其明前茶并非翠绿,而是有天然的糙米色,呈嫩黄。

4. 整碎

整碎,就是茶叶的外形和断碎程度,以匀整为好,断碎为次。实践中可将茶叶放在盘中(一般为木质),使茶叶在旋转力的作用下,依形状大小、轻重、粗细、整碎形成有次序的分层。其中粗壮的在最上层,紧细重实的集中于中层,断碎细小的沉积在最下层。各茶类,都以中层茶多为好。上层一般是粗老叶子多,滋味较淡,水色较浅;下层碎茶多,冲泡后往往滋味过浓,汤色较深。

5. 净度

净度,主要看茶叶中是否混有茶片、茶梗、茶末、茶籽和制作过程中混入的竹屑、木片、石灰、泥沙等夹杂物的多少。净度好的茶,不含任何夹杂物。此外,还可以通过茶的干香来鉴别。无论哪种茶都不能有异味。每种茶都有特定的香气,干香和湿香也有不同,需根据具体情况来定,青草气、烟焦味和熟闷味均不可取。在实践中最易判别茶叶质量的方式是冲泡之后的口感滋味、香气以及叶片茶汤色泽。选购时如果允许,尽量冲泡后尝试一下。若是特别偏好某种茶,最好查找一些该茶的资料,准确了解其色香味形的特点,每次买到的茶都互相比较一下,这样次数多了,就容易很快掌握关键之所在了。

二、茶叶分类及特征

1. 春茶、夏茶和秋茶的特征

(1)春茶,绿茶色泽绿润,红茶色泽乌润,茶叶肥壮重实,或有较多白毫,且红茶、绿茶条索紧结,珠茶颗粒圆紧,而且香气馥郁,是春茶的品质特征。茶叶冲泡后下沉快,香气浓烈持久,滋味醇厚;绿茶汤色绿中显黄,红茶汤色红艳现金圈;茶叶叶底柔软厚实,正常芽叶多者,为春茶。

(2)夏茶,绿茶色泽灰暗,红茶色泽红润,茶叶轻飘松宽,嫩梗宽长,且红茶、绿茶条索松散,珠茶颗粒松泡,香气稍带粗老,是夏茶的品质特征。茶叶冲泡后,下沉较慢,香气稍低;绿茶滋味欠厚稍涩,汤色青绿,叶底中夹杂铜绿色芽叶;红茶滋味较强欠爽,汤色红暗,叶底较红亮;茶叶叶底薄而较硬,对夹叶较多者,为夏茶。

(3)秋茶,凡绿茶色泽黄绿,红茶色泽暗红,茶叶大小不一,叶张轻薄瘦小,香气较为平和,是秋茶的标志。茶叶冲泡后香气不高,滋味平淡,叶底夹有铜绿色芽叶,叶张大小不一,对夹叶多者,为秋茶。

2. 高山茶与平地茶的特征

(1)高山茶,新梢肥壮,色泽翠绿,茸毛多,节间长,鲜嫩度好。高山茶具有特殊的花香,而且香气高,滋味浓,耐冲泡,且条索肥硕、紧结,白毫显露。

(2)平地茶,新梢短小,叶底硬薄,叶张平展,叶色黄绿少光。平地茶香气稍低,滋味较淡,条索细瘦,身骨较轻。

3. 新茶与陈茶

(1)新茶,绿茶色泽青翠碧绿,汤色黄绿明亮;红茶色泽乌润,汤色红橙泛亮。茶叶滋味醇厚,具有鲜爽感,香气浓,清香馥郁。

（2）陈茶，经贮存时间延长，绿茶的色泽由新茶时的青翠嫩绿逐渐变得枯灰黄，红茶的色泽由新茶时的乌润变成灰褐色。茶叶滋味淡薄，同时鲜爽味减弱而变得滞钝，且香气淡而低闷混浊。

第二节　茶叶品种特点及选购

一、绿茶

绿茶，又称不发酵茶。以适宜茶树新梢为原料，经杀青、揉捻、干燥等典型工艺过程制成的茶叶。其干茶色泽和冲泡后的茶汤、叶底以绿色为主调，故名。绿茶的特性，较多地保留了鲜叶内的天然物质。其中茶多酚、咖啡碱保留鲜叶的 85% 以上，叶绿素保留 50% 左右，维生素损失也较少，从而形成了绿茶"清汤绿叶，滋味收敛性强"的特点。最新科学研究结果表明，绿茶中保留的天然物质成分，对防衰老、防癌、抗癌、杀菌、消炎等均有特殊效果，为其他茶类所不及。中国绿茶中，名品最多，不但香高味长，品质优异，且造型独特，具有较高的艺术欣赏价值。绿茶按其干燥和杀青方法的不同，一般分为炒青、烘青、晒青和蒸青绿茶。

1. 龙井茶

龙井茶，产于杭州西湖山区的龙井而得名，为烘焙茶的代表。在制作过程中，必须不断将茶揉搓，因此焙制之后每一片茶叶都变得直且扁平。冲泡后茶水呈美丽的绿色，且散发出炒栗或炒豆的香味。品之味略带涩味，至喉中回甘，总的来说它香味清淡，回味悠长，乾隆帝就有"无味之味乃至味"的品说。龙井茶有"色绿、香郁、味甘、形美"四绝之誉，所以又有"三名巧台，四绝俱佳"之喻。

2. 黄山毛峰

黄山毛峰，产于安徽黄山地区。其采摘讲究，非常细嫩，特级茶于清明至谷雨间采制，以初展的一芽一叶为采摘标准，采回的芽叶要拣制，当天采当天制。具有细扁稍卷曲，状似雀舌，白毫显露，色如象牙，黄绿油润，带金黄色鱼叶(俗称茶简)冲泡后，雾气凝顶，清香高爽，滋味浓醇和，茶汤清澈，叶底明亮，嫩匀成朵等品质特点。

3. 碧螺春

碧螺春，产于江苏苏州市的吴县洞庭山。其加工工艺精细，采摘 1 芽 1 叶的初展芽叶为原料，采回后经拣剔去杂，再经杀青、揉捻、搓团、炒干而制成。炒制要点是"手不离茶，茶不离锅，炒中带揉，连续操作，茸毛不落，卷曲成螺"。具有是条索纤细，卷曲成螺，茸毛披覆，银绿隐翠，清香文雅，浓郁甘醇，鲜爽生津，回味绵长等品质特点。

二、红茶

红茶，为全发酵的茶(发酵度为 80%～90%)。干茶色泽与冲泡的茶汤以红色为主调，所以称为红茶。它是以适宜制作本品的茶树新芽叶为原料，经微雕、揉捻、发酵、干燥等典型工艺过程精制而成。红茶在加工过程中发生了化学反应，鲜叶中的化学成分变化较大，茶多酚减少 90% 以上，产生了茶黄素的新的成分。香气物质从鲜叶中的 50 多种，增至 300 多种，一部分咖啡碱、儿茶素和茶黄素络合成滋味鲜美的络合物，从而形成了红茶、红汤、红叶和香甜味醇的品质特征。

1. 祁门红茶

祁门红茶,产于安徽祁门。以外形苗秀,色有"宝光"和青气浓郁而著称,在国内外享有盛誉。其采摘标准严格,高档茶以一芽一二叶为主,一般均系一芽三叶及相应嫩度地对夹叶,春茶采摘 6～7 批,夏茶采 6 批,少采或不采秋茶。在制作方法上,实行机械制茶,着重抓外形紧结苗秀和内质香味,保持并发扬祁门香的特点,使祁门红茶品质经久不衰,盛誉常在。具有兰花香味,茶叶上有细毛,形状细长、结实,且第一片茶叶的长度相同等品质特点。

2. 宁红茶

宁红茶,产于江西省修水县。每年在谷雨前采摘其刚刚展开的一片带有嫩芽的叶子,长度大约有 3 厘米,经过萎凋、揉捻、发酵、干燥后初制成红毛茶,然后再筛分、抖切、风选、拣剔、复火、匀堆等工序精制。宁红茶的成品共分 8 个等级,特级宁红具有紧细多毫,锋苗毕露,乌黑油润,鲜嫩浓郁,鲜醇爽口,柔嫩多芽,汤色红艳的品质特点。

3. 滇红茶

滇红茶,云南红茶的统称。采摘 1、2、3 叶的芽叶作为原料,凋、揉捻、发酵、干燥而制成。滇红茶,芽叶肥壮,金毫显露,汤色红艳,香气高醇,滋味浓厚。滇红碎茶是凋、揉切、发酵、干燥而制成。滇红茶是条,碎茶是颗粒型碎茶。前者滋味醇和,后味强烈富有刺激性。品质最优的是"滇红特级礼茶",以 1 芽 1 叶为主加工而成,成品茶具有条索紧直肥壮,苗锋秀丽完整,金毫多而显露,色泽乌黑油润,汤色红浓透明,滋味浓厚鲜爽,香气高醇持久,叶底红匀明亮的品质特点。

三、青茶

青茶,也称乌龙茶、半发酵茶(发酵度为 30%～60%)。青茶综合了绿茶和红茶的制法,品质介于两者之间,既有红茶的浓鲜味,又有绿茶的清芳香,所以有"绿叶红镶边"的美誉。饮后齿颊留香,回味甘鲜。青茶的药用作用,主要突出在分解脂肪、减肥健美等方面。在日本,乌龙茶被称为"美容茶"、"健美茶"。

1. 铁观音

铁观音,原产于福建省安溪县西坪尧阳,又称"安溪铁观音",是中国乌龙茶的极品。安溪铁观音,一年分四季采制,谷雨至立夏为春茶,产量占全年的一半,品质最好。安溪铁观音的制造工艺要经过凉青、晒青、凉青、做青、炒青、揉捻、初焙、复焙、复包揉、文火慢烤、拣簸等工序才制成,以其茶乌润结实,沉重似"铁",味香形美,犹如"观音",赐名为"铁观音"。铁观音,冲泡后的叶底三分红,七分带绿,即"青蒂、绿腹、红镶边"三节色,又有"金镶玉"之称。并具有滋味醇厚甘鲜,香气清芳高雅,水色清澈金黄,叶底肥厚软亮,天然兰花香和特殊"观音韵"等品质特点。

2. 武夷大红袍

武夷大红袍,产于福建省武夷山,有"茶中状元"之称,更是岩茶中的王者,堪称国宝。武夷大红袍,各道工序全部由手工操作,以精湛的工艺特制而成。成品茶香气浓郁,滋味醇厚,有明显"岩韵"特征,饮后齿颊留香,经久不退,冲泡 9 次后还有着原茶的桂花香味。被誉为"武夷茶王"。

3. 冻顶乌龙

冻顶乌龙,被誉为台湾茶中之圣,产于台湾省南投县鹿谷乡。冻顶乌龙以滋味醇厚、喉韵强劲,具沉香而见长。其香味会因采收的季节以及茶树的树龄而有所变化。优质的冻顶乌龙茶味道醇浓,饮后会由喉咙涌出甘甜的清香,百喝不厌。

四、黄茶

黄茶,为微发酵的茶(发酵度为 10%～20%)。黄茶的制作与绿茶有相似之处,不同点是多一道焖堆工序。这个焖堆过程,是黄茶制法的主要特点,也是它同绿茶的基本区别。绿茶是不发酵的,而黄茶是属于发酵茶类。黄茶,按其鲜叶的嫩度和芽叶大小,分为黄芽茶、黄小茶和黄大茶三类。

1. 霍山黄芽

霍山黄芽,产于佛子岭水库上游的大优坪、姚家畈、太阳河一带,其中以大化坪的金鸡坞、金山头;上和街的金竹坪;姚家畈的乌米尖,即"三金一乌"所产的黄芽吕质最佳。采期一般在谷雨前后二三日采摘一芽一叶至一芽二叶初展。其经炒茶(杀青和做形)、初烘(摊放)、足火(摊放)和复火踩筒等炒制而成,具有外形条直微展、匀齐成朵、形似雀舌、嫩绿披毫,香气清香持久,滋味鲜醇浓厚回甘,汤色黄绿清澈明亮,叶底嫩黄明亮等品质特点。

2. 君山银针

君山银针,产于湖南省洞庭山。君山银针属芽茶,因茶花树品种优良,树壮枝衡,芽头肥壮重实,每斤茶银茶约 2.5 万个芽头。君山银针风格独特,年产不多,质量超群,为我国名优茶之佼佼者。其具有芽头肥壮,紧有实挺直,芽身金黄,满披银毫,汤色橙黄明净,香气清纯,滋味甜爽,叶底嫩黄匀亮等特点。

五、白茶

白茶,为轻度发酵的茶(发酵度为 20%～30%)。因其成品茶多为芽头,满披白毫,如银似雪而得名。白茶的制作工艺,一般分为萎凋、干燥两道工序,而其关键是在于萎凋。萎凋分为室内萎凋和室外萎凋两种。要根据气候灵活掌握,以春秋晴天或夏季不闷热的晴朗天气,采取室内萎凋或复式萎凋为佳。经剔除梗、片、蜡叶、红张、暗张之后,以文火进行烘焙至足干,只宜以火香衬托茶香,待水分含量为 4%～5%时,趁热装箱。白茶既不破坏酶的活性,又不促进氧化作用,且保持香味,汤味鲜爽。

1. 白牡丹

白牡丹,为福建特产。它以绿叶夹银色白毫芽形似花朵,冲泡之后绿叶落归根托着嫩芽,宛若蓓蕾初开,故名白牡丹。白牡丹具有两叶包一芽,叶态自然,色泽深灰绿茶或暗青苔色,叶张肥嫩,呈波纹隆起,叶背遍布洁白茸毛,叶缘向叶兹有微卷,芽叶连枝,汤色杏黄或橙黄,叶底浅灰,叶脉微红,汤味鲜醇等品质特点。

2. 白毫银针

白毫银针,为中国福建的特产。白毫银针的采摘十分细致,要求极其严格,规定雨天不采、露水未干时不采、细瘦芽不采、紫色芽头不采、风伤芽不采、人为损伤不采、虫伤芽不采、开心芽不采、空心芽不采、病态芽不采。由于鲜叶原料全部是茶芽,制成后,形状似针,白毫密被,色白如银,因此命名为"白毫银针"。其针状成品茶,长 3 厘米多,整个茶芽为白毫覆被,银装素裹,熠熠闪光,令人赏心悦目。冲泡后,具有香味怡人,饮用后口感甘香,滋味醇和,杯中出现白云疑光闪,满盏浮花乳,芽芽挺立的特点。

六、黑茶

黑茶,为后发酵的茶(发酵度为 100%)。黑茶的采摘标准多为 1 芽 5～6 叶,叶粗梗长。其制作基本工艺流程是高温杀青、揉捻、堆积做色、干燥。由于黑茶一般原料较粗老,加之制造过程中往往堆积发酵时间较长,因而夜色黝黑或黑褐,故称黑茶。

1. 六堡茶

六堡茶,因原产于广西苍梧县六堡乡而得名。品质特点是,条索长整尚紧,色泽黑褐光润,汤色红浓。香气醇陈,滋味甘醇爽口,叶底呈桐褐色,并带有松烟味和槟榔味。

2. 普洱茶

普洱茶,原产云南省,古今中外负有盛名。现在,云南西双版纳,思茅等地仍盛产普洱茶。普洱茶外形条索粗壮乳大,色泽乌润或褐红(俗称猪肝色),滋味醇厚回甘,并具有独特的陈香。

七、花茶

花茶,又称熏花茶、香花茶、香片,是以绿茶、红茶、乌龙茶茶胚及符合食用需求、能够散发出香味儿的鲜花为原料,采用窨制工艺制作而成的茶叶。一般根据其所用的香花品种不同,划分为茉莉花茶、玉兰花茶、珠兰花茶等不同种类。花茶是集茶味与花香于一体,茶引花香,花增茶味,相得益彰。既保持了浓郁爽口的茶味,又有鲜灵芬芳的花香。

1. 茉莉花茶

茉莉花茶,是用经加工干燥的茶叶,与含苞待放的茉莉鲜花混合窨制而成的再加工茶,其色、香、味、形与茶坯的种类、质量及鲜花的品质有密切的关系。大宗茉莉花茶以烘青绿茶为主要原料,统称茉莉烘青,具有条形条索紧细匀整,色泽黑褐油润,香气鲜灵持久,滋味醇厚鲜爽,汤色黄绿明亮,叶底嫩而柔软等共同特点。也有用龙井、大方、毛峰等特种绿茶作茶坯窨制花茶,则分别称为龙井、花大方、茉莉毛峰等。

2. 珠兰花茶

珠兰花茶,以清香幽雅、鲜爽持久的珠兰和米兰为原料,选用高级黄山毛峰、徽州烘青、老竹大方等优质绿茶作茶坯,混合窨制而成。珠兰黄山芽为珠兰花茶的珍品,其品质特征是,外形条索紧细,锋苗挺秀,白毫显露,色泽深绿油润,花干整枝成串,一经冲泡,茶叶徐徐沉入杯底,花如珠帘,水中悬挂,妙趣横生,细细品啜既有兰花特有的幽雅芳香,又兼高档绿茶鲜爽甘美的滋味。普通的珠兰花茶外形条索紧细匀整,色泽墨绿油润,花粒黄中透绿,香气清纯隽永,滋味鲜爽回甘,汤色淡黄透明,叶底黄绿细嫩。

 # 附录1 《餐饮原料采购与管理》课程标准

一、面向专业/学习领域职业描述

本课程为烹饪工艺与营养、西餐工艺、餐饮管理与服务等专业的专业基础核心课程，一般于第一学期开设本课程，为专业技术课程、营养配餐、创新技术和餐饮管理等核心课程服务。本课程以培养学生实际能力为导向，分解成8个行动领域教学模块，以项目任务引领，设计8个情景教学。通过餐饮原料选用项目实践训练，使学生具备鉴别、选用和保管原料的工作能力，结合烹饪技术、厨房管理和餐饮管理实际应用，突出餐饮原料质量、市场供求关系，提升对餐饮原料质量、数量和价格变化规律等判断能力，同时为餐饮原料的加工与使用奠定能力发展的基础。教学目标是：

（1）培养学生的餐饮原料采购管理能力。

（2）通过学习使学生具备鉴定原料品质的感官鉴别经验。

（3）培养学生分析原料市场供求关系，判断原料质量、数量和价格变化规律的能力。

（4）培养学生储存保管各类餐饮原料能力。

（5）提高学生对各类原料加工技术水平。

（6）培养学生调味料加工与创新能力。

二、(学习领域)课程定位

餐饮原料采购与管理为烹饪工艺与营养专业的基础核心课程，本课程涉及餐饮原料理论

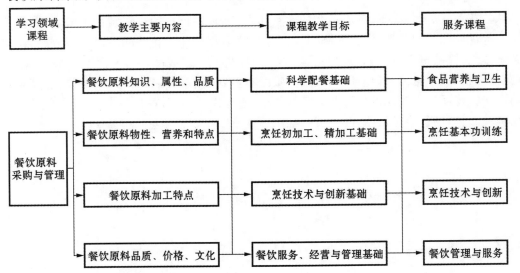

知识、采购实践与管理应用。

　　餐饮原料是食品营养与卫生中营养配餐的物质基础,掌握餐饮原料知识、原料品质基本属性和特点是科学配餐的基础和关键。

　　餐饮原料是烹饪加工的物质对象,掌握原料物性、营养特点和加工特性是烹饪技术发挥的重要方面。

　　餐饮原料是烹饪技术和菜肴创新重要途径,即因料施烹是烹饪菜点开发的一个重要方法,也是烹饪技术发挥最高境界之一。

　　餐饮原料知识、品质、价格、文化等也是餐饮服务与管理的重要内容,与餐饮经营与管理密切相关,甚至影响到餐饮企业生存与发展。

　　因此,掌握餐饮原料采购与管理是学习烹饪工艺与营养专业的关键,是专业必修课程。

三、开设时间/学习领域情境划分与时间安排

学习领域	教学模块	情景教学				学时分配
学习领域 1	模块 1：采购与管理	情景 1：采购工作流程	情景 2：采购计划书	情景 3：汇报	情景 4：分析	6
学习领域 2	模块 2：鉴定基本理论与方法	情景 1：案例分析	情景 2：原料资料制作	情景 3：汇报	情景 4：分析	6
学习领域 3	模块 3：肉类原料品种介绍与品质鉴定(含蛋、乳及其制品)	情景 1：鉴定方法与技巧	情景 2：原料介绍	情景 3：汇报	情景 4：分析	6
学习领域 4	模块 4：水产类原料品种介绍与品质鉴定	情景 1：案例分析	情景 2：原料介绍	情景 3：汇报	情景 4：分析	6
学习领域 5	模块 5：蔬菜类原料品种介绍与品质鉴定	情景 1：鉴定方法与技巧	情景 2：原料介绍	情景 3：汇报	情景 4：分析	6
学习领域 6	模块 6：调味品介绍与鉴定	情景 1：案例分析	情景 2：原料介绍	情景 3：汇报	情景 4：分析	6

（续表）

学习领域	教学模块	情 景 教 学				学时分配
学习领域7	模块7：其他原料采购	情景1：市场调查	情景2：市场考察	情景3：汇报	情景4：分析	6
学习领域8	模块8：采购综合演练	情景1：组织与计划	情景2：菜单设计与采购计划书	情景3：原料采购与加工	情景4：分析：生产与展示	9

四、学时和学分

（1）学时：54

（2）学分：3

五、课程目标/学习领域目标/关键能力

1. 知识目标

（1）获取知识能力：提倡教师主导与学生自学并重，充分发挥学生学习的主动性、能动性。在课程内容设置上，以学习者为中心，通过实物、图片、实地考察等方式，实现从学会到会学的飞跃。同时，要在学习中逐步构建餐饮原料知识学习体系和方法，注重知识的形成过程和实际应用，有助于改善学生学习思路，帮助学生形成获取知识与促进知识更新能力，为学生今后专业课程学习和发展以及实现终身学习打下基础。

（2）运用知识能力：针对专业核心课程认真设置课程内容，开展实践活动，应用餐饮原料基础理论、基础知识指导实践，从实践中深化对知识的理解，实现知识与能力的融合，为烹饪技术、营养配餐、菜肴创新、餐饮管理与服务等课程学习和专业实践奠定基础。

（3）创造能力：应用知识和实践，结合专业学习，充分发挥学生自主学习和实践能力，积极调动学习兴趣和创新能力，掌握餐饮原料知识、品质鉴定、价格规律和烹饪特点，并应用到专业学习中。同时强调企业、社会的参与，这样有利于学生创新意识与创造能力的培养。

（4）职业能力：通过课程实践教学培养学生市场调查能力、技术创新能力、餐饮经营与管理能力，为专业发展和职业发展奠定基础。

2. 能力目标

（1）知识结构的重心放在餐饮原料基础知识、品质鉴定基本原理和品质价格变化规律上，即抓住了实践教学内容，举一反三发挥学生创新能力。理论联系实际，通过系统性学习和实践培养学生学习专业方法和能力。不仅强调专业性、技术性，又要强调基础性，要使基础知识与专业知识相融合，内化为学生的能力，有助于专业发展。

（2）注意学科知识间的渗透与综合，重视知识与实用性的沟通、转化，在教学应用实践中体会知识综合化的魅力，使学生学会用综合化知识解决专业性、技术性管理问题。

3. 素质目标

（1）社会素质：专业知识和实践教学同时加强学生职业素质培养，对专业发展、特点、能力

和从业态度等方面积极引导,使人具备职业素养和礼仪气质职业人才。

（2）心理素质:培养学生具备良好心理素质,实践教学注重培养学生专业自信性,为提高职业沟通能力夯实基础,有助于学生今后职业生涯的发展。

六、课程内容设计/学习领域情境设计

学习领域课程:《餐饮原料采购与管理》			计划学时:54
情境编号	学习情境名称	情 境 描 述	学时分配
1	采购与管理的基本理论与方法	**项目任务** 指导学生学会采购各类表格的制作,采购计划制订和实施,培养学生采购管理能力 **知识点** 通过项目任务完成领悟采购各类表格:采购计划表制订、计划采购单、定额采购单、临时申购单、鲜活原料采购申请单、采购规格书在实践中的应用	6
2	原料品质鉴定	**项目任务** ①原料品质鉴定试验,通过原料实物品质检验,积累原料品质检验方法、技术和经验;②市场调查和资讯收集:现代食品销售中存在质量问题 **知识点** 原料质量检验、餐饮原料的生物性质、原料感官鉴别、原料品质变化因素以及发展趋势和存在问题	6
3	肉类原料及其副产品的采购	**项目任务** 选择十种肉类原料编写采购规格书、采购计划书和计划采购单,通过市场调查,提交"货比三家审批单"。通过项目任务完成提高对肉类原料品种与特点、生鲜肉类、加工性肉类以及副食品(乳及乳制品、蛋及蛋制品等)的选购能力和经验 **知识点** 掌握肉类原料品种与特点、生鲜肉品、加工性肉类以及副食品(乳及乳制品、蛋及蛋制品等)的选购知识	6
4	水产类原料及其加工性原料的采购	**项目任务** 选择十种水产原料编写采购规格书、采购计划书和计划采购单,通过市场调查,提交水产品原料质量与价格变化调查报告。通过项目任务完成提高对水产品质量变化的判断能力 **知识点** 水产原料品种与特点,生鲜水产、加工性水产原料的选购要领	6
5	果蔬类与粮食类原料采购	**项目任务** 选择十种果蔬类与粮食类原料进行加工测试,指导学生加工方法与要求,测试原料折损率,提交加工标准、折损率和成本之间关系实验报告。通过项目任务完成提高学生对原料加工程度与成本控制的认识 **知识点** 果蔬类与粮食类原料品种与特点,果蔬类与粮食类原料质量要求、餐饮成本控制	6

（续表）

情境编号	学习情境名称	情 境 描 述	学时分配
6	调味品与食用油采购	**项目任务** 选择十种调味味型选择调味料进行加工,指导学生加工方法与要求,测试原料比例与味型关系,编写调味味型加工实验报告。通过项目任务完成培养学生创新口味的实践能力 **知识点** 咸味、甜味、酸味、鲜味、辣味、香味调味料的品种特点与加工方法;介绍食用油品种特点与选购选购方法	6
7	其他原料采购	**项目任务** 参观考察,中药博物馆考察、国际茶城考察,通过考察初步掌握中药材原料和茶叶的品质和应用 **知识点** 介绍中药材在餐饮中的应用及品种特点;介绍茶叶在餐饮中应用及品种特点	6
8	原料采购与管理综合演练	**项目任务** 中式宴会展示,完成菜单设计、原料采购单制作、采购计划和实施、原料品质鉴定、成本核算、折损率测试、菜品展示。通过综合演练,培养学生采购、质量控制与成本控制协调能力 **知识点** 指导编写综合演练计划,布置项目任务,包括菜单设计、采购计划、采购单	9
9	复习考试		3

七、考核方式/学习领域能力测试与考核方式

1. 专业课程素质、知识、能力考核标准

专业能力	任务内容	技术要求	知识与素质要求
采购与管理的基本理论与方法	采购各类表格,制定采购计划,按计划准备采购各类表格;采购计划表制订、计划采购单、定额采购单、临时申购单、鲜活原料采购申请单、采购规格书编写	采购工作流程设计,各类采购管理表格制作能力	了解餐饮企业采购部门组织结构和职业技术、知识、经验,了解各类表格对原材料质量、成本管理的重要性和意义

（续表）

专业能力	任务内容	技术要求	知识与素质要求
原料品质鉴定	实物展示,结合理论掌握鉴定质量方法和注意事项;撰写现代食品销售中存在质量问题的调查报告。培养学生原料品种质量检验实践能力	检验原料质量技术与质量变化要素	掌握各种影响原料质量的因素和变化规律。掌握各类原料质量综合检验方法
肉类原料及其副产品的采购	选择十种肉类原料编写采购规格书、采购计划书和计划采购单,通过市场调查,提交"货比三家审批单"。培养学生市场调研能力与采购能力	肉类原料品质检验技术	了解肉类知识、品质和属性。了解各类肉类质量规格和质量
水产类原料及其加工性原料的采购	选择十种水产原料编写采购规格书、采购计划书和计划采购单,通过市场调查,提交水产品原料质量与价格变化调查报告。培养学生市场调研能力与采购能力	水产原料品质特点检验技术	了解水产知识、品质和属性。了解各类水产质量规格和质量
果蔬类与粮食类原料采购	选择十种果蔬类与粮食类原料进行加工测试,指导学生加工方法与要求,测试原料折损率,提交加工标准、折损率和成本之间关系实验报告。培养学生市场调研能力与采购能力	果蔬类与粮食类原料品质检验技术	了解果蔬类与粮食类知识、品质和属性。了解各类果蔬类与粮食类质量规格和质量
调味品与食用油采购	选择十种调味味型选择调味料进行加工,指导学生加工方法与要求,测试原料比例与味型关系,编写调味味型加工实验报告。培养学生调味品加工创新能力	咸味、甜味、酸味、鲜味、辣味、香味调味料品质检验技术	了解咸味、甜味、酸味、鲜味、辣味、香味调味料知识、品质和属性。了解咸味、甜味、酸味、鲜味、辣味、香味调味料质量规格和质量

（续表）

专业能力	任务内容	技术要求	知识与素质要求
其他原料采购	参观考察中药博物馆、国际茶城，提交考察报告。掌握市场调研方法，把握市场动态	中药材、茶叶原料品质检验技术	了解中药材、茶叶知识品质和属性。了解中药材、茶叶质量规格和质量
餐饮原料采购与管理综合演练	采购计划、原料品质鉴定、成本核算、折损率测试、菜品展示。培养学生采购管理与实践、原料质量与成本之间协调能力	菜单设计、采购计划、采购单制作等综合协调能力	综合各类知识和组织管理流程。采购质量、成本评估

2. 专业课程素质、知识、能力考核标准比重表
(1) 理论知识

项　　目			比例(%)
基本要求		职业道德	20
		基础知识	80
相关知识	采购与管理的基本理论与方法	原料采购重要意义、采购组织管理、规划和计划制订	10
	原料品质鉴定	原料质量检验概述、餐饮原料的生物性质、原料感官鉴别、原料品质变化因素以及发展趋势和存在问题	10
	肉类原料及其副产品的采购	肉类原料品种与特点、生鲜肉品、加工性肉类以及副食品（乳及乳制品、蛋及蛋制品等）的选购方法	10
	水产类原料及其加工性原料的采购	水产原料品种与特点，生鲜水产、加工性水产原料的选购方法	10
	果蔬类与粮食类原料采购	果蔬类与粮食类原料品种与特点，果蔬类与粮食类原料的选购方法	10
	调味品与食用油采购	咸味、甜味、酸味、鲜味、辣味、香味调味料的品种特点以及选购方法；介绍食用油品种特点与选购选购方法	10
	其他原料采购	中药材在餐饮中的应用及品种特点；介绍茶叶在餐饮中应用及品种特点	10
	原料采购与管理综合演练	综合演练计划，布置项目任务，包括菜单设计、采购计划、采购单	10
合　　计			100

（2）技术操作

项　　目			比例（%）
基本要求		职业礼仪	10
		卫生习惯	10
技术要求	采购与管理的基本理论与方法	采购各类表格，制订采购计划，按计划准备采购各类表格：采购计划表制订、计划采购单、定额采购单、临时申购单、鲜活原料采购申请单、采购规格书编写	10
	原料品质鉴定	实物展示，结合理论掌握鉴定质量方法和注意事项；撰写现代食品销售中存在质量问题的调查报告	10
	肉类原料及其副产品的采购	选择十种肉类原料编写采购规格书、采购计划书和计划采购单，通过市场调查，提交"货比三家审批单"	10
	水产类原料及其加工性原料的采购	选择十种水产原料编写采购规格书、采购计划书和计划采购单，通过市场调查，提交水产品原料质量与价格变化调查报告	10
	果蔬类与粮食类原料采购	选择十种果蔬类与粮食类原料进行加工测试，指导学生加工方法与要求，测试原料折损率，提交加工标准、折损率和成本之间关系实验报告	10
	调味品与食用油采购	选择十种调味味型选择调味料进行加工，指导学生加工方法与要求，测试原料比例与味型关系，编写调味味型加工实验报告	10
	其他原料采购	参观考察，中药博物馆考察、国际茶城考察，提交考察报告	10
	原料采购与管理综合演练	原料品质鉴定、成本核算、折损率测试、菜品展示	10
合　　计			100

附录 2 学习情境设计

学习情境 1

一、课程设计

学习领域课程	《餐饮原料采购与管理》	计划学时:54
学习情境 1	采购与管理的基本理论与方法	学时分配:6
学习目标	1. 掌握原料采购组织结构与工作程序 2. 掌握原料采购计划制定程序与要求 3. 熟悉原料采购各类表单,熟悉审批程序 4. 掌握采购规格书编写和对实际经营与管理的指导作用	
学习任务	1. 项目任务:指导学生学会采购各类表格的制作,采购计划制订和实施,培养学生采购管理能力 2. 知识点:通过项目任务完成领悟采购各类表格:采购计划表制定、计划采购单、定额采购单、临时申购单、鲜活原料采购申请单、采购规格书在实践中的应用	
宏观教学法	1. 理论教学采取直观教学,采用多媒体技术、图片和案例进行形象教学 2. 实践教学采取体验法教学,教学指导、学生主导方式进行实践实验,引导学生总结经验发挥主观能动性,开发创新意识,培养学习能力、工作能力	
学习必备基础	具备一定生活能力,热爱餐饮与烹饪,具备一定专业操作能力,熟悉市场和食品销售	
教师必备基础	具备现代酒店和餐饮业采购工作流程、管理程序和采购模式等知识和经验	
教学媒体	多媒体投影设备和原料加工试验室	
工具材料	电脑与打印设备:表格制作与打印	

（续表）

阶段			工作过程	微观教学法建议	学时
学习步骤	资讯	教师行为	1. 理论课件准备:介绍原料采购组织与管理和工作流程 2. 表单准备:介绍各类表单和审批要求	调查把握最新动态	3
		学生行为	1. 分组,指导学生明确课程内容和需要完成任务 2. 收集必要资料或调查企业,了解采购管理信息	分别指导收集信息方法或渠道	
	计划与决策	学生行为	1. 按小组任务,制订完成任务计划,落实任务 2. 制订各类表单,形成一套采购与管理工作流程管理规定	市场调研	
		教师行为	指导与审核计划	分组辅导	
	实施	学生行为	计划实施,提交任务书,综合各类表单,形成整套管理规定和采购审批程序	讨论整合	
		教师行为	指导与提出修改意见	讨论修改	
	检查与评估	学生行为	学生汇报	小组汇报	2
		教师行为	1. 分析 2. 教师评价记录分数	教师点评	1

二、项目任务

指导学生学会采购各类表格的制作,采购计划制订和实施,培养学生采购管理能力。

三、知识点

通过项目任务完成领悟采购各类表格:采购计划表、计划采购单、定额采购单、临时申购单、鲜活原料采购申请单、采购规格书在实践中的应用。

四、课程安排

1. 任务布置

（1）设计表格,完成表格中需要填写的市场调查,体验不同市场相同原料价格变化特点。

（2）分组汇总市场调查数据,列出相同原料最高价格、平均价格和最低价格。

（3）分组制作 PPT 汇报,阐述市场调查体验,分析价格变动主要原因。

2.教师指导

(1)分组任务分配指导。

(2)市场调查计划制订指导。

(3)市场调查数据汇总指导。

(4)价格变动分析指导。

(5)组织汇报总结市场调查存在问题以及对原料采购选择建议。

3.教学情境安排

完成任务	完成任务地点	教学目的
任务布置	课堂教学互动	指导任务完成计划制订和知识点讲解
市场调查	批发市场、大型超市、农贸市场等	自己安排计划完成数据调查
分组汇报与点评总结	课堂互动	市场调查对原料采购重要性

学习情境 2

一、课程设计

学习领域课程	《餐饮原料采购与管理》	计划学时:54
学习情境 2	原料品质鉴定	学时分配:6
学习目标	1. 掌握餐饮原料品质鉴定方法 2. 掌握餐饮原料品质变化规律与特点 3. 掌握餐饮原料质量与价格关系,以及对餐饮企业经营与管理的影响 4. 了解现代食品市场存在问题已经避免食品质量出现问题办法	
学习任务	1. 项目任务:①原料品质鉴定试验,通过原料实物品质检验,积累原料品质检验方法、技术和经验;②市场调查和资讯收集:现代食品销售中存在质量问题 2. 知识点:原料质量检验、餐饮原料的生物性质、原料感官鉴别、原料品质变化因素以及发展趋势和存在问题	
宏观教学法	1. 理论教学采取直观教学,采用多媒体技术、图片和案例进行形象教学 2. 实践教学采取体验法教学,教学指导、学生主导方式进行实践实验,引导学生总结经验发挥主观能动性,开发创新意识,培养学习能力、工作能力	
学习必备基础	1. 有一定食品方面知识和经验 2. 具备一定专业基础知识和技术	

（续表）

教师必备基础	1. 熟悉餐饮原料知识、品质鉴定经验 2. 熟悉食品销售中出现问题原因和鉴定方法 3. 熟悉现代餐饮业经营与管理,以及对原料质量和成本方面的要求
教学媒体	1. 多媒体教室 2. 烹饪加工试验室
工具材料	1. 加工原料工具 2. 原料样本准备

<table>
<tr><td colspan="2"></td><td>阶段</td><td>工作过程</td><td>微观教学法
建议</td><td>学时</td></tr>
<tr><td rowspan="8">学习步骤</td><td rowspan="2">资讯</td><td>教师行为</td><td>1. 理论课件准备
2. 原料采购与准备</td><td></td><td>3</td></tr>
<tr><td>学生行为</td><td>1. 预习原料品质鉴定理论知识
2. 预习原料种类及特点
3. 收集食品销售中存在质量问题方面的资料</td><td>布置任务,
主动自主
学习</td><td></td></tr>
<tr><td rowspan="2">计划与
决策</td><td>学生行为</td><td>1. 个人理论知识预习任务
2. 分组,分别调查收集各类食品问题,明确任务与要求</td><td></td><td></td></tr>
<tr><td>教师行为</td><td>个别与分组指导</td><td></td><td></td></tr>
<tr><td rowspan="2">实施</td><td>学生行为</td><td>1. 调查与报告撰写
2. PPT 汇报</td><td>辅导</td><td></td></tr>
<tr><td>教师行为</td><td>检查审核</td><td></td><td></td></tr>
<tr><td rowspan="2">检查与
评估</td><td>学生行为</td><td>1. 提交个人学习报告
2. 按组 PPT 汇报调查结果</td><td></td><td>2</td></tr>
<tr><td>教师行为</td><td>1. 检查个人报告,记录分数
2. 评估小组报告,记录分数</td><td>点评</td><td>1</td></tr>
</table>

二、项目任务

（1）原料品质鉴定试验,通过原料实物品质检验,积累原料品质检验方法、技术和经验。

（2）市场调查和资讯收集:现代食品销售中存在质量问题。

三、知识点

原料质量检验、餐饮原料的生物性质、原料感官鉴别、原料品质变化因素以及发展趋势和存在问题。

课程安排

1. 任务布置

（1）分组完成分配原料品质检验实验。

（2）完成原料加工。

（3）认真记录原料品质主要特征，撰写实验报告。

（4）制作汇报 PPT 进行交流。

2. 教师指导

（1）分组任务分配指导。

（2）分别指导原料品质检验方法。

（3）分别指导原料选择方法。

（4）检查实验报告。

（5）组织汇报与点评。

3. 教学情境安排

完成任务	任务完成地点	教学目的
品质检验目的与要求	烹饪加工试验室	掌握原料品质检验方法，学会原料选择与加工要求之间的关系
分组任务与要求		
分组完成品质检验与加工实验		
组织汇报	示范教室	交流实验成果，总结与点评

四、实验流程

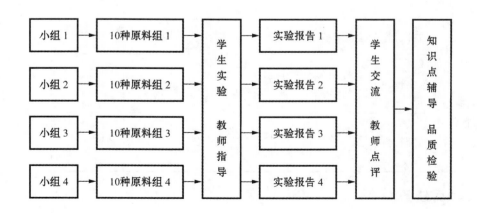

学习情境 3

一、课程设计

学习领域课程	《餐饮原料采购与管理》	计划学时：54
学习情境 3	餐饮原料采购与管理综合演练	学时分配：9
学习目标	1. 综合课程学习各种原料知识和采购实践经验 2. 合理检验原料质量 3. 合理设计菜单 4. 合理加工和质量控制 5. 合理成本核算	
学习任务	1. 项目任务：中式宴会展示，完成菜单设计、原料采购单制作、采购计划和实施、原料品质鉴定、成本核算、折损率测试、菜品展示。通过综合演练，培养学生采购、质量控制与成本控制协调能力 2. 知识点：指导编写综合演练计划，布置项目任务，包括菜单设计、采购计划、采购单	
宏观教学法	实践教学	
学习必备基础	1. 善于总结学习成果，应用于实践 2. 善于综合专业其他课程知识和经验 3. 认真制订计划 4. 团队协作精神	
教师必备基础	1. 具备综合演练经验 2. 认真做好演练计划 3. 善于协调各种资源	
教学媒体	实验实训室和餐厅	
工具材料	1. 交通设备 2. 各类原料 3. 各类设备设施工具	

学习步骤	阶段		工 作 过 程	微观教学法建议	学时
学习步骤	资讯	教师行为	1. 综合演练设计 2. 分组任务与要求 3. 协调各项工作，完成各项准备工作	体验	1
		学生行为	1. 明确分组任务 2. 按要求制订计划		
	计划与决策	学生行为	按要求完善计划和工作流程以及标准		1
		教师行为	按分组指导检查计划		
	实施	学生行为	按要求实施计划		6
		教师行为	1. 随时检查计划实施情况 2. 协调各方面资源，随时解决出现问题		
	检查与评估	学生行为	1. 成果展示 2. 学生总结		
		教师行为	1. 分析点评 2. 成绩记录		1

二、项目任务

中式宴会展示,完成菜单设计、原料采购单制作、采购计划和实施、原料品质鉴定、成本核算、折损率测试、菜品展示。通过综合演练,培养学生采购、质量控制与成本控制协调能力。

三、知识点

指导编写综合演练计划,布置项目任务,包括菜单设计、采购计划、采购单。

四、课程安排

1. 任务布置

(1)宴会主题确定。综合演练是专业课程实践教学中的主要环节,根据专业教学目标,每学期举办一次实践教学成果展示,以综合大型宴会形式,完成专业核心课程教学成果的展示。综合演练的主题是根据专业教学计划安排确定,各课程根据主题完成各课程综合演练所涉及的工作任务。本课程结合主题主要承担原材料采购、原材料质量检验、原材料加工标准、净料率控制,在菜肴生产前期控制原料的质量与成本,为达到综合演练成功打好基础。

(2)宴会菜单。宴会菜单是由前后台餐饮服务与烹饪技艺工作组根据宴会主题设计。本课程工作组根据宴会菜单,在熟悉菜单基础上,开出食品与原料清单,准确列出食品与原料的数量、规格要求。

(3)采购计划。根据原料清单,在与前后台协调后确认无误基础上,对清单所列出食品和原料进行分类,开出食品与原料申购单。库房根据申购单,确认库房库存原料数量,需要采购数量,并根据原料鲜活情况确定预先采购品种与数量、当日采购品种与数量,形成多个采购计划和采购单。

(4)分组。本课程按岗位划分成采购计划组、库房验收与发料组、采购组、初加工组、成本控制组。

(1)采购计划组:负责编制原料采购清单分类;编制领料单和申购单;货比三家审批单;采购计划与采购单。

(2)库房验收与发料组:协助确认领料单、申购单;负责原料进货验收;负责原料发放以及统计工作。

(3)采购组:根据采购单进行分类,制订预先采购计划和当日采购计划,经审核后完成采购。

(4)初加工组:负责领料与初加工,严格称取加工原料毛重和加工后净重。

(5)成本控制组:负责原料验收检查,统计原料采购价格。负责原料加工净料率核算,计算原料成本。

五、教师指导

(1)介绍综合演练主题选择情况,如接待客人与人数、宴会规格、宴会服务形式、菜肴特点以及对专业各课程要求,有助于学生尽快介入熟悉情况,明确任务和要求,指导学生转变角色,顺利完成任务;

(2)分析宴会客人与菜单,了解客人需求与菜单设计中特点,有助于学生理解采购原料的规格和要求；

  （3）合理分配任务，明确各岗位工作组的任务、性质、内容和要求；

  （4）指导学生分组，下达任务单；

  （5）组织督导小组，协调、检查、控制、评估各小组工作；

  （6）指导各小组工作，解决存在问题；

  （7）汇总各小组工作总结，点评成果。

六、教学情境安排

完成任务	任务完成地点	教学目的
宴会介绍	多媒体教室	熟悉综合演练主题、客源、规模、菜单、规格和要求
任务布置	多媒体教室	小组工作任务和要求，指导任务分配，下达任务单
综合演练	酒店实训中心	各小组制订工作计划与流程，认真完成各自任务
成果展示	酒店实训中心	综合评估综合演练效果

七、实践教学工作流程

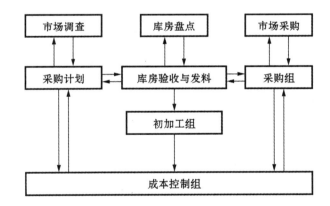

学习情境 4

一、课程设计

学习领域课程	《餐饮原料采购与管理》	计划学时:54
学习情境 4	肉类原料及其副产品的采购	学时分配:6
学习目标	1. 掌握各种肉类品种及其副产品原料特点 2. 掌握肉类品种及其副产品原料鉴定主要方法 3. 掌握肉类原料实践应用特点和加工特点 4. 掌握肉类原料及其副产品采购方法	

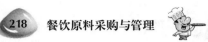

（续表）

	学习任务	1. 项目任务：选择十种肉类原料编写采购规格书、采购计划书和计划采购单，通过市场调查，提交"货比三家审批单"。通过项目任务完成提高对肉类原料品种与特点、生鲜肉品、加工性肉类以及副食品（乳及乳制品、蛋及蛋制品等）的选购能力和经验 2. 知识点：掌握肉类原料品种与特点、生鲜肉品、加工性肉类以及副食品（乳及乳制品、蛋及蛋制品等）的选购知识	
	宏观教学法	1. 理论教学采取直观教学，采用多媒体技术、图片和案例进行形象教学； 2. 实践教学采取体验法教学，教学指导、学生主导方式进行实践实验和市场调查，引导学生总结经验发挥主观能动性，开发创新意识，培养学习能力、工作能力	
	学习必备基础	1. 有一定食品方面知识和经验 2. 具备一定市场调查经验	
	教师必备基础	1. 熟悉餐饮原料知识、品质鉴定经验 2. 熟悉食品销售中出现问题原因和鉴定方法 3. 熟悉现代餐饮业经营与管理，以及对原料质量和成本方面的要求	
	教学媒体	1. 多媒体教室 2. 市场 3. 实验室	
	工具材料	1. 加工原料工具 2. 原料样本准备	

		阶段		工作过程	微观教学法建议	学时
学习步骤	资讯		教师行为	1. 理论课件准备 2. 样本原料采购与准备 3. 市场考察组织	直观、启发、案例分析	3
			学生行为	1. 预习肉类原料理论知识 2. 预习肉类原料种类及特点 3. 收集肉类原料销售市场资料	布置任务，主动自主学习	

（续表）

阶段		工作过程	微观教学法建议	学时
学习步骤	计划与决策	学生行为	1. 个人理论知识预习任务 2. 分组，分别调查收集各类肉类食品资料，明确任务与要求 3. 制订市场调查表		
		教师行为	个别与分组指导		
	实施	学生行为	1. 市场调查，各小组汇总调查表，形成货比三家审核表 2. PPT 汇报	辅导	
		教师行为	检查审核		
	检查与评估	学生行为	1. 提交个人学习报告 2. 按组 PPT 汇报调查结果		1
		教师行为	1. 检查个人报告，记录分数 2. 评估小组报告，记录分数	点评	2

二、项目任务

选择十种肉类原料编写采购规格书、采购计划书和计划采购单，通过市场调查，提交"货比三家审批单"。通过项目任务完成提高对肉类原料品种与特点、生鲜肉品、加工性肉类以及副食品（乳及乳制品、蛋及蛋制品等）的选购能力和经验。

三、知识点

掌握肉类原料品种与特点、生鲜肉品、加工性肉类以及副食品（乳及乳制品、蛋及蛋制品等）的选购知识。

四、课程安排

1. 任务布置

（1）分组选择十种肉类原料。

（2）小组分别编写采购规格书，原料规格、采购数量、采购参考价格、供应商。

（3）小组分别对十种肉类制定质量鉴定标准。

（4）小组分别制订市场调查计划，编写货比三家审批单。

（5）小组分别分析市场调查结果，制订计划采购单。

（6）小组分别制作汇报 PPT。

2．教师指导

（1）分别指导小组选择原料品种，引导各小组选择尽可能避免重复。

（2）分别指导小组编写采购规格书。

（3）分别指导小组制定采购计划书和计划采购单。

（4）审核小组工作情况。

（5）组织小组汇报，点评与总结工作成果。

3．教学情境安排

完成任务	任务完成地点	教学目的
知识点传授	多媒体教室	掌握肉类原料品种规格特点和质量检验
任务布置	多媒体教室	编写采购规格书、采购计划和计划采购单
市场调查	原料销售市场	货比三家审批单
小组汇报	多媒体教室	点评与总结成果

4．教学流程

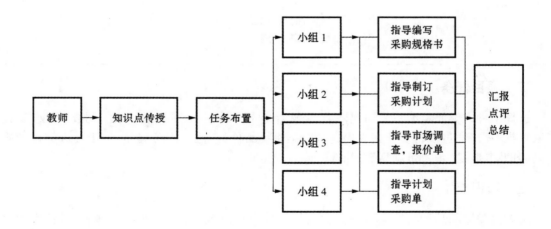

学习情境 5

一、课程设计

学习领域课程	《餐饮原料采购与管理》	计划学时：54
学习情境 5	水产类原料及其加工性原料的采购	学时分配：6
学习目标	1. 掌握水产品原料品种、生产、销售特点 2. 掌握水产品原料质量和价格变化规律 3. 掌握水产品原料品质鉴定方法 4. 了解水产品原料加工特点和技术	
学习任务	1. 项目任务：选择十种水产原料编写采购规格书、采购计划书和计划采购单,通过市场调查,提交水产品原料质量与价格变化调查报告。通过项目任务完成提高对水产品质量变化的判断能力 2. 知识点：水产原料品种与特点,生鲜水产、加工性水产原料的选购要领	
宏观教学法	1. 理论教学采取直观教学,采用多媒体技术、图片和案例进行形象教学 2. 实践教学采取体验法教学,教学指导、学生主导方式进行实践实验和市场调查,引导学生总结经验发挥主观能动性,开发创新意识,培养学习能力、工作能力	
学习必备基础	1. 有一定食品方面知识和经验 2. 了解食品销售基本情况 3. 掌握基本原料加工技术 4. 愿意主动学习,参与各种市场调研活动	
教师必备基础	1. 熟悉水产品品种特点,具备必要图片和资料 2. 熟悉水产品销售渠道,了解原料质量变化、价格变化规律 3. 熟悉水产品原料的加工技术	
教学媒体	1. 多媒体教室设备 2. 烹饪加工实验室 3. 农副产品市场	
工具材料	1. 加工工具 2. 各类实验、调查表格	

（续表）

阶段		工作过程		微观教学法建议	学时
学习步骤	资讯	教师行为	1. 理论课件准备 2. 实验与市场调查表格准备 3. 实验样本原料准备 4. 市场调查指导	讲授、指导、讨论相结合	3
		学生行为	1. 按布置任务完成资料收集 2. 按要求准备市场调查表格 3. 分组讨论调查计划		
	计划与决策	学生行为	1. 制订调查计划 2. 讨论分组任务和要求		
		教师行为	1. 实验、调查计划实施指导 2. 结果汇总的辅导		
	实施	学生行为	1. 调查计划实施 2. 调查结果汇总 3. 汇报 PPT 制作		
		教师行为	指导完成任务		
	检查与评估	学生行为	PPT 汇报	讨论、分析	2
		教师行为	点评与总结，记录成绩		1

二、项目任务

选择十种水产原料编写采购规格书、采购计划书和计划采购单，通过市场调查，提交水产品原料质量与价格变化调查报告。通过项目任务完成提高对水产品质量变化的判断能力。

三、知识点

水产原料品种与特点，生鲜水产、加工性水产原料的选购要领。

四、课程安排

1. 任务布置

（1）分组选择十种水产类原料。

（2）小组分别编写采购规格书，原料规格、采购数量、采购参考价格、供应商。

（3）小组分别对十种水产类制定质量鉴定标准。

（4）小组分别制定市场调查计划，编写市场调查原料基本资料：包括原料名称、产地、产期、外部特征、品质特点、文化典故、菜肴制作特点以及食用特点。

（5）小组分别分析市场调查结果，制订计划采购单。

（6）小组分别制作汇报 PPT。

2. 教师指导

（1）分别指导小组选择原料品种,引导各小组选择尽可能避免重复。

（2）分别指导小组编写采购规格书和原料介绍基本资料。

（3）分别指导小组制订采购计划书和计划采购单。

（4）审核小组工作情况。

（5）组织小组汇报,点评与总结工作成果。

3. 教学情境安排

完成任务	任务完成地点	教学目的
知识点传授	多媒体教室	掌握水产类品种规格特点、生产时间与质量关系、各类原料质量检验方法
任务布置	多媒体教室	编写采购规格书、采购计划、计划采购单和调查原料基本资料
市场调查	原料销售市场	初步掌握水产品上市时间与价格、质量变化规律
小组汇报	多媒体教室	点评与总结成果

4. 教学流程

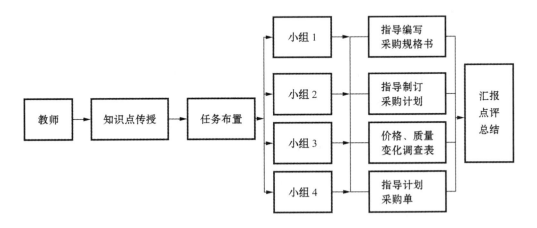

学习情境 6

一、课程设计

学习领域课程	《餐饮原料采购与管理》	计划学时：54
学习情境 6	果蔬类与粮食类原料采购	学时分配：6
学习目标	1. 掌握果蔬类与粮食类原料品种、生产、销售特点 2. 掌握果蔬类与粮食类原料质量和价格变化规律 3. 掌握果蔬类与粮食类原料品质鉴定方法 4. 了解果蔬类与粮食类原料加工特点和技术	
学习任务	1. 项目任务：选择十种果蔬类与粮食类原料进行加工测试，指导学生加工方法与要求，测试原料折损率，提交加工标准、折损率和成本之间关系实验报告。通过项目任务完成提高学生对原料加工程度与成本控制的认识 2. 知识点：果蔬类与粮食类原料品种与特点，果蔬类与粮食类原料质量要求、餐饮成本控制	
宏观教学法	1. 理论教学采取直观教学，采用多媒体技术、图片和案例进行形象教学 2. 实践教学采取体验法教学，教学指导、学生主导方式进行实践实验和市场调查，引导学生总结经验发挥主观能动性，开发创新意识，培养学习能力、工作能力	
学习必备基础	1. 了解菜单与原料加工要求 2. 了解各类原料加工特点和程序	
教师必备基础	1. 熟悉菜单设计与要求 2. 熟悉各类果蔬、粮食类原料加工特点 3. 熟悉餐饮企业对成本核算方面管理要求	
教学媒体	1. 多媒体教室 2. 实训加工操作间	
工具材料	1. 加工工具 2. 记录文具	

（续表）

阶段		工作过程	微观教学法建议	学时
学习步骤	资讯	教师行为	1. 理论教学课件准备 2. 实验样本原料准备 3. 实验指导	直观教学、启发教学	3
		学生行为	1. 各类果蔬、粮食类原料资料收集 2. 明确任务和实验步骤		
	计划与决策	学生行为	1. 分组，按要求落实任务 2. 制定实验计划		
		教师行为	分组指导		
	实施	学生行为	1. 分组实验 2. 记录实验结果 3. 汇总实验结果，制作 PPT		
		教师行为	分组指导		
	检查与评估	学生行为	1. PPT 汇报 2. 讨论		2
		教师行为	1. 点评 2. 总结 3. 成绩评定	讨论、分析、点评	1

二、项目任务

选择十种果蔬类与粮食类原料进行加工测试，指导学生加工方法与要求，测试原料折损率，提交加工标准、折损率和成本之间关系实验报告。通过项目任务完成提高学生对原料加工程度与成本控制的认识。

三、知识点

果蔬类与粮食类原料品种与特点，果蔬类与粮食类原料质量要求、餐饮成本控制。

四、课程安排

1. 任务布置

（1）分组选择十种果蔬类与粮食类原料；

（2）小组分别编写基本资料：原料名称、产地、产期、加工特点、品质特点、食用特点以及文化典故等；

  （3）小组分别对十种果蔬类与粮食类制定质量鉴定标准；

  （4）小组分别制定初加工工作流程和质量标准；

  （5）小组分别测定原料加工净料率测定；

  （6）小组分别制作汇报 PPT，分析原料品质与净料率、成本之间关系。

  2. 教师指导

  （1）分别指导小组选择原料品种，引导各小组选择尽可能避免重复；

  （2）分别指导小组编写原料基本资料；

  （3）分别指导小组制订加工工作流程与要求；

  （4）审核小组工作情况；

  （5）组织小组汇报，点评与总结工作成果。

  3. 教学情境安排

完成任务	任务完成地点	教学目的
知识点传授	多媒体教室	掌握十种果蔬类与粮食类规格特点和质量检验
任务布置	多媒体教室	编写十种果蔬类与粮食类基本资料
实验	烹饪加工实验室	测定十种果蔬类与粮食类净料率
小组汇报	多媒体教室	点评与总结成果

  4. 教学流程

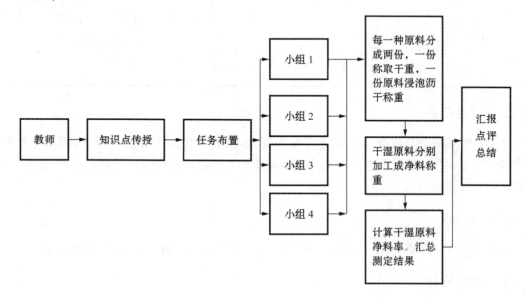

学习情境 7

一、课程设计

学习领域课程	《餐饮原料采购与管理》	计划学时:54
学习情境 7	调味品与食用油采购	学时分配:6
学习目标	1. 掌握调味料品种特点,品种鉴定方法 2. 掌握食用油脂品种与选购方法 3. 掌握调味品加工技术和方法	
学习任务	1. 项目任务:选择十种调味味型选择调味料进行加工,指导学生加工方法与要求,测试原料比例与味型关系,编写调味味型加工实验报告。通过项目任务完成培养学生创新口味的实践能力 2. 知识点:咸味、甜味、酸味、鲜味、辣味、香味调味料的品种特点与加工方法;介绍食用油品种特点与选购方法	
宏观教学法	1. 理论教学采取直观教学,采用多媒体技术、图片和案例进行形象教学 2. 实践教学采取体验法教学,教学指导、学生主导方式进行实践实验和市场调查,引导学生总结经验发挥主观能动性,开发创新意识,培养学习能力、工作能力	
学习必备基础	1. 收集调味品、食用油脂相关资料,熟悉应用特点 2. 认真参与市场调查,多方面进行比较,熟悉品牌、质量、价格和风味之间关系 3. 善于思考,认真分析记录各类信息,联系实际应用总结经验 4. 掌握调味品加工方法,敢于创新,善于总结	
教师必备基础	1. 熟悉调味品相关知识和市场供应情况 2. 认真准备市场调查和调味品加工工作和相关资料 3. 认真指导和分析,鼓励学生创新	
教学媒体	1. 多媒体教室 2. 烹饪加工实验室 3. 加工必要工具和记录表格	
工具材料	1. 各种调味品 2. 必要原材料	

（续表）

阶段		工作过程	微观教学法建议	学时
学习步骤	资讯	教师行为	1. 理论课件制作 2. 任务设计和相关资料准备 3. 调味品与原材料准备 4. 指导学生市场考察与调味品加工计划制定	直观教学、启发教学、实践教学、个别辅导	3
		学生行为	1. 根据课程要求认真收集资料 2. 准备工作，分组明确任务		
	计划与决策	学生行为	1. 制订市场调查计划和相关准备工作 2. 制订小组调味品加工计划和设计		
		教师行为	1. 分组分配任务 2. 指导计划制定		
	实施	学生行为	1. 按计划要求实施 2. 认真做好总结 3. 制作小组汇报 PPT		
		教师行为	1. 与学生保持密切联系，解决出现问题 2. 指导学生做好总结		
	检查与评估	学生行为	1. 小组汇报 2. 提交总结报告	讨论式	2
		教师行为	1. 组织汇报 2. 分析、评价记录成绩		1

二、项目任务

选择十种调味味型选择调味料进行加工，指导学生加工方法与要求，测试原料比例与味型关系，编写调味味型加工实验报告。通过项目任务完成培养学生创新口味的实践能力。

三、知识点

咸味、甜味、酸味、鲜味、辣味、香味调味料的品种特点与加工方法；介绍食用油品种特点与选购选购方法。

四、课程安排

1. 任务布置

（1）分组选择三种复合调味味型，编写调味味型基本配制内容与工作流程；

（2）小组分别编写所用调味品与食用油基本资料：原料名称、产地、产期、加工特点、品质特点、食用特点以及文化典故等；

（3）小组分别对所用调味品编写采购规格和质量鉴定标准；

（4）小组分别制订实验计划；

（5）小组分别测定调味汁口味特点，分别选取一种口味最佳调味汁展示；

（6）小组分别制作汇报 PPT，分析配制实验结果和体会。

2．教师指导

（1）分别指导小组选择复合味型，引导各小组选择尽可能避免重复。

（2）分别指导小组编写原料基本资料。

（3）分别指导小组制订加工工作流程与要求。

（4）审核小组工作情况。

（5）组织小组汇报，点评与总结工作成果。

3．教学情境安排

完成任务	任务完成地点	教 学 目 的
知识点传授	多媒体教室	掌握调味品与食用油脂采购质量标准和质量检验方法
任务布置	多媒体教室	编写配制调味汁所用调味品与油脂基本资料
实验	烹饪加工实验室	配制调味汁，掌握研究性学习方法
小组展示与汇报	多媒体教室	点评与总结成果

4．教学流程

（1）知识点传授。介绍调味品与食用油品质特点，采购规格、标准和质量鉴定以及在实践中应用。

（2）任务布置。分小组各选择三种复合味型，编写复合味型所用调味品和食用油基本资料，掌握各类调味品与油脂基本特点。

（3）实验操作流程设计与要求；

（4）结果展示与小组汇报，引导学生掌握研究性学习方法。

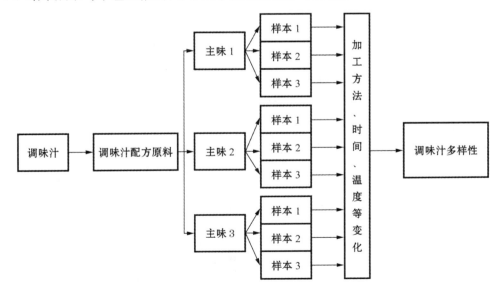

学习情境 8

一、课程设计

学习领域课程		《餐饮原料采购与管理》		计划学时:54
学习情境 8		其他原料采购		学时分配:6
学习目标		1. 了解常用中药材的品种和特点 2. 初步了解中药材的应用特点 3. 了解茶叶重要品种和特点 4. 初步掌握茶叶品质鉴定方法 5. 熟悉茶叶在菜肴制作中的应用		
学习任务		1. 项目任务:参观考察,中药博物馆考察、国际茶城考察,通过考察初步掌握中药材原料和茶叶的品质和应用 2. 知识点:介绍中药材在餐饮中的应用及品种特点;介绍茶叶在餐饮中应用及品种特点		
宏观教学法		1. 理论教学采取直观教学,采用多媒体技术、图片和案例进行形象教学 2. 实践教学采取体验法教学,教学指导、学生主导方式进行实践实验和市场调查,引导学生总结经验发挥主观能动性,开发创新意识,培养学习能力、工作能力		
学习必备基础		1. 对中药材具有初步的认识,具有一定烹饪加工技术 2. 对茶叶及茶文化具有一定兴趣和经验,敢于创新		
教师必备基础		1. 熟悉中药材与茶叶入菜的基本原理和原则 2. 熟悉中药材和茶叶品种和物性 3. 熟悉中药材和茶叶市场指导学生		
教学媒体		1. 多媒体教室 2. 中药材博物馆、国际茶城		
工具材料		1. 常见中药材图片和实物陈列 2. 主要茶叶品种和茶室		
学习步骤	阶段	工作过程	微观教学法建议	学时
	资讯	教师行为 1. 中药材和茶叶基本知识课件制作 2. 市场考察组织工作和任务设计		2
		学生行为 1. 根据课程要求收集相关资料 2. 明确市场考察任务,并做好准备工作		1

（续表）

阶段		工作过程	微观教学法建议	学时
学习步骤	计划与决策	学生行为	1. 认真准备考察,记录考察内容 2. 做好初步菜单设计框架		
		教师行为	1. 分组布置任务 2. 明确考察目的与要求		
	实施	学生行为	1. 认真完成考察 2. 完成菜单设计		
		教师行为	1. 检查小组总结 2. 指导小组菜单设计		
	检查与评估	学生行为	按组完成菜单菜肴制作	实践体验	2
		教师行为	1. 组织完成各小组完成菜肴制作 2. 指导小组交流 3. 分析总结,记录成绩	讨论交流	1

二、项目任务

参观考察,中药博物馆考察、国际茶城考察,通过考察初步掌握中药材原料和茶叶的品质和应用。

三、知识点

介绍中药材在餐饮中的应用及品种特点;介绍茶叶在餐饮中应用及品种特点。

四、课程安排

1. 任务布置

（1）分组选择十种中药材和十种茶叶。

（2）分组要求对十种中药材和十种茶叶制作介绍手册,掌握这些材料基本知识和特点。

（3）分组落实到每一位学生,分别对中药材和茶叶进行考察,编写考察报告。

（4）分组汇总考察报考,总结考察成果,突出中药材与茶叶在餐饮中应用。

2. 教师指导

（1）指导选择考察原料,避免重复,扩大考察原料品种。

（2）指导分组落实具体任务到每一位学生,各自明确考察内容,并事先做好考察原料的基本资料汇编,掌握基本情况。

（3）组织考察,指导考察原料的基本属性、特征、物性和使用食用方法。

（4）指导现代餐饮应用中药材和茶叶的发展趋势。

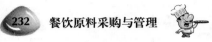

3. 教学情境安排

完成任务	任务完成地点	教学目的
知识点传授	多媒体教室	介绍中药材与茶叶基本属性,使用特点与食用趋势
任务布置	博物馆、茶城考察	了解中药材品种特点,考察茶城茶叶品种和食用趋势,编写考察报告
小组汇报	多媒示教室	点评与总结成果